国家自然科学基金资助项目"云南山地城市避灾绿地规划研究"
项目批准号:31360199

云南山地城市避灾绿地规划研究

段晓梅　等　著

科学出版社
北　京

内 容 简 介

本书是研究团队多年规划实践和课题研究的成果。以云南山地城市为研究对象，利用数理统计方法和地理信息系统构建数学模式，研究适用于山地城市避灾绿地的基本指标体系，确定指标标准；从城市总体规划的层面提出覆盖全城，均衡分布的山地城市避灾绿地布局和规划方法与内容；提出和筛选适于云南城市避灾绿地应用的避灾功能植物5类，完成不同避灾功能区避灾植物配置模式8个，附避灾绿地功能植物照片上百张。

本书可供城乡规划、风景园林科研人员、高校师生、城市规划管理部门等使用。

审图号：云S（2018）0024号

图书在版编目(CIP)数据

云南山地城市避灾绿地规划研究 / 段晓梅等著. —北京：科学出版社，2019.1

ISBN 978-7-03-056342-2

Ⅰ. ①云… Ⅱ. ①段… Ⅲ. ①山区城市-灾害防治-城市规划-研究-云南 Ⅳ. ①X4②TU984.11

中国版本图书馆 CIP 数据核字（2018）第 010608 号

责任编辑：冯 铂 刘 琳/ 责任校对：江 茂
责任印制：罗 科 / 封面设计：墨创文化

科学出版社出版
北京东黄城根北街16号
邮政编码：100717
http://www.sciencep.com

成都锦瑞印刷有限责任公司印刷
科学出版社发行 各地新华书店经销

*

2019年1月第 一 版 开本：787×1092 1/16
2019年1月第一次印刷 印张：15.75
字数：400 千字

定价：198.00 元

（如有印装质量问题，我社负责调换）

本书作者

段晓梅　邓忠坚　张继兰　杨茗琪

梁　辉　李　煜　欧阳娴　崔　颖

张　良　陈顾中　王丹莹　汪　威

张　震　刘昕岑

前　言

城市避灾绿地是指当地震、火灾、洪水等灾害发生时，城市中能用于紧急疏散和临时安置市民短期生活的绿地空间，主要由公园绿地和部分附属绿地构成，是城市防灾减灾系统的重要组成部分。

中国是世界上遭受自然灾害较为严重的国家之一。随着城市规模的不断扩大，城市化水平不断提高，城市建筑、人口密度高度集中，城市开敞空间严重不足，避灾通道不顺畅，一旦发生重大灾害，人民群众的生命财产安全将受到严重威胁，构建城市防灾避险系统刻不容缓。城市避灾绿地规划是减轻灾情、提高城市综合抗灾避灾能力和完善城市绿地功能的一项重要且必须先行的内容，尤其在防止震后次生灾害的发生、延缓灾害蔓延和临时避难急救等方面具有其他类型城市用地无法比拟的优势。

以往的城市绿地系统规划和建设着重在景观、游憩和生态功能方面，人们对绿地的避灾防灾功能认识不足，目前虽已逐渐受到社会和有关部门的关注，但因起步较晚，从城市层次进行避灾绿地系统规划的科学依据不足，尤其针对山地城市避灾绿地规划、避灾绿地植物选择与配置方面的研究较少。

云南位于我国西南边陲，地处小江断裂带和普渡河断裂带等大大小小的断裂带上，全省面积 84%的地震基本烈度在 7 度以上，是全国平均水平的两倍多。目前全省设市的城市共 18 个，抗震设防烈度基本处于 8 度及以上，地震隐患大。虽然目前已有丽江、大理、普洱等城市开展了城市避灾绿地规划工作，但由于缺乏地域性的指导规划的基础研究工作，导致在实际规划中还存在指导依据不充分的问题。因此，进行云南省山地城市避灾绿地规划研究，可为云南、贵州、四川等省的西南山地城市及其他山地城市避灾绿地的规划提供指导，对提高城市综合防灾避灾能力、完善城市绿地功能和提高山地城市的可持续发展具有现实意义。

本书是国家自然科学基金研究项目“云南山地城市避灾绿地规划研究”的成果之一，是研究团队多年规划实践和课题研究的成果。本书以云南山地城市为研究对象，利用数理统计方法和地理信息系统构建数学模型，研究适用于山地城市避灾绿地的基本指标体系，确定指标标准；从城市总体规划的层面提出覆盖全城，均衡分布的山地城市避灾绿地布局、规划方法与内容；提出和筛选适于云南城市避灾绿地应用的避灾功能植物 5 类，完成不同避灾功能区避灾植物配置模式 10 个，附避灾绿地功能植物照片上百张，可供城乡规划人员、风景园林科研人员、高校师生以及城市规划管理部门、规划设计部门的相关人员参考。

本书由西南林业大学段晓梅教授、邓忠坚高级实验师等著。廖双、卢垚、胥斌、高境等同学在研究生学习期间参加了部分实地调查和前期基础资料的收集整理工作，在此致以诚挚的谢意。

本书在编写过程中力求内容的科学性和准确性，但由于编者水平有限，书中难免存在不足之处，敬请读者批评指正，敬请致信 842543697@qq.com，衷心感谢！

作者

2018 年 3 月

目　录

第1章 绪　论

1.1 研究背景

城市避灾绿地是指当地震、火灾、洪水等大规模的突发灾害发生时，城市中能用于紧急疏散和临时安置市民短期生活的绿地空间[1]。中国幅员辽阔，各种自然灾害频发，是世界上遭受自然灾害较为严重的国家之一。随着城市化建设的不断加快，城市规模不断扩大，城市建筑、人口高度集中，城市开敞空间严重不足，人类赖以生存的生态环境遭到了严重破坏，城市自然灾害不断发生，尤其是地震等灾害引起的人员伤亡和财产损失不可估量。中国是世界上遭受地震灾害最严重的国家之一，40%以上地区属于7度地震烈度区，且有70%的百万以上人口大城市处于地震高发区[2]。中华人民共和国成立后，中国发生的地震灾害总共造成了许多人丧生，成灾面积巨大，波及多个省份，造成了巨大的损失[3]。

城市开敞空间的各类绿地在防止震后次生灾害的发生、延缓火灾蔓延和临时避难急救等方面具有其他类型城市用地无法比拟的优势。2008年汶川地震发生后的近两个月时间里，四川受灾地区的居民自发进入各类绿地广场避难，绿地内遍布临时搭建的帐篷和受灾人员，公园中人满为患，随时都有发生踩踏事件的风险，且公园内避灾设施严重不足，尤其是供水和厕所等设施无法满足需求，绿地内的构筑物在余震和人员的超负荷使用下，存在安全隐患，园林部门将这些有安全隐患的构筑物紧急拆除并抢修供水管道和供水供电设施[4]。

2008年汶川大地震后，住房和城乡建设部颁布的《关于加强城市绿地系统建设提高城市防灾避险能力的意见》，突出了城市绿地及其避灾功能在我国现阶段的重要作用，从而使得城市绿地系统规划建设快速兴起。人们对城市绿地的认知从可以让城市景观层次化、营造城市特色以及提供休闲娱乐场所等功能，提升到在突发灾害发生时，可以成为避灾的重要场所。但对于城市绿地在抵御各种突发灾害，尤其是避灾的相应功能方面，民众还没有充分的认识。地震、泥石流等各类地质灾害及火灾等的危害性是显而易见的，避灾就是人们从所处危险场所移动到安全性更高的场所的过程。因此，对避灾绿地的各类功能进行全面研究，并得出保障城市避灾功能有效实施的完善体系是当下急需解决的问题[5-7]。

云南位于我国的西南边陲，地处小江断裂带和普渡河断裂带等大大小小的断裂带上，属于多个地震带相互作用的区域，地质构造极为复杂，是我国地震灾害多发的省份之一。全省易发生地震的区域约为全省总面积的84%。20世纪以来，云南省发生了320次5级以上的地震。其中，平均每年发生二三次5.0～5.9级地震；平均每3年发生2次6.0～6.9级地震；平均每8年发生1次7.0～7.9级地震。目前全省设市的城市抗震设防烈度基本都属于8度及以上，地震隐患大。历史上丽江、临沧、玉溪、昭通等城市或周边地区均发生过震级高、破坏大的大地震。

虽然《丽江市城市避灾绿地规划》作为云南省第一个通过评审的城市避灾绿地规划已于 2010 年完成，大理、普洱、曲靖等城市的城市避灾绿地规划也已通过评审，但在规划工作中发现，由于缺乏地域性的指导规划的基础研究工作，导致在实际规划中还存在指导依据不充分、指标体系不健全、规划模式不规范等问题。因此，进行云南省山地城市避灾绿地规划研究可为云南、贵州、四川等西南山地城市及其他山地城市避灾绿地的规划提供指导，对提高城市综合防灾避灾能力、完善城市绿地功能和提高山地城市的可持续发展具有重要的现实意义。

地震灾害具有突发性和强大的破坏性，我国避灾绿地的建设仍处在较低水平。因此，作为城市规划建设者应当未雨绸缪，提高对避灾绿地规划建设的重视程度，深入研究如何防范灾难，在灾难来临时为城市居民提供生命安全保障，是值得在避灾绿地规划中深思和探索的问题。

然而，在实际的城市规划工作中，主要是从城市发展出发确定城市规模和布局，对城市用地、城市人口和容积率等进行宏观控制，而对城市的防灾避灾功能考虑不足。城市总体规划中关于防灾规划的内容主要是总体定性描述和要求，对于城市绿地的空间要求也多是被动地适应城市规划所产生的空间形态。这样形成的城市空间，给城市留下了不可预计的灾害隐患，甚至出现绿地建设与避灾绿地建设相互矛盾的情况[8]。城市绿地系统在城市综合防灾减灾体系中占据着非常重要的位置，同时也是其他类型的城市空间无法取代的。因此，应该从功能上重新认识城市绿地除景观、生态和经济功能以外的防灾避险功能，充分发掘城市避灾绿地建设的资源、途径以及方法，深入地把城市绿地的避灾功能建设运用到城市绿地系统规划的实践中[7]。

目前我国关于城市避灾绿地方面的研究仍处于初步阶段，还未建立清晰的避灾绿地系统框架，对城市中能够承担避灾功能的绿地并没有进行系统的定量、定性分析和界定，未更深层次探讨城市避灾绿地空间结构布局、指标体系构建、避灾植物选择和配置等方面的现实问题。因此，构建城市绿地避灾系统是一项提高城市综合抗灾避灾能力和完善城市绿地功能重要的且必须先行的任务。

1.2 研 究 意 义

1.2.1 理论意义

以云南山地城市避灾绿地为研究对象，从宏观角度出发，分析云南山地城市避灾绿地建设存在的主要问题，如避灾绿地的类型是否满足灾时人们的需求、避灾绿地的空间分布格局是否合理、绿地的避灾功能定位是否准确、避灾绿地的数量和规模是否充足等。结合以上问题，依托城市避灾绿地规划的上位规划，对城市避灾绿地空间结构布局、避灾绿地指标体系构建等进行研究，构建一个合理的、有针对性的城市避灾绿地规划体系，为各类城市避灾绿地规划和建设提供系统性的理论支持，找出更为合理的城市避灾绿地规划有效模式，能够进一步体现城市绿地的各项功能以及完善城市避灾绿地规划建设的法律、法规，为城市避灾绿地系统各类相关指标、城市避灾绿地规划的导则和规范标准等的确定提供合理的理论依据。

1.2.2　实践意义

城市绿地不仅具有美化环境、为居民提供休憩娱乐场所、净化环境、美化城市、平衡生态系统等功能，还具有抗震、防火、避灾等功能[7]。通过构建城市避灾绿地体系提高城市防灾减灾能力，是保护城市及其居民生命财产安全的重要课题。构建城市防灾避险系统是一项提高城市综合抗灾避灾能力和完善城市绿地功能重要的且必须先行的措施，尤其在防止震后次生灾害的发生、延缓火灾蔓延和临时避难急救等方面具有其他类型城市用地无法比拟的优势。

结合目前云南山地城市绿地的实际情况，分析城市潜在自然灾害，根据对城市绿地现状的现场调查分析，从避灾绿地的数量、面积、分布、结构等方面研究避灾绿地的规划，运用系统的避灾绿地规划理论指导避灾绿地的规划建设，并通过具体的实践总结，完善当前的避灾绿地理论体系研究。

同时，希望云南山地城市避灾绿地的规划研究能够起到抛砖引玉的作用，对其他城市的避灾绿地建设提供参考，引起城市规划相关从业人员及全社会对城市避灾绿地规划建设的重视，保证城市建设得更加安全和更具可持续性。

1.3　城市避灾绿地概念的界定

“预防为主，防御与救助相结合”的方针是提高城市防灾能力的综合体现，强调的是平时与灾时共同的积极作用。随着对城市开敞空间防灾避险或应急避难功能的认识，出现了一些与城市绿地防灾避险相关的释义，但目前还没有统一的国家标准。现行的《城市绿地分类标准》（CJJ/T 85—2017）是以城市绿地的核心功能为主要依据进行分类的，其中，防护绿地主要发挥如卫生隔离、防风、降尘、减噪等防护与防御作用。而“城市避灾绿地”指的是灾害发生时能够发挥减灾作用和承担避灾功能的城市绿地，如可作为应急避灾、救灾及恢复重建期间较长时间使用的各类公园绿地，能够保证灾时救灾通道和避灾通道畅通的有一定宽度的缓冲绿地等。而减灾绿地的功能应该包括灾害发生之前的防灾以及减弱灾害发生后灾害的影响程度。由此可见，城市绿地对防灾避险需求发挥的主要是避灾功能而不是减灾或防灾功能。相对于减灾功能而言，避灾绿地是狭义的概念，核心功能是灾害发生后绿地在避灾救灾等方面的作用，与城市总体规划中的“应急避难场所”有较强的对应关系，是城市应急避难场所中具有柔性空间的重要类型[9, 10]。

1.4　城市避灾绿地规划研究综述

城市绿地开敞空间是灾害来临和灾后重建人们居住使用的重要场所。对国内外城市绿地避灾规划的研究，为我国城市的避灾绿地规划建设提供理论支持和实践经验。

1.4.1 国外研究现状

国外对城市综合防灾体系的研究起步相对较早，在避灾绿地的探讨和建设方面也保持着领先地位，绿地的避灾体系、设施构建等方面都已经相当成熟。

1. 欧洲国家城市防灾避灾规划及建设现状

西方国家对避灾绿地的研究和实践较全面，早期就有针对避灾的城市规划。欧洲城市避灾绿地规划最早可追溯到文艺复兴时期，1669 年的火山爆发和 1693 年的地震摧毁了西西里岛东南部的海港城市卡塔尼亚，考虑灾害时最大限度地减少损失，震后的重建规划了宽阔、笔直的城市大道，以保证即使在房屋倒塌时民众仍能安全地离开他们的住宅，并规划建设一些特大型广场，以保证地震发生时民众有疏散避难的开阔场地[11]。卡塔尼亚的这种防灾减灾规划措施成了相对完善的防灾、避灾、救灾体系，这些避灾的规划体系被其他城市大量借鉴和采用[2, 12-14]。1755 年，葡萄牙首都里斯本在遭受地震灾害后，借鉴卡塔尼亚的重建方法规划、建设破坏最严重的地区，并注重限制建筑高度不能超过街道的宽度，保证震后的疏散通道和新建建筑不能超过 2 层，以减少建筑本身坍塌所造成的危害[15]。法国是一个地震灾害不多的国家，但政府却十分重视对地震灾害的监测预报以及相关理论的研究[16]。设计发达的地下水管网，保证城市不受洪涝灾害[17]。法国 1853 年开始的巴黎重建计划，目的之一是通过增加城市公园绿地比例，作为抵御和治理城市灾害的举措[18]。

2. 美国避灾绿地规划研究现状

1871 年 10 月 9 日，美国芝加哥不幸发生火灾，中心城区受灾面积达到 7.3km^2，近 10 万人无家可归，在灾后的恢复重建规划中，美国开始考虑构建以开敞式空间绿地分隔原来相连成片的市区并提高城市减灾能力的公园系统[19]。如芝加哥的城市公园系统通过公园绿地和道路来分割建筑密度较大的区域，通过系统的开敞空间阻止火势蔓延，提高城市防灾避灾能力的规划思想与方法，有效促进了公园绿地发挥更多的功能，也成为避灾绿地规划的先驱[20]。20 世纪以来，美国加州旧金山—洛杉矶地区一系列的地震和火灾也迫使当地政府发布了一系列建筑与规划规范[11]。2001 年美国“9・11”事件后，为强化整体防卫，美国积极推动建立以“防灾型社区”为中心的公众安全文化教育体系。该体系具备三大功能，即灾前预防及准备功能、灾时应变和抵御功能、灾后复原及整体改进功能[21]。美国国土安全部规定社区事故风险状况评估要首先确认社区容易遭受灾害的地点及其周边环境，再确认灾害源及可能波及的范围，发现易受灾建筑或者区域，同时绘制社区防灾地图等，其中包括将灾时避难点与社区公园绿地相结合的计划[22]。与此同时，美国政府及相关科研机构提出了全国防灾计划和“可持续减灾计划”，包括土地利用计划、建筑物管理与监督、紧急救助及医疗系统、示警系统设置以及危机管理指挥系统[23]。西方的一系列避灾防灾规划措施，不仅为日后防灾避灾领域的研究和实践奠定了坚实基础，同时也带动了开展和研究防灾避灾规划的热潮，使人们逐渐认识到防灾避灾绿地的重要性和功能性。

3. 日本城市防灾避灾规划及建设

自古以来，日本就是地震、台风、暴雨、火山等自然灾害多发国，因此，日本在城市绿地的防灾避灾理论研究和规划建设方面，尤其是在巨大灾害后的反思和重建过程中都积累了相当多的可资借鉴的宝贵经验，在城市避灾绿地方面的理论研究最为深入且行之有效[24]。目前，日本的城市防灾规划在世界上居于领先地位，是许多灾害频发国家学习的对象[25]。

日本在江户时代就在城中建设“火除地”，要求街道两侧建筑向两侧退让，形成具有一定面积的开敞地，灾时可防止火势蔓延，可作为避难场所。日本属于自然灾害发生较为频繁的地区，由于城市聚集度高，难以形成足够的安全距离。因此，日本在城市防灾避灾规划中充分利用一切可利用的空间，如城市广场、体育场、公园以及地下空间等作为避灾场所，其中最为典型的是城市防灾公园的建设[24]。1923 年关东大地震后，日本一直把合理建设城市公园绿地作为抗震减灾的基本方针之一，同时借鉴芝加哥公园系统规划的思想和手法，制定了日本第一个系统性的绿地系统规划，出台了有关公园建设必须考虑防灾功能的条款，明确将城市公园纳入城市绿地的防灾体系[26]。1986 年制定的《紧急建设防灾绿地计划》，把城市公园确定为具有“避难功能”的场所。1993 年颁布的《城市公园法实施令》中，把公园确定为“紧急救灾对策必需的设施”，并且首次把灾时用作防难场所和避难通道的城市公园称作防灾公园，同时确定了避难地、避难通道的规划标准和根据，如避难地的面积标准为 25 万 m^2，最小 10 万 m^2；每人应有的避难面积标准 $2m^2$，最小 $1m^2$；避难时间 1h/人，全体 2h；避难距离、速度 2km/h 等数据指标[27, 28]。

1998 年日本制定的《防灾公园规划设计导则》中根据防灾公园的功能、规模等把防灾公园划分为 6 种类型，针对城市防灾公园内部的防灾设施提出了更进一步的要求(表 1-1)[29]。

表 1-1　日本防灾公园分类

类别	公园类型	绿地规模	布局原则	功能
广域防灾据点	广域公园	≥50 万 m^2	50 万～150 万人/个	灾后大范围内恢复和重建活动
广域避难场所	城市综合公园	≥10 万 m^2	服务半径＜2km	灾后大范围避难场所
紧急避难场所	邻近公园	≥1 万 m^2	服务半径＜0.5km	灾时临时避灾绿地
邻近避难点	街区公园	≥500 万 m^2	—	居住区附近避灾点
避难通道	绿道	≥10m	—	通往广域避灾场地或其他避灾场所的疏散通道
隔离绿地	—	—	—	隔离易燃易爆等危险品，防止次生灾害的发生

日本 2000 年出台的《避难场所技术便览》就避难场所的定义、功能、设置标准及有关设施等做了详细规定。同时日本还提出了建立防灾生活圈的设想，以中小学校为基本单元，结合延烧遮断带，建立彻底的防灾据点。日本防灾避难场所规划的先进之处不仅体现在城市公园绿地的数量和避灾绿地的规模上，而且体现在市民的防灾意识宣传上。日本在

对市民进行避灾体系的宣传时，不仅要让市民知道避灾绿地的分布位置，还要熟悉各个避灾分区内的各个避灾场所、应急设施以及各类避难通道和避灾流程等。此外，日本还统一了应急避难场所标识，保证居民灾时能够根据应急标识迅速找到合适的应急避难场所。

4. 现代技术在避灾绿地规划研究中的应用

国外近几年针对避灾绿地规划的研究极少，大多针对开敞避难空间的布局和紧急疏散最佳路径模型的构建开展研究。

Anhorn 和 Khazai[30]提出开放空间适用性指标(open space suitability index，OSSI)应用于灾后人员紧急安置适宜性的等级划分。此方法一是开放空间用于避难场所适宜性的定性评估，二是基于网络分析的可达性量化评估，认为环境和避灾服务设施是划分避难场所等级的主要依据。Alçada-Almeida 等[31]认为疏散规划是城市应急准备的重要组成部分。救援设施的数量和位置是规划的重要依据，确定居民采取的一次和二次撤离路线也同样重要。Xu 等[32]描述了布局避难所的七个原则，按照这些原则，提出了可用于解决布局问题的多准则约束位置模型，然后提出一种迭代方法来应用该模型，在地理信息系统(GIS)的支持下，该方法通过选择备选避灾场所、分析备选避灾场所的空间覆盖面、确定住所位置三个阶段来完成避灾场所的布局，并以案例研究为例，阐述多标准模型的应用及相应的解决方案在城市地震避灾场所规划中的可行性。Bretschneider 和 Kimms[33]则针对灾后疏散时易发生意外的情况，采用重组濒危地区交通路线的方法，提出了一种基于模式的混合整数动态网络流模型启发式解决方案。Epstein 等[34]将计算机流体力学与基于主体建模两个领域的全新混合模式作为城市疏散规划的新途径。计算流体力学是污染物大气传播的首选技术，而基于主体建模是模拟人群社会动态的有效手段。Wolshon 和 Marchive[35]的研究利用模拟来表征和评估住房密度和威胁范围内邻里层面的疏散情景。结果说明了道路网络与交通流量之间的关系，探讨了交通量的变化与撤离时间和/或撤出能力的量变关系。Belhadj 和 Joshua[36]在研究恐怖事件灾害的疏散规划中，采用基于 ArcGIS 软件的 Community Viz 规划支持系统和网络分析构建的撤离模型，可帮助人们快速选择最佳疏散路径，这一方法同样可应用于避灾绿地疏散通道的布局决策。

1.4.2 国内城市避灾绿地发展及研究现状

1. 国内城市避灾绿地发展概况

我国面对自然灾害及其次生灾害的思想经历了“天命主宰思想”—“防灾减灾思想”—“防灾备灾思想”的演变[37]。我国国土面积庞大，但经济能力却相对薄弱，大众的防灾意识较为模糊，城市避灾系统的建设进程较为缓慢。

1976 年，唐山发生了巨大的地震灾害，当时，城市公园绿地的抗震、防灾、减灾等作用在灾时避难和灾后重建等阶段都发挥了重要作用。但我国在城市绿地系统规划中并未将防灾规划纳入重点。灾后重建以后的城市绿地系统规划将防灾规划纳入城市专项规划中，为以后城市抗震、减灾提供了非常重要的条件。

2003 年 10 月，北京建设了我国首个防灾公园——北京元大都城垣遗址公园。园中从指示牌、设施配备情况以及绿化美化等方面着手规划公园的避灾设施。如指示牌用不同颜色表示不同含义分布在相应的地点；应急水井设置在塑料假山下与假山融为一体，不仅不影响美观，还能充分利用公园的每一处资源；应急广播与小假山结合；小卖部仓库同时设置为应急物资储备库；观景台在应急避难时期为直升机坪等[38]。此外，北京还规划建设了海淀公园、皇城根遗址公园以及朝阳公园等 27 处城市避灾绿地[39]。2005 年 3 月佛山市首次将城市绿地防灾专项规划单项纳入城市绿地系统规划修编中。

唐山市在 1976 年大地震后的城市重建过程中把城市划分为三大功能区，在地震断裂带之外规划开敞空地作为避灾绿地、在采煤塌陷区规划城市公园等。城市空间格局分散，结构布局合理，抗震性能提升，在新增了城市公园、城市广场等的同时，也降低了建筑密度，扩增了避灾绿地面积[40]。

上海、南京、西安等城市对公园的防灾能力和建设都给予了更高的关注度，并陆续开展避灾绿地规划和建设工作。

香港地区具有暴雨、火灾以及台风等大型城市灾害，城市绿地是其重要的避灾绿地空间。加之香港作为世界建筑密度最高的城市之一，其地价奇高。因此，香港的避灾绿地规划建设更适合通过改造城市绿地等形式来实现，最终达到平时和灾时相结合的目的。

我国台湾地区位于亚热带地区及环太平洋地震带，区内常年湿热且多雨，台风、地震等灾害频频发生，自然环境条件极其恶劣。1996 年，台湾提出功能性绿地系统包含景观绿地系统、游憩绿地系统、生态绿地系统以及避灾绿地系统，并总结了城市公园绿地的功能。其中避灾绿地系统包括防灾空间、防灾路径、防火绿道以及缓冲绿地等[41]。台湾“9·21”大地震引起了台湾对城市防灾避灾等相关领域的重视。随后展开城市避灾体系的构建，并根据城市化主要灾害情况和预测避灾行为和救灾行为制定了相关的城市防灾规划，同时提出公园是都市计划防灾空间系统中非常重要的避灾场所和物资贮备空间[42]。

2008 年 10 月 27 日，首都城市园林建设与展望学术研讨会在北京召开，会上讨论了城市绿地与城市防灾体系的相互关系等问题，提出并非所有城市公园都可作为避灾绿地，因为部分公园本身就存在灾害隐患。此外，对于避灾绿地的规划建设应综合考虑平灾结合的要求。

2008 年 5 月 12 日的汶川大地震充分证明了绿地开敞空间的避难减灾作用。同年 9 月 16 日住房和城乡建设部出台了《关于加强城市绿地系统建设提高城市防灾避险能力的意见》，要求各地 2009 年年底前编制完成城市绿地系统防灾避险规划。之后我国开始大规模进行城市防灾避险绿地规划。

2. 避灾绿地的功能及避灾绿地分类研究

《城市抗震防灾规划标准》(GB 50413—2007)，将城市避灾场所分为紧急、固定、中心三种类型，并对各类避难场所的相关指标进行了规定。

2009 年北京市规划委员会发布的《北京中心城地震及应急避难场所(室外)规划纲要》，将城市应急避难场所划分为紧急避难场所、长期(固定)避难场所两类。

2009 年，重庆也颁布了《重庆市应急避难场所规划编制导则》，其中规定了应急避难场所分级，明确了市辖区、县两级行政单位不同的分类标准。

部分学者分别对城市灾害的认识、城市避灾绿地的概念和功能等方面进行了探讨，研究了避灾绿地与城市绿地的关系，并认为避灾绿地应根据城市实际情况，在保证原有城市绿地主要功能不受影响的前提下，附加避灾功能，做到各类城市绿地的“平灾结合”，形成灾害发生后第一时间能提供避难场所的城市绿地开敞空间[3, 7, 9, 43-47]。

崔颖等[48]在实地调查基础上对云南曲靖市公园绿地避灾适宜性进行研究，得出曲靖市城市公园作为避灾绿地的功能现状及作为避灾绿地的差距。

吴光伟等[49]提出应依据防灾避灾重点，划分城市避灾绿地等级，包括紧急避灾绿地、临时防灾公园和过渡防灾公园三个等级。

刘倩如[50]根据灾害不同时段灾民的避难特征及需求，结合各级城市绿地类型，将城市避灾绿地分为紧急避震减灾公园绿地、固定避震减灾公园绿地、中心避震减灾公园绿地、避震减灾绿色疏散通道、避震减灾隔离绿带、其他城市避震减灾空间六类，并对每类的功能设施进行了界定。郑曦和孙晓春[51]将城市绿地防灾规划体系分为 4 类，即：一级避灾据点、二级避灾据点、避难通道、隔离带。

中国台湾地区直至20世纪90年代才借鉴了日本的经验制定了台北都市计划防灾系统规划，将都市计划防灾空间分为六大系统(表 1-2) [52]。

表 1-2 台北都市计划防灾空间六大系统

空间系统	层次	都市计划空间名称
避难	紧急避难场所	基地内开放空间、邻里公园、道路
	临时避难场所	邻里公园、大型空地、广场、停车场
	临时收容场所	全市型公园、体育场所、儿童游乐场
	中、长期收容所	学校社教机构、机关用地、医疗卫生机构
道路	紧急道路	20m 以上计划道路、野外快速道路、联外桥梁
	救援输送道路	15m 以上计划道路
	消防辅助道路	8m 以上计划道路
	紧急避难道路	8m 以下道路
消防	指挥所	消防队
	临时观察哨所	学校社教机构、机关用地、医疗卫生机构
医疗	临时医疗所	医院中心
	中、长期收容所	地区医院
物资	物资接收场所	航空站、市场、港口
	物资发放场所	学校、社教机构、机关用地、医疗卫生机构、体育场所、儿童游乐园、全市型公园
警察	指挥所	市政府、警察局
	情报收集据点	派出所、电台、社教机构

可见，我国对避灾绿地功能的探讨主要集中在早期，避灾绿地的分类依据主要是避灾绿地发挥的避灾功能，各学者对这点的认识是统一的。

3. 避灾绿地布局与可达性研究

我国在古代就在城市规划布局中充分考虑了城市道路与防火的关系，其主要方式是以高大的石墙将城市划分为多个坊区，依靠这些石墙来阻隔火势蔓延，但我国之后在避灾绿地方面的研究一直很缓慢。《城市抗震防灾规划标准》(GB 50413—2007)中对城市避震疏散场所的占地面积、人均有效避灾面积、服务半径、步行到达时间等做了具体规定(表 1-3)，可作为可达性及避灾绿地布局的参考。

表 1-3　《城市抗震防灾规划标准》(GB 50413—2007)相关避难场所规划指标

避难场所	占地规模/m^2	人均有效避灾面积/m^2	服务半径/m	步行到达时间/min	场所内(外)避震疏散通道的有效宽度/m
紧急避震疏散场所	≥1000	≥1.0	500	≤10	≥4.0
固定避震疏散场所	≥1 万	≥2.0	2000～3000	≤60	≥7.0

注：中心避震疏散场所是指规模较大、功能较全、起避难中心作用的避震疏散场所。

我国大部分城市尚没有出台相关的规范标准，规划布局大多依据的是规划者的经验。1995 年，日本发生阪神大地震后，国内学者居安思危，开始重视避灾绿地规划布局理论研究。

如刘颂[53]指出了我国人民对避灾绿地的认识不足、传统绿地系统规划缺乏对防灾避险功能的考虑等问题，并指出在避灾绿地的布局上应考虑避灾绿地本身的安全性、避灾绿地规模、避灾绿地服务半径和避灾绿地的避灾人口容纳能力四个方面。唐婷[54]基于避灾绿地的可服务人口和面积，确定城市绿地避灾服务情况，应用最大覆盖模型，结合 ArcGIS 技术进行城市避灾绿地优化布局。采用模糊综合评价法，完成城市公园绿地的避灾适宜性评价。朱颖等[55, 56]、费文君等[57]从城市人口密度等方面论证了避灾绿地布局重要依据之一的避灾绿地服务半径应该根据不同的人口密度来确定，认为每个城市的人口密度不同，避灾绿地服务半径也不尽相同。刘纯青等[58]从宏观、中观和微观三个层次论述了城市避灾绿地系统的构建，认为应当从避灾绿地规划和疏散通道微观方面，到中观空间时序规划方面，再到宏观总体规划方面形成一个防灾避险网络体系，并认为城市防灾避灾绿地规划应在城市绿地系统规划中占有重要地位。城市防震避灾绿地布局体系应根据居民的避灾行为特征及城市绿地建设现状来确立。

洪琳琳等[59]和刘威[60]则从避灾绿地的安全性和与城市规划体系相协调以及合理布局和平灾结合等方面提出了避灾绿地布局应考虑的因素。陈亮明和章美玲[61]认为应当通过合理规划城市绿地使其发挥灾后救灾和减少二次灾害的功能，或者发挥灾前防御和减灾功能。这些研究成果都为城市避灾绿地的规划布局提供了科学依据。但我国西南地区城市不同于我国东南地区以及北部平原地区的城市，西南山地城市地理条件复杂，易受地震、山体滑坡和泥石流等地质灾害的威胁。张震和段晓梅[62]和胡强[63]认为由于西南山地城市地形起伏多变、道路坡度和海拔高差较大，避灾疏散道路不能被简单视为平面，通行的时间需要考虑到道路的坡度以及复杂度。因此，避灾绿地的服务半径不能依照平原城市的标准来确定，其服务半径应当比平原城市小。张利[64]基于 GIS 技术的空间分析功能，结合多项影响因子对昆明市各公园的防灾适宜性进行了研究，论证了西南山地城市在避灾绿地的布局中应当考虑的多项因素。李林芝[65]根据西南城市灾害复杂的特点，认为西南山地城市避灾绿地规划的重点是多灾种防御，绿地布局要求、内部设施要求因不同灾种的影响方式、危害程度等各异。避灾绿地的规划布局要做到“一绿多用”。

基于某项技术或研究方法的量化布局分析和评价也开始出现，如刘樱等[66]、刘红兵和张秀鹏[67]、林雅萍[68]、卢波等[69]等基于随机聚集维数和 GIS 技术对避灾绿地布局进行了分析和评价。

陈晨和修春亮通过交通网络可达性反映避灾绿地空间分布的均衡性、应急避灾救灾效率，结合平均可达时间与人口以及规模研究了沈阳市避灾绿地的可达性，认为避灾绿地可达性从城市中心到外围递减，具有多中心性的分布特征[70]。利用多中心性评价模型对城市人口、交通网络与避灾绿地三者空间布局与匹配性进行量化分析，探讨交通网络介数中心性与避灾绿地、人口分布匹配性的关系，可为避灾绿地规划提供定量的布局依据[71]。也有学者将景观生态学相关指标应用于避灾绿地布局相关性与合理性的研究[72]；采用层次分析法定量评价避灾绿地布局的适宜性[53]。这些量化的分析评价为避灾绿地的规划建设实践提供了更科学的依据。

布局模型构建方面的研究近几年开始兴起，如李晓娟和李建伟通过构建 GIS 模型和多目标规划模型，建立了一套适合咸阳市中心城区应急避难场所规划布局的方法[73]。山地城市避灾绿地布局相关研究较少，2008 年汶川大地震后，我国开始重视山地城市避灾绿地的研究，但仅见胡强针对山地城市避难场所可达性的研究[63]。

4. 城市避灾公园规划设计方面的研究

对城市防灾公园规划设计方面的研究报道较多，初建宇等[74]、刘姝和洪波[75]、程羽薇等[76]、付建国等[77]分别从城市公园与防灾公园的设计和建设特点入手，通过对大量的防灾公园设施进行调查和分析，以防灾公园的功能为参照，归纳防灾公园与普通公园相结合进行改造的特征，探讨适应我国城市发展的城市公园与防灾公园相结合的改造规划设计模式。研究着重从公园改造面积参数标准、空间布局、设施以及植物种植等方面，将城市公园改造成防灾公园的整合设计，为我国城市普通公园规划改造为防灾公园提供理论支撑和设计技术依据。一些学者借鉴国外的防灾减灾经验，研究了我国防灾公园的规划要求和防灾设施规划方面的内容。同时通过对城市公园绿地与避难场所面积、空间布局等方面的比较，论证了城市公园绿地作为各类避难场所的可行性，并从总体设计、元素设计和细部设计方面探讨了城市公园绿地的防灾设计方法，还对我国防灾公园的规划建设提出了相应建议[18, 42, 78-84]。

5. 避灾绿地功能结构与指标体系

避灾绿地功能结构体系是一整套流畅的从灾后防灾避难到紧急救援，再到重建恢复的系统，它不仅包含避灾绿地场地，同时还包含救灾及疏散通道，并通过相互之间信息的传递，合理进行避灾工作的安排，达到降低灾难损失的效果。在灾难发生后，通过救援疏散通道，引导避难人员进入安全的避灾绿地，进行灾后救援，减少灾难对城市造成的损失，同时在灾难发生后期为城市重建提供生活基地。因此，避灾绿地体系应由管理指挥体系、避灾场所体系、疏散通道体系、应急设施体系、宣传教育体系等构成(图 1-1)。城市防灾避灾绿地的规划需要与城市总体规划紧密结合，同时依托城市绿地规划的布局与结构，合理分配绿地空间，以绿地为主，使城市避灾绿地体系覆盖到整个市域范围，为居民提供最佳的避灾路线和避难点，减少灾难造成的损失[85]。

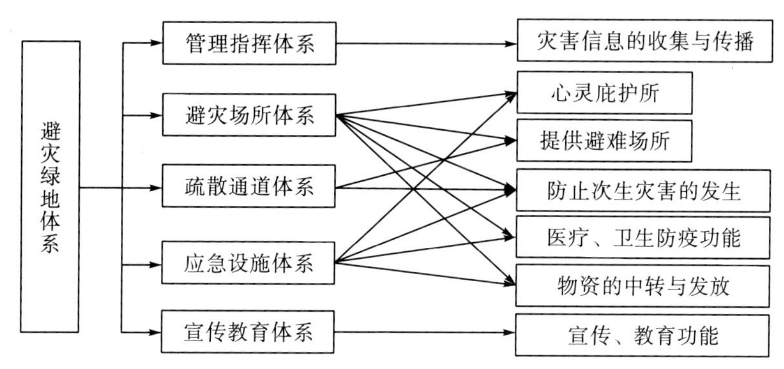

图 1-1 城市避灾绿地功能体系的组成示意图

避灾绿地的容量及疏散的安全性与可行性很大程度上取决于避灾绿地指标体系的合理确立。在此方面曹国强[39]、陈建伟等[86]、吴继荣等[87]、刘晓光[88]分别做了相关研究，探讨了重要指标。同时把城市绿化和避震疏散场所的规划结合起来，以震害预测方法等为基础，分别对城市建成区、发展建设区和规划新城区避震疏散公园绿地指标进行了研究。张丽梅等[89]根据天津的实际情况，从人在应急状态下避难行为对空间的最低要求入手，确定人均用地的最小值；最后得出天津市可以实现 $2m^2$/人避难场所的用地标准。

城市避灾绿地建设指标体系涉及面广、内容多，指标选取考虑的因素也较多，通过学习国外对防灾公园的研究成果以及参考国外建设实例，基于国内目前的实际情况以及国家相关的法律规范，对避灾绿地建设指标体系和指标内容进行探讨。建设指标体系主要包含环境安全指标和定量化建设指标两个方面。

1) 环境安全指标

灾难发生后，受灾人员从受灾地区转移到安全的避灾绿地，在此进行避灾并短暂地居住生活。避难点的安全与否直接影响避难人员的生命安全，因而要对避灾绿地周边环境进行安全评估，确定符合安全避难要求的安全指标。避灾绿地环境安全指标包括地质环境安全、自然环境安全和人工环境安全三个方面，避灾绿地的选址应避开地震活动断裂层、土质疏松易滑坡区等易发生次生灾害的地区；选择地势较高、地形平坦、空间开阔的地带，避开烂泥地、低洼地；同时避难点的位置应远离生产或存放有易燃易爆品的工厂和仓库，连接城市主干道，具有良好的对外交通[90]。

2) 定量化建设指标

结合城市发展动态和城市避灾绿地建设现状，提出避灾绿地结构和布局模式，并依据避灾绿地的面积大小、有效避灾空间大小等指标，考虑避灾绿地的可达性、环境安全条件、场地位置以及避难功能等，将避灾绿地的防灾避险基本指标体系具体化。指标体系主要包括避灾绿地的类型、人均避灾有效面积、总容纳人数、有效避灾面积比、相应配备的应急设施及规模等。按照避灾绿地不拥挤、不浪费的原则，保证在大规模突发灾害发生后能基本保障避灾人员的基本生活、伤者的救助以及应急工作的顺利进行。

目前我国应用的涉及避灾绿地相关指标的国家及地方标准见表 1-4。各地对应急避难场所人均避灾有效面积的要求差异较大，从 0.5m^2/人～3m^2/人均有(表 1-5)。

表 1-4　涉及避灾绿地规划相关指标的国家及地方标准

标准类型		标准名称	制定时间	状态
国家标准		《城市抗震防灾规划标准》(GB 50413—2007)	2007 年	已有
		《地震应急避难场所场址及配套设施》(GB 21734—2008)	2008 年	已有
		《防灾避难场所设计规范》(GB 51143—2015)	2015 年	已有
地方标准	北京	《地震应急避难场所标志》(DB 11/224—2004)	2004 年	已有
		《北京中心城地震应急避难场所(室外)规划纲要》	2007 年	已有
		《北京市地震应急避难场所专项规划研究》	2008 年	已有
		《北京市地震应急避难场所规划》	2010 年	已有
		《公园绿地应急避难功能设计规范》(DB11/T794—2011)	2011 年	已有
	上海	《上海市应急避难场所建设标准》	2012 年	已有
		《上海市应急避难场所标志设施规范》	2012 年	已有
	重庆	《重庆市主城区突发公共事件防灾应急避难场所规划(2007—2020)》	2007 年	已有
		《重庆市应急避难场所规划编制导则》	2009 年	已有
		《重庆市应急避难场所规划编制规范》	—	在编
	攀枝花	《关于推进攀枝花市地震应急避难场所建设的实施意见》	2007 年	已有

表 1-5　国内各地应急避难场所规划人均有效面积指标一览表　(单位：m^2/人)

避难场所	四川省	北京	重庆	杭州	天津	攀枝花
紧急避难场所	—	1.5～2.0	1.0	1.0	0.5	—
固定避难场所	—	—	2.0	1.5	1.5	—
长期避难场所	2.0	2.0～3.0	3.0	1.5	2.0	3.0

我国疆域辽阔，以山地居多，并且山地地区是自然灾害多发的区域，一些现有的针对平原地区的研究成果并不适于山地地区的城市。山地城市对于避灾绿地指标体系的研究相对滞后，作为山地城市的代表重庆市、攀枝花市也陆续展开了对避灾绿地的研究，但指导山地城市避灾绿地规划建设的规范性指标系统还未形成。

6. 城市避灾绿地植物研究

植物内所含水分能抑制火势蔓延，利用植物的这一特性能够减少火灾造成的危害；强大密集的根系可以固土护坡；可食用的植物可以供应应急的食物，延续生命等待救援。此外，园林植物还能作为灾后心理安抚的媒介。

1)避灾绿地植物选择与配置研究

在避灾绿地植物选择方面，喜晟乘和段晓梅结合滇西南城市的地理位置及气候条件，在调查分析该地区的植物种类与生长习性基础上，提出了防火、抗震、食用、医疗、防毒、防洪等不同配置模式的植物种类选择[91]。张学玲通过对城市绿地现状植物进行调查，从防灾、避灾、减灾的角度分析应对不同灾害时植物的配置原则及树种的选择[92]。

2)植物的防火功能研究

植物是避灾绿地防火功能实现的重要因素。植物作为遮蔽物，是构成防火空间以及水分供给源的要素，使绿地在城市发生火灾时具有抑制火情的作用。但树木的树龄和生长状态、季节、时间等客观因素对权衡植物的防火性能指标也会有一定影响。植物含水率是评价植物防火性能的重要指标之一，并常以枝叶含水率为评价防火性能的基础指标[93]。

我国学者在植物燃烧方面进行了大量的实验研究，提出了一些研究植物燃烧性的分类方法和排序体系[94-97]，主要以火场调查、经验分析、目测判断、直接燃烧、模拟火场试验、实验测试、综合评判和实地造林等方法作为植物燃烧性实验研究的方法，但对城市绿地植物燃烧性进行的实验研究相对较少。金钱荣和吴兴辉通过实验证明木荷有较好的防火性能[98]；郑永波等[99]、阮传成等[100]证实植物的燃点、含水率、水分析出规律、活化能、挥发分发热量等性状指标都可作为测试植物防火性能的主要指标；郑焕能等[101]认为对植物防火性能的评估应综合枝叶状态、密集程度、层间植物、凋落物形态结构、挥发性油类型、分解速率、植物生态习性、耐火性等多项指标进行；刘爱荣等[102]通过对木荷林带进行模拟火场的试验证明：林带能够有效降低风速，拦截火星，阻挡热辐射和对流，起到机械阻挡的作用。林带地表载火能力降低是由于林带的遮阴作用能够有效减少地被物的载重，增加枝叶含水率；同时植物高含水率、低乙醚抽取物含量能使其在一定的火强度和火情持续时间内不被引燃，从而抑制火势蔓延。由于叶和小枝最易被引燃，所以对植物燃烧性的测试主要基于叶和小枝的燃烧性测试。对于植物主要的防火性能指标判断应着重于测定其含水率与含油率，因为含水率、含油率指标直接影响植物的易燃性。含水率越高、含油率越低的情况下则表示植物易燃性低，即含水率与易燃性为反比关系[103]。

3)植物的固土、护坡功能研究

土壤中饱含植物根系，使边坡土体具有复合材料的特性，土壤中的根系可看作是带预应力的筋材，使土体强度提高。现代的加筋理论最初也是来源于植物的加筋原理，因为在古代人们就已经开始运用树枝、稻草来实现原始的植物加筋原理[104]。

近年来，我国关于根系固土的力学研究呈多学科、多部门共同研究的趋势，其研究主要集中于对植物单根抗拉伸强度、复合体抗剪切力强度、整株植物抗拉拔强度方面。王芝芳等[105]研究草本的“土壤-根系复合体”，将根土视为一体，认为复合体抗剪切力强度与含根量呈正相关，与含水量呈负相关；土壤黏聚力值与含根量呈正相关，根系含量对土壤内摩擦角影响极小。研究表明[106-108]，根土复合结构的固土、护坡作用主要表现为：①网络作用，小结构的土块通过根系的交织穿插，形成大的土块结构，使得土体不易在水流冲击作用下被冲散解体；②护挡作用，受水流的冲刷而导致外露的根系对上层流失的水土具有阻挡缓冲作用；③牵拉作用，即使根系被水流冲击，但因根系四周土粒紧密附着，使得水土不易流失。

郝彤琦等[109]证实根土复合体的抗剪切力强度较无根土体的更强，并且根土复合体的抗剪切力强度与含根量呈正相关；程洪等[110]证实草本根土复合体抗剪切力强度大于素土，并建立了香根草的根系直径与抗拉伸力强度的关系式；解明曙[111]认为根系复合土的抗剪切力强度高于素土，即使变形后的强度也要比素土高。

国内研究结果证明，植物在防治坡面水土流失、滑坡，减轻土体龟裂，减少表土流失，增加土体稳定性等方面有积极作用。其固土护坡作用主要表现在：①植物茎叶减弱了降雨对土体冲刷的强度，根系以及凋落物减弱了地表径流对土体的冲刷和侵蚀作用，植物通过其截留、蒸腾、渗透作用，在降低土体孔隙水压力、稳定坡体方面能够起重要作用；②植物根系加筋作用能够提高土体的抗剪切力强度，深层根系的锚固作用和水平根系的牵引作用能够提高边坡整体稳定性[112]。

4）植物的食用功能研究

我国曾提出“以园养园，园林结合生产”的食用园林建设理念，提倡粮食、蔬菜、果树等在景观建设中的应用。至今在食用园林方面我国学者也在做着广泛的尝试和努力。如俞孔坚[113]在沈阳建筑大学景观规划时，使用大量的水稻和当地农作物、乡土野生植物为景观基底作为“园林结合生产”理念的实践。

陈巧芬[114]概括了国内外食用功能植物的栽培应用历史和目前园林景观中的应用情况。结合植物造景的需求，通过分析调查观赏果树的种类、观赏果树在植物造景过程中形成的功能效应以及在园林季相景观变化中对植物景观环境空间营造的不同效果的基础上，提出了在生态适应性和艺术性的配置原则下与之相适宜的造景配置形式。童建明和胡凤平[115]阐述了观赏果树的栽培要领，并对观赏果树资源，观赏果树在城市绿化中的作用、应用形式和国内外的研究情况进行了调查研究。

目前对具有食用功能植物的研究主要集中于分类研究，另有少数学者以兼具食用功能的观赏植物为研究对象，提出了食用景观的概念及其广阔的发展应用前景。而对于食用景观概念特征的界定、应用现状、配置原则及其在植物造景中配置形式的研究报道还比较少。食用景观在城市景观设计规划中，在具体的应用场地、规划配置和植物种类的选择等方面还普遍存在着比较单一的问题。

5）植物的心理安抚功能研究

国内有关学者基于自然景观对人心理的作用进行了相关研究，发现与植物或自然环境接触能够带给人类积极的心理感受，如帮助释放压力、缓解精神疲劳和压力。大自然对人产生的视觉体验可以辅助人们释放负面情绪、缓解心理异常，如抑郁、焦虑、忧伤等情绪。

(1)植物色彩的心理安抚。

色彩作为人们生活环境中的一部分，其影响无处不在。色彩本身没有具体含义，但因光作用下色彩形成了不同波长，使人眼产生不同色感，导致大脑因刺激而产生的心理活动，形成色彩的心理感知，包括对色彩的温度、距离、轻重、明快与忧郁等感受[116]。

色彩的明度、饱和度能引起人明快、忧郁的感受，色彩的不同搭配也能给人不同的感受，如基调为低明度的配色使人感到忧郁，基调为高明度的配色使人感到明快[117]。

国内学者的研究结果证实不同色彩的植物(景观)对被试者的心理产生了有益的影响，而且色彩是导致被试者表现出心理变化的主导因素。人对色彩的知觉影响着色彩的心理感知效果。它能够引起的主观效果由生理和心理感受两方面组成[118]。周琴等[119]证实处于不同年代、地区、民族、宗教、文化、经济、年龄、性格、文化程度等条件下的人对色彩的心理感知也有所差异。

避灾绿地植物应用方面，陈顾中和段晓梅在总结植物色彩对人作用的基础上，综述了植物色彩对人心理、生理影响方面的研究进展，总结了植物色彩对人影响的相关因素，探讨了具有安抚功能的植物色彩在避灾公园绿地中的应用方法[120]。

(2)味觉安抚功能——芳香疗法研究。

刘志强[121]对芳香疗法的研究表明，古埃及、古印度、古罗马时期芳香疗法就已出现。而在我国芳香植物用于食用方面始于战国时代；在医学方面，历史上就有用丁香制成香囊用于治疗呼吸系统感染；李时珍在《本草纲目》中列有芳香类植物50余种，也同时列举了多种具有清热解毒、杀菌镇痛功效的芳香植物的应用[122]。

芳香植物在园林中所具有的净化空气和驱除蚊虫的功能是通过酮类物质实现的。此外，芳香植物还具有预防和治疗疾病、改善心境和情绪、提高生活质量等效果[123]。滕光涛等证实小茴香的挥发油成分具有减轻内脏疼痛、抑制炎症的作用[124]。

郝俊蓉等认为芳樟醇具有镇静、抗不安及免疫调节的作用，恢复神经平衡、镇静、抗炎症、降压等作用可以通过薰衣草(*Lavandula angustifolia*)含有的乙酸芳樟醇实现[125]。郑华等通过测定脑波(α波和β波)指标证实，摄入月季、雪松等的芳香物质可使人放松情绪；而白兰花、珍珠梅等的气味会使人紧张、不适[126]。

近年我国部分研究者，如郑华[127]证实，金桂和丹桂的气味能够降低收缩压、舒张压和心率；金荷仙[128]认为芳香植物挥发成分能够影响人的情绪；高岩[129]证实，油松、白皮松、桧柏枝叶的挥发物对降低人体的心率、收缩压和舒张压具有明显效果。

现阶段对于园林绿地中芳香植物的应用研究还有很多，如孙明等[130]提出，可根据不同植物特性对芳香植物园进行分片种植，也能根据植物季相特征设立不同的植物园区等。

1.5　我国城市避灾绿地规划建设存在的问题

我国的避灾绿地建设起步较晚，缺乏城市避灾绿地规划建设的整体性和系统性研究。1976年唐山大地震以来，关于城市避灾规划建设逐渐得到重视，全国近60多个城市开始着手建设城市避灾绿地。但是，我国幅员辽阔，经济基础薄弱，国民防灾意识较低，各个城市绿地避灾规划建设缺乏整体性、系统性。

1. 指导规划建设的指标体系及标准不健全

近年来，学者陆续对城市避灾绿地进行了相关研究，提出了因地制宜地规划建设避灾绿地的方法及策略，探讨了城市避灾绿地建设中应该注意的问题以及避灾绿地规划指标体系构建。综合这些研究成果，对国内城市避灾绿地的规范合理化建设以及不同类型城市的避灾绿地指标体系构建的研究具有重要的指导意义。

但目前我国有关避灾绿地系统规划、设计和建设标准的研究严重滞后，对于各类避灾绿地的规划建设大都依据日本等国外的经验进行，针对中国避灾绿地的规划建设尚未形成标准或指标体系，无法具体指导各地城市避灾绿地的规划建设。这在一定程度上阻碍了城市避灾绿地的建设步伐。

当前国内关于城市避灾绿地的研究大多停留在平原型和丘陵型城市的研究，对于其他类型城市避灾绿地的规划建设研究还没有完善的研究成果。有些学者完全模仿日本关于避灾绿地规划指标的研究成果，有的学者则参考北京相关避难场所规划的设计标准，完全依照避灾绿地的服务半径进行空间结构布局，忽略了山地城市与平原城市的差异性，如不同的城市人口密度、不同的地形地貌差异以及绿地不同的承载能力等相关内容。

2. 避灾绿地规划往往滞后于城市建设

我国城市规划中更多的是注重城市土地利用规划、城市总体规划、城市绿地系统规划，而避灾绿地规划往往滞后于城市建设，致使避灾绿地建设被动地适应城市规划所形成的空间布局，造成避灾绿地分布不均衡，不利于形成有效的避灾绿地体系，城市中适合避灾的绿地数量较少，面积也不足，尤其是人口、建筑密集的城市中心区域，灾害发生时，人们无处可去。

2008 年汶川地震中，灾后避灾场所主要包括广场、体育场馆、公园绿地、学校、市场、厂区、路边绿地与空地等，均就地选择具有开敞空间的地点作为临时避灾场所，但缺少用于救灾应急安置的场所及相关设施，暴露出城市建设中避灾绿地严重缺失、避灾体系不健全、布局不合理等问题。

3. 城市各类用地和空间形态联系不紧密

城市绿地防灾空间形态与城市结构、交通空间、经济、社会、文化、居民分布等空间形态联系不紧密，城市绿地防灾避险规划设计更多停留在功能布局的设置上，如棚宿区、生活用水区、防灾指挥部等的划分，以及抗震设计的研究上，缺乏在整个城市层面上避灾绿地整体空间布局的量化标准和依据，只能被动地去适应城市绿地系统，忽略了周边城市居民与其他防灾设施的整体协调。

4. 城市避灾绿地中用于防灾避险的配套设施不完善

当前，我国避灾绿地中用于避灾避险的配套设施不够完善，部分避灾绿地虽然有避灾设施标识牌，但没有实际功能甚至没有设施，不能很好地做到植物景观、游憩功能与避灾功能的结合。而国外城市的避灾绿地建设着重于避灾绿地空间结构布局的研究，根据避灾人员需求营造不同功能的避灾空间，同时配备相关的应急避灾设施。我国公园绿地、广场绿地、学校、体育场、街旁绿地等具有抗震、防灾功能的开敞绿地缺乏灾害来临时避灾救灾的应急设施，尤其在公园普通设施的设置中未充分考虑到兼顾避灾的需要，如园亭用帆布围合，能成为临时帐篷，形成独立的避难空间；造景的水池和喷泉能够提供饮用水之外的生活用水；座椅在灾时能够作为炉子使用等；地下应急贮水槽，灾时可自动与市政管网断开，保证在一段时间内的独立供水。同时，城市避灾绿地不仅要具有紧急疏散、临时安置等功能，还应承担医疗救护、卫生防疫、应急物资储备、灾后救援和重建的基地等功能。因此，应把完善避灾设施作为避灾绿地规划建设的重要举措。

5. 城市避灾绿地总量不足，分布不均衡

我国避灾绿地建设起步较晚，城市避灾绿地规划尚不完善，同时在以往的城市总体规划和城市绿地系统规划中将不利于作为城市绿地的用地作为建设用地，甚至选择邻近易引发火灾、滑坡等次生灾害的用地，安全性不高，不适合作为避灾绿地，导致避灾绿地总量不足，分布不均衡的现状。

6. 城市绿地面积与绿地内的避灾有效面积并未明确区分

防灾避险有效面积是指扣除场地内水面、灌木、乔木树干等占地面积，陡坡占地面积，文物古迹保护占地面积以及建筑(构)物倒塌影响面积等后可供大众避灾的有效面积。但从我国避灾绿地实际情况看，一些不适于避灾的绿地也成了应急避难场所的一部分，影响到避灾绿地有效面积和承载容量的准确计算。

7. 城市避灾绿地的植物选择与配置研究不深入，缺乏科学依据

植物在避灾绿地建设中除平时发挥城市绿地植物的生态、景观、游赏等功能外，灾害发生时兼有提供防火、固土护坡、食用、心理安抚、药物等多种功能，而我国目前的避灾绿地规划与建设中在这一方面还没有得到应有的重视，还没有研究成果见诸报道，更没有针对特定地区避灾绿地植物选择与配置模式的研究成果。

8. 缺乏对城市绿地避灾功能的认识和避灾意识

长期以来，我国城市在绿地建设中，对其避灾方面的功能重视不够，在相关规划中往往重点突出景观、游憩、生态功能，很少考虑其避灾功能。城市绿地往往在灾害发生后被动地担当应急避灾场所，并且绿地内未能科学布置相应的防灾设施，不能提供主动和积极的防灾措施。虽然2017年开始执行的《公园设计规范》(GB 51192—2016)中首次明确了避灾功能是城市公园的重要功能之一，但实际工作中大多规划与建设部门仍然没有对此引起足够的重视。

社会大众缺乏主动利用城市绿地应急避灾功能的意识。城市绿地具有重要的防灾减灾避灾功能是不容置疑的，但对于大多数人而言，对城市灾害、避灾绿地以及相应的应急措施的认识非常缺乏。尤其在山地城市城市灾害的潜在威胁极大，但通过问卷形式对大众进行调查的结果却不尽人意，即便是在避灾绿地中游玩、活动的居民都不清楚所在场地属于

避灾绿地，也没有突发灾害来临时应该第一时间到开敞绿地避灾的意识。当灾害来临时，如果不知道如何躲避灾害保护自己，必然对生命安全造成威胁。居安思危，民众需要掌握避灾的基本知识。

9. 缺乏对城市避灾绿地整体性和系统性的研究

目前，城市绿地系统规划中未充分考虑各类绿地的避灾功能，避灾绿地规划难以与城市绿地系统规划相协调，选取城市绿地系统规划中的规划绿地作为避灾绿地，从布局和面积上大多不能满足避灾需求，两者缺乏协调和统一。

1.6 避灾绿地规划建设研究展望

1. 避灾绿地规划建设指标体系构建

避灾绿地规划建设指标体系构建及标准方面的研究，如各类避灾绿地可容纳人数与城市人口及承载量的比例、避灾绿地的有效避灾面积、各类避灾绿地的人均有效避灾面积、各类避灾设施配置种类和数量、疏散通道的宽度等。虽然目前我国少数城市制定了地方性的避灾绿地规划标准，但不同城市间标准的差异很大，且制定这些规范和标准的基础研究极少。因此，避灾绿地规划和建设中必须面对的基本指标及应执行的规范和标准方面的研究将是今后的研究热点和难点。

2. 避灾绿地布局研究

从城市总体层面考虑避灾绿地的布局，形成覆盖全城，均衡分布，满足各类避灾绿地的可达性和安全性，定量研究避灾绿地布局的斑块大小、形状，空间格局的科学性，为规划建设提供量化的布局依据。

3. 避灾绿地设施及避灾植物研究

以各类避灾绿地单体为研究对象，加强对满足避灾功能，平灾结合的空间结构、设施配备以及兼具景观、食用、药用和支撑、防火等各类避灾功能植物的选择与配置方面的研究。

第2章　云南省及云南山地城市概况

2.1　云南省概况

云南地处我国西南地区，地理位置 21°8′32″～29°15′8″N、97°31′39″～106°11′47″E，北回归线横贯辖区，总面积 39.41 万 km^2，占全国国土总面积的 4.1%。东部毗邻贵州省和广西壮族自治区，北连四川省，西北部紧依西藏自治区，西部与缅甸接壤，南部与越南、老挝毗邻。从云南省的区位看，南邻辽阔的印度洋和太平洋，北接广袤的东亚大陆，正好处于东南季风和西南季风的控制之下，在青藏高原的影响下形成了复杂多样的地理环境。

云南地形以山地为主，包含了多种山地类型，境内盆地、河谷、高原、丘陵、低山、中山、高山相间分布，其中山地占云南省总面积的 94%，各类地貌之间条件差异很大。地势由西北向东南递降，北部海拔 3000～4000m，南部海拔 800～2200m。其中断陷盆地星罗棋布。局部平原在云南俗称为“坝子”。云南全省面积 $1km^2$ 的坝子有 1442 个，面积 $100km^2$ 以上的坝子有 49 个。但这些适宜城镇建设和农业发展的坝子总面积仅占云南省总面积的 6%。

2.2　山地与山地城市的界定

2.2.1　山地

按照我国的地理学，根据地形地貌将土地分为平原、丘陵、高原和山地等四种基本类型[131]，其中山地是指海拔在 500m 以上的高地，由山岭和其间的谷地组成，是地貌中分布最广泛的地貌类型，一般多位于运动和外力作用活跃的地区，地质构造复杂。山地的概念有广义和狭义之分，狭义的山地包括低山、中山、高山、极高山(表 2-1)；广义的山地包括山地、丘陵和高原。本书中的“山地”是一个广义的概念，泛指具有较高海拔高度和较大地形起伏的地貌，包括自然地理学上的山地、丘陵和崎岖不平的高原等。中国是一个以山地为主的国家，全国大部分省区都有较大面积的山地分布，其中贵州、云南、四川、重庆等省市区的山地面积都超过了 80%[132]。

表 2-1　中国地形的分类

名　称		绝对高度/m	相对高度/m
极高山		>5000	>1000
高山	深切割	3500～5000	>1000
	中等切割		500～1000
	浅切割		100～500

续表

名称		绝对高度/m	相对高度/m
中山	深切割	1000～3500	>1000
	中等切割		500～1000
	浅切割		100～500
低山	中等切割	500～1000	500～1000
	浅切割		100～500
丘陵		一般<500	<200

资料来源：中国地理丛书编辑委员会. 中国综合地图集[M]. 北京：中国地图出版社，1990.

2.2.2　山地城市

山地城市是指与山体有着某种程度联系的城市，一般也可称为山城。不同的国家对此有不同的定义，如日本叫斜面都市(slide cities)，欧美叫坡地城市(hillside cities)，都是指修建在倾斜的山坡地面上的城市。苏联学者克罗基乌斯在《地市与地形》一书中根据城市与地形的关系认为位于丘陵或山地区域内的城市，其城市建设受到复杂地形的影响。因此，将城市规划范围内复杂地貌所占比例 25%以上及城市建在复杂地形条件上的城市，定义为山地城市。

城市建设在坡地上对城市规划、城市设计以及建设使用的安全性、实用性、经济性等都会产生不同的变化和影响。从工程建设的角度看，山地城市是指城市建设在山地地形地貌概念的区域内，主要城市建设用地以山地为主，通过考虑特殊地质结构对城市总体规划、建筑建造工艺和城市建设的安全性等来命名的。山地城市是一个相对的说法，区别于平原地区，主要指在山地地形区域内进行基址的选择和建设的城市，受地质条件以及复杂自然环境条件的影响，形成不同的布局结构和发展方向。

山地城市的定义有广义和狭义两个范畴：狭义的山地城市指的是城市建设在丘陵和山坡等复杂地形上，一种类型是直接建设在山地面积占 50%以上的起伏不平的坡地上的城市，无论其所处的海拔高度如何，如香港、重庆、兰州、青岛等；广义的山地城市，更注重山体地势与城市格局的构成关系，整个城市虽然修建在相对平坦的用地上，但城市被群山包围，形成一个相对独立的城市格局，从而影响城市的布局结构和生态环境，而形成的以平坝为主体，部分城市用地位于山地上的城市，如昆明、大理、丽江等[135]。对于城市的分类与研究，不能只孤立考查城市建成区，城市与所处的周围环境紧密联系在一起，因此本书所指的山地城市也是一个相对广义的概念。云南省山地类型又可分为坝子、山地和高原，全省总面积按地形分山地占 84%，高原、丘陵约占 10%，坝子(局部平原)仅占 6%[134]。

2.3　云南山地城市类型与分布

根据不同的划分依据，可形成不同的山地城市分类体系。

2.3.1　按城市所处地域的地理形态划分

城市所处地域的地理形态是山地城市类型划分的基础依据。根据城市所处地域地理形态的不同可以将城市划分为高原地区城市、盆地地区城市、山地地区城市和丘陵地区城市四类，其主要根据就是区域层面上的城市选址和地理形态的关系。山地城市的类型和分布直接由城市所处的地理环境决定。根据重庆大学杨光从宏观和中观两方面确定山地城市的类型，宏观是地理单元，中观是地形条件。地理单元条件决定了城市的选址、山水形态和生态格局等，但不能直接决定城市的空间，因为相对于地理单元，大多数城市的建设和发展规模还较小，影响城市空间形态的重要地理背景往往还是城市所在地带的具体地形环境。而城市对地形环境的敏感程度决定了山地城市形态的分异。因此，从这两个角度对山地城市进行分类基本能涵盖云南地区所有的山地城市类型。从图 2-1 可以看出，属于绝对平原城市类型的只有既选址于盆地地理单元，又建设于平地的城市，其余的几种情况都属于典型的山地城市。总结起来典型的山地城市有如图 2-2 所示的 A～D 四类，E 类为平原型城市[132]。

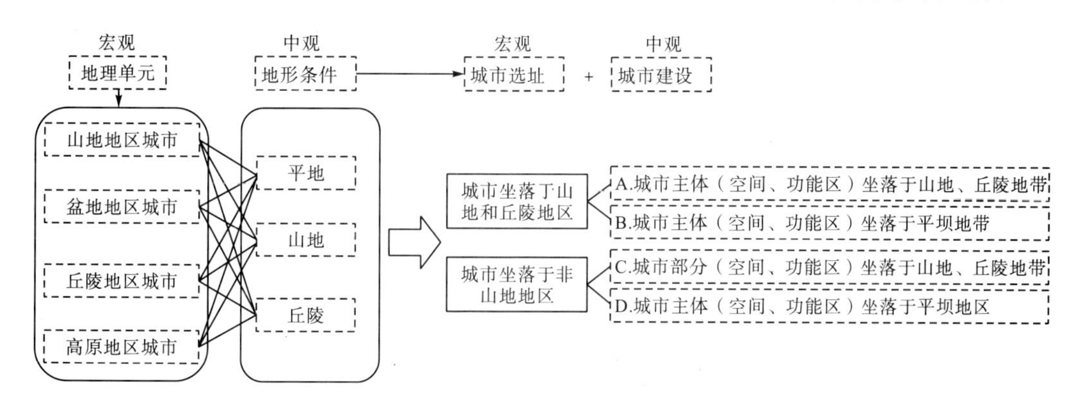

图 2-1　山地城市类型示意图

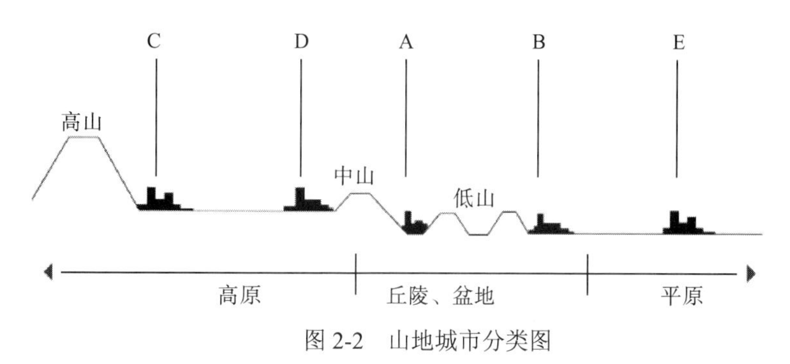

图 2-2　山地城市分类图

(1) 城市坐落于有地势起伏的山地和丘陵地理单元：A 城市主体(空间、功能区)坐落于山地地带；B 城市主体(空间、功能区)坐落于平坝地带。

(2)城市坐落于地势平坦的高原或盆地地理单元：C 城市部分(空间、功能区)坐落于山地、丘陵地带；D 城市主体(空间、功能区)坐落平坝地区。

云南省下辖地级市 8 个、少数民族自治州 8 个；市辖区 16 个、县级市 15 个、县 66

个、少数民族自治县 29 个，共 129 个市县。其类型分布如图 2-3 所示。从分布图中可以看出 A 类、B 类和 C 类山地城市是云南山地城市的主体类型，D 类山地城市只占一小部分。其中 A 类山地城市主要分布在滇西偏远地区，如怒江州、迪庆州等地，而 B 类山地城市和 C 类山地城市分布在云南各地，总数为云南市县总数的 50.38%，且云南主要城市昆明、大理、普洱、楚雄等，皆属于 B 类或 C 类山地城市，故可知云南主要山地城市类型为 B 类和 C 类。样本城市、县城所属山地城市类型见表 2-2。

表 2-2　样本城市、县城所属山地城市类型

序号	城市/县城名称	所属山地城市类型
1	普洱市	(B 类) 城市主体(空间、功能区) 坐落于平坝地带
2	安宁市	(B 类) 城市主体(空间、功能区) 坐落于平坝地带
3	富民县	(B 类) 城市主体(空间、功能区) 坐落于平坝地带
4	宜良县	(B 类) 城市主体(空间、功能区) 坐落于平坝地带
5	华坪县	(B 类) 城市主体(空间、功能区) 坐落于平坝地带
6	南涧县	(B 类) 城市主体(空间、功能区) 坐落于平坝地带
7	镇沅县	(B 类) 城市主体(空间、功能区) 坐落于平坝地带
8	楚雄市	(C 类) 城市部分(空间、功能区) 坐落于山地、丘陵地带
9	大理市	(C 类) 城市部分(空间、功能区) 坐落于山地、丘陵地带
10	景谷县	(C 类) 城市部分(空间、功能区) 坐落于山地、丘陵地带

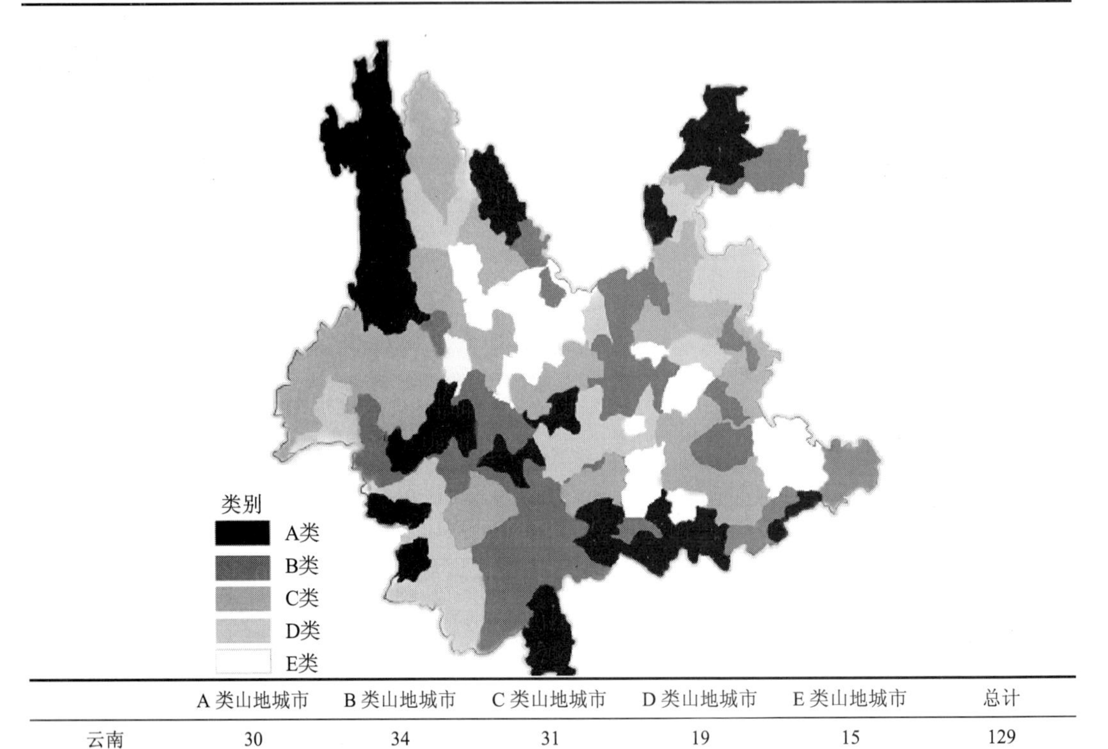

	A 类山地城市	B 类山地城市	C 类山地城市	D 类山地城市	E 类山地城市	总计
云南	30	34	31	19	15	129

图 2-3　云南省山地城市分布图(作者改绘)

(底图来源：云南省测绘地理信息局；审图号：云 S(2017)057 号)

2.3.2　按山地、丘陵、平坝占城市规划区面积比例划分

山地城市是指大部分土地分布于山地区域的城市，其城市形态生境与平原城市不同。在对云南省 6 个城市：大理、普洱、曲靖、芒市、安宁、开远，以及 7 个县城：凤庆、澜沧、墨江、新平、华宁、沾益、罗平调研的基础上，依据城市规划区建设用地中山地、丘陵所占面积比例建立云南山地城市分类系统，将云南省山地城市或县城划分为坝区型、山地型、山坝型三种类型。其中，坝区型是指规划区范围内建设用地中坡度小于 8° 的平坝占规划区面积 80%以上的城市，如曲靖、芒市、宜良、陆良等；山地型是指城市规划区内 40%以上的建设用地属于丘陵、山地地形的城市，如大理、普洱等；山坝型是指城市规划区范围内 20%～40%的建设用地属于丘陵、山地地形的城市，如开远、罗平等(表 2-3)。

表 2-3　云南省山地城市和县城类型划分表

类型	城市
坝区型	曲靖、楚雄、玉溪、芒市、陆良、昭通、蒙自、祥云、宾川、宣威、建水、南华、陇川、弥勒、丽江、丘北、鹤庆、师宗、保山、巍山、景谷、香格里拉、洱源、宜良、弥渡、元谋、姚安、景洪、耿马、澄江、石屏等
山地型	大理、普洱、兰坪、龙陵、云县、德钦、维西、新平、永德、镇康、双江、剑川、红河、金平、镇远、东川、禄丰、临津、水富、六库、福贡、贡山、河口等
山坝型	开远、瑞丽、元江、景东、盈江、彝良、昆明、江川、通海、罗平等

2.4　云南山地城市主要灾害

灾害是对生态环境、人类社会物质和精神文明，尤其是人们的生命财产造成危害及损失的事件的总称。依据导致灾害的主要因子将灾害划分为自然灾害与人为灾害两大类。其中，自然灾害包括生物灾害、气象灾害、海洋灾害、地质灾害等；人为灾害包括火灾、事故、战争等。此外，地面破坏、水土流失、酸雨、大气污染等大多是人为造成的自然灾害，既属于自然灾害，又属于人为灾害。目前，在城市中造成的突发灾害大部分是因为自然本身进化，再加上人类开发等产生的负面影响造成的。

城市灾害是指发生在城市范围内的各种自然或者人为灾害。我国城市面临的灾害主要包括地震、山体滑坡、泥石流等地质灾害，洪涝、高温等气象灾害，火灾、疫病以及环境污染灾害等。山地城市往往处于地壳运动较为频繁的区域，是具有显著起伏和坡度的三维地貌体，所特有的多样化地貌形态及其相应的环境、资源特征，导致地震、滑坡、泥石流等地质灾害种类较多，且有时是几种地质灾害连续爆发，持续的时间较长，在这一过程及其后的相当一段时间中，由于生态系统破坏严重，当受气象条件等多重原因的影响，经常伴有山体滑坡、泥石流等次生地质灾害[135]。

山地城市灾害的发生受到人为和自然因素的影响，再加上特殊的地理地貌特征，其带来的危害相对更为严重，主要具有以下特征：①频发性，特殊的地质条件、脆弱的生态环境、高低不平的山体空间、灾害种类多，并且会频繁发生；②突发性，地质灾害往往在短

时间内突然发生，无法准确预测，灾难来临时，无法在短时间内做好防灾工作；③衍生性，脆弱的地质条件，单一灾害容易引发其他灾害的发生，如地震引发坍塌，山洪引起泥石流，继而引起瘟疫等，灾害的多重积累，导致灾害的叠加，造成更大的伤害[136]。

云南位于我国西南部，地处云贵高原，全省各类型的山地面积达到94%以上，从而决定了云南省是个山地城市大省。云南自南向北，分布有热带、中热带、亚热带、温带、寒带等气候带，具有山川纵横、地理单元众多且地势相对封闭狭小等地貌特点，自然地理环境复杂，又由于地处印度洋板块和亚欧板块碰撞带东侧，自然灾害具有发生频繁、种类多等特点，同时是我国欠发展地区之一，全省的防灾避灾功能总体较弱，而灾害所造成的损失也远远超过其他省份。云南灾害频发，其中主要有以地震、山体滑坡、泥石流为主的自然灾害及以火灾为主的人为灾害。

2.4.1 地震灾害

地震又称地动、地振动，是地壳快速释放能量过程中造成振动，期间会产生地震波的一种自然现象。地球上板块与板块之间相互挤压碰撞，造成板块边缘及板块内部产生错动和破裂，是引起地震的主要原因，当前的科学技术无法对地震进行准确预测。

1. 按震源放出的能量大小划分

震级是表征地震强弱的量度，是划分震源释放能量大小的等级。地震震级分为 9 级，一般小于 2.5 级的地震人无感觉，2.5 级以上人有感觉，5 级以上的地震会造成破坏。震级单位是“里氏”，通常用字母 M 表示，它与地震所释放的能量有关。释放能量越大，地震震级也越大。震级每相差 1.0 级，能量相差约 32 倍；每相差 2.0 级，能量相差约 1000 倍。也就是说，一个 6 级地震相当于 32 个 5 级地震，而 1 个 7 级地震则相当于 1000 个 5 级地震。

2. 地震按破坏程度分类

我国大多按破坏程度将地震分为 4 类：①一般破坏性地震，造成数人至数十人死亡，或直接经济损失在 1 亿元以下(含 1 亿元)的地震；②中等破坏性地震，造成数十至数百人死亡，或直接经济损失在 1 亿元以上(不含 1 亿元)、5 亿元以下的地震；③严重破坏性地震，人口稠密地区发生的七级以上地震、大中城市发生的六级以上地震，或者造成数百至数千人死亡，或直接经济损失在 5 亿元以上、30 亿元以下的地震；④特大破坏性地震，大中城市发生的七级以上地震，或造成万人以上死亡，或直接经济损失在 30 亿元以上的地震。

地震活动在时间上的分布是不均匀的：一段时间发生地震较多，震级较大，称为地震活跃期；一段时间发生地震较少，震级较小，称为地震活动平静期；表现出地震活动的周期性。每个地震活跃期均可能发生多次 7 级以上地震，甚至 8 级左右的巨大地震。地震活动周期可分为几百年的长周期和几十年的短周期，不同地震带的活动周期也不尽相同。

从宁夏，经甘肃东部、四川中西部直至云南，有一条纵贯中国大陆、大致呈南北走向的地震密集带，历史上曾多次发生强烈地震，被称为中国南北地震带。2008 年 5 月 12 日的汶川 8.0 级地震就发生在该带中南段。该带向北可延伸至蒙古境内，向南可到缅甸。

我国地震活动主要在 23 条地震带上(图 2-4)，分别分布在西南地区、西北地区、华北地区、台湾及附近海域和东南沿海地区[137]。云南省处在西南地区的地震带，境内主要包括七条地震带：小江地震带、中甸—大理地震带、通海—石屏地震带、腾冲—龙陵地震带、澜沧—耿马地震带、思茅—普洱地震带、马边—大关地震带[138](图 2-5)。

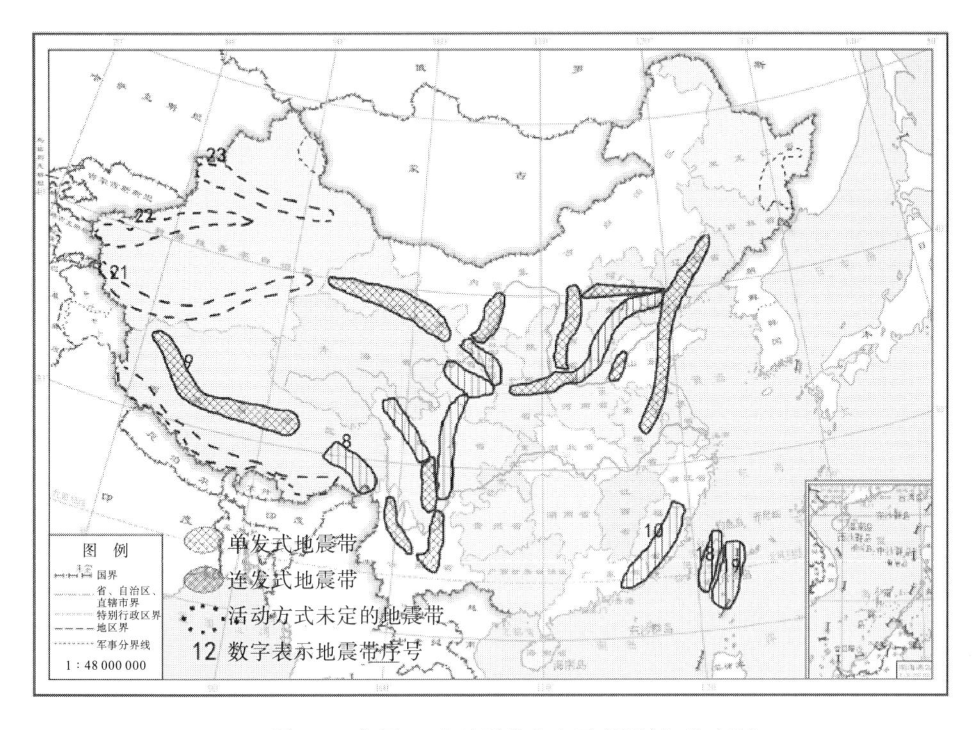

图 2-4　全国 23 个地震带分布示意图(作者改绘)

(底图来源：国家测绘地理信息局；审图号：GS(2016)1600 号；未对底图做任何改动)

云南是我国地震灾害特别严重的省份之一，中华人民共和国成立以来，云南共发生大大小小的地震 233 次，占全国所有地震次数的 16.11%。其中特别重大的有 7 次之多，占全国重大地震次数的 22.58%。依照地震发生的频度，在我国，云南的地震灾害发生频率仅次于台湾、西藏和新疆位居第四位，是我国地震灾害发生最严重的省份之一。

云南省内地震灾害多发的特性是由云南复杂的地质构造演化特征和所处的现代板块活动构造位置关系所决定的。云南地震大致可划分为 3 个地震区和 7 个地震带[139]。

云南省强烈地震多发生在人口密度相对较大的山间盆地，灾害影响范围广，造成损失大。省内有超过一半的人口居住在地形相对平坦的盆地，而盆地的面积仅占全省总面积的 6%，绝大多数的盆地都有地震活动断层，属于地震多发地。山地城市由于地质地形复杂多变，自然环境脆弱，灾害时常发生，因此山地与平原地区在避灾绿地的规划过程中有着很大的差异性。对于云南省山地城市避灾绿地的研究，相比于其他山地城市，有一定的代表性[140]。

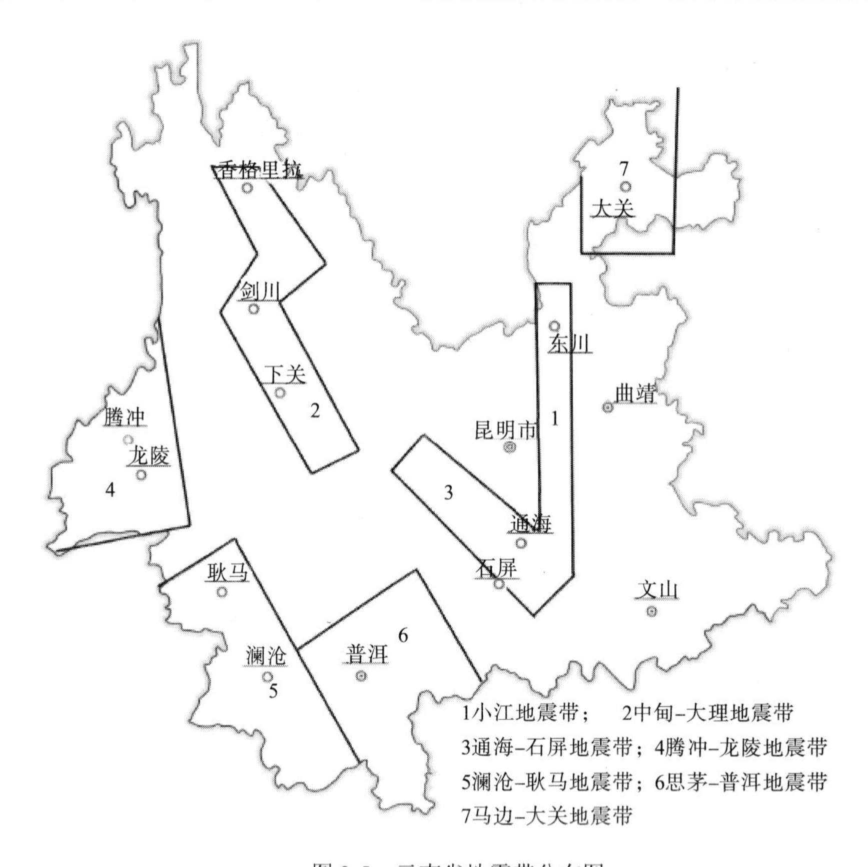

图 2-5 云南省地震带分布图

（底图来源：云南省测绘地理信息局；审图号：云 S(2017)057 号）

2.4.2 山体滑坡、泥石流灾害

在地势不平坦、坡度大、降雨量大的山区易引发山体滑坡，滑坡过程一般立刻就能够完成，有的也存在长时间的过程。大规模的滑动过程基本都是较为缓慢、长时间或间断性滑动。滑坡会对城市的交通运输、水利水电工程、工矿企业等造成严重危害。我国西南地区的滑坡灾害有频率高、规模大、速度快、破坏性强等特点，并且整体的防治较为困难。滑坡灾害所引起的次生灾害，如洪水、淤积污染等，可造成更大范围的影响和更严重的损失。云南省是滑坡灾害的重灾区，仅 2013 年云南省发生的 425 起地质灾害中滑坡就有 247 起[141]。

泥石流是指在山区或者其他沟谷深壑、地形险峻的地区，因为强烈的自然灾害或人为长期大量砍伐森林，使山体滑坡并携带有大量泥沙及石块的特殊洪流。因为泥石流有突发性以及速度快、且所携带的物质多等特点，因此容易冲进居民点，摧毁建筑及场所设施，破坏性强。

云南省地处 6 大水系的上游处，地质复杂，是泥石流灾害最严重的省份。自 20 世纪后期以来，云南开始重视山区的发展，加速了山区整体的城镇化发展，引起了泥石流灾害频发，造成了大量损失。据统计近 20 年来，泥石流灾害平均每次所造成的经济损失达到

2亿元，并且每年至少有200多人因此丧命。根据云南省滑坡泥石流灾害数据库显示，全省现有5039个灾害性泥石流点，危害影响35个市(县)、近170个乡镇、3000多个村落、160个大中型厂矿、480km的铁路与3000多公里的公路[142]。又因云南处在地震活动板块活跃地区，地震等地质灾害极易爆发，泥石流灾害作为其次生灾害也是频发的原因。水是影响泥石流灾害发生的主要因素，而云南省有降雨季节性强、降雨较为集中等特点，这也易诱发泥石流灾害的发生。云南省的泥石流灾害主要是发生在6～10月，可分成极强、强、中度和轻度活动区等，并分为了11个活动亚区和15个严重危害地段。

云南省所有城市均处于群山环抱中，或高山峡谷地带，各区域内都有多条地质构造带，且城市内都有或多或少的坡地和山体。因此，一旦发生地震或暴雨洪涝等灾害，这些山体和坡地都有崩塌的危险，城市周边山体和城市内部大多都有河流穿过，一旦河流周边山体滑坡形成堰塞湖，会对下游城区造成威胁，易发生泥石流和洪涝灾害。

2.4.3 火灾

火灾是指在时间或空间上失去控制的燃烧。在各种灾害中，火灾是最经常、最普遍的威胁公众安全和社会发展的主要灾害之一，也是地震灾害发生后最容易发生的次生灾害。因此，抵御火灾是城市避灾绿地中最为重要的避灾内容之一。火灾在发生的同时会对生态环境造成不同程度的损坏，其造成的间接损失往往比直接损失更为严重，物质燃烧产生的烟雾和碳氢化合物等大量有害气体，不仅对环境产生不良影响，同时影响地面植物光合作用与地表的光能量摄取，高温会改变土壤结构和破坏土壤成分、减少微生物数量。至于森林火灾、文物古建筑火灾造成的不可挽回的损失，更是难以估算。

云南的冬春季节属旱季，降水量不到全年降水量的17%，是火灾易发高峰期。在此期间，整个省内均是干暖的大陆气团，天气基本全天晴朗，使得林地覆盖物的蒸发量大大增强，水分大量减少，从而易造成火灾的发生[142]。

2.4.4 气象灾害

云南省处于低纬度高原地区，有显著的地域气候差异，气候垂直变化强烈，干湿季分明，多种气象灾害交替发生，灾害呈现种类多、频率高、易成灾的特点。

云南省主要的气象灾害有干旱、低温、大风、雷电、雪灾、冰冻、高温、暴雨洪涝等。

2.4.5 其他灾害

除上述灾害外，其他一些灾害也时刻威胁着城市居民的生命财产安全，如疫病、有害气体泄漏等。

第3章　山地城市绿地避灾适宜性分析评价

避灾绿地避灾适宜性是指某一特定绿地地块对避灾这一特定使用功能的适宜程度，即：避灾绿地在预防和减轻大规模突发灾害带来的损失以及为紧急避灾和灾后恢复重建期间提供场地及设施能力的大小。

3.1　城市避灾绿地的功能

避灾绿地是灾难发生后，通过紧急避灾疏散通道，引导避灾人员进入，为灾民提供最佳避难点，同时在灾难发生后期为城市重建提供生活基地的城市绿地空间，通常以公园绿地和附属绿地为主。城市绿地是否适宜作为避灾绿地使用，应以绿地是否能满足避灾的需求，即是否能发挥避灾绿地应有的避灾功能为标准。根据以往国内外大规模突发灾害事件发生后的避灾经验和前人相关研究认为，避灾绿地是突发灾难时提供灾民临时紧急避灾、灾后一段时间避灾和集中救援的最为重要的开敞空间。避灾绿地应发挥的功能主要如下。

(1)安全疏散受灾民众。大地震后，城市各类建筑几近全部倒塌或受损，严重的地震发生后往往余震不断，使各种建筑受到进一步损坏，甚至再次造成人员伤亡。迅速将灾民从建筑物中或建筑密集区域疏散到空旷场地，可最大限度地减少人员伤亡。开敞的城市绿地，绿化面积大，建筑物密度极低且建筑低矮，是安全疏散受灾民众的理想场所，其中大多数公园绿地是居民的主要紧急避灾场所。

(2)阻止火灾蔓延。开阔空间中的植物能够对火势蔓延起到抑制作用，其效力比人工灭火高。植物的树干枝叶含大量水分，燃点高，许多植物不易燃具有防火功能，即使叶片全部烤焦，也不会产生火焰，因此一旦发生火灾，火势蔓延至大片绿地时，可以因绿色植物的抑制作用而使火灾得到控制和阻隔。

(3)灾后实施救援的基本场所。地震发生后，救援工作需迅速、有序、高效地开展，才能最大限度地减少人员伤亡和经济损失。开敞的绿地空间便于迅速搭建帐篷供紧急指挥中心、紧急医疗救助中心等开展救援工作，实施救援、救护、医疗活动，使受伤群众得到及时的救护和治疗。

(4)提供救灾物资的贮存和发放场地。地震发生后，及时为受灾民众提供饮用水、食品、衣物、帐篷等各类救灾物资，是解决灾时灾后基本生活问题的首要任务。城市绿地一般都位于城市交通节点处方便通行的地方，便于救灾物资的运送、暂存和发放。为保证救灾物资快速运输，飞机空投成为救灾物资运输的主要方式之一，绿地开敞空间，可以提供救援直升飞机的起降和物资投放、贮存和发放的场地，因而成为地震后救援物资运输、发放和暂时保管的重要场所。

(5)信息交流的场所。地震发生后，受灾民众与亲人、朋友等失去联系，心理往往处于恐慌和无助状态，需要外界的及时安抚和信息沟通。空间开阔的绿地可成为各级政府部门向受灾群众提供各类灾害信息、救援进展信息和心理咨询服务及受灾群众聚会和交换信息的场地。

(6)为受灾民众提供基本的生活条件。强烈的地震发生后，很多建筑倒塌或成为受损的危房，居民失去居住场所。城市绿地地势开敞，乔木又有一定的心理庇护效果，并利于搭建简易帐篷和板房，绿地中的水体可供灾民紧急生活用水，绿地中的很多植物，如海棠、火棘、柚子、刺五加、荷花等的花、果、嫩叶、树皮或树根等还可以食用充饥，保存生命。如 1976 年唐山里氏 7.8 级的大地震中建筑几乎全部倒塌，政府在市区三个公园内共搭建简易住房 670 户，解决了部分灾民的居住问题；日本阪神地震一周后，作为避难所的 94 处公园内帐篷数量达到 1138 个。

3.2　避灾绿地适宜性影响因素

避灾绿地适宜性主要受环境要素的影响和制约，环境要素是指构成环境整体的各个独立的、性质各异而又服从总体演化规律的基本物质组分。环境要素可分为两大类：自然环境要素和人工环境要素。

1. 自然环境要素

自然环境要素包括地形地貌、水体、大气、生物、土壤、岩石、阳光等。影响避灾绿地适宜性的自然环境要素主要有地质结构、地形地貌、大气、生物、土壤、岩石、阳光等。其中，地质结构以稳定的地质构造场地为佳，地形地貌以平坦的地形地貌场地为宜。

2. 人工环境要素

人工环境要素是指由于人类活动而形成的环境要素。影响避灾绿地布局的人工环境要素主要有易燃易爆危险品、疏散通道、绿地规模、广场、草地、水体、建筑比例、应急设施、绿地植物安全性和避灾功能性等。

不同城市，各要素的影响程度不同。因此，确定绿地是否适合作为避灾场地使用或建设，需对各影响要素进行量化的综合评价。目前较常用的量化综合评价方法是层次分析法，通过构建目标层、准则层、评价层，建立判断矩阵，利用层次分析法模型权重进行计算，得出指标因子的相对权重和绝对权重，再计算城市内各绿地的避灾功能综合评分。根据综合评分确定避灾适宜性。

3.3　城市绿地避灾适宜性实地调查

对照卫星影像图和用地规划图，沿城市道路进行普查，规划范围内的每个地块都需调查到，具体如下。

(1)现状公园绿地、广场的位置、占地面积以及有效避灾面积，用地规划总图中规划的公园绿地、广场的位置、占地面积、现状用地性质。

(2) 以上地块周边现状用地类型及规划用地类型。

(3) 现状道路名称、红线宽度、长度、道路绿地宽度、道路绿地植物种类、配置形式、生长状况、交通状况等，对每个公园绿地及广场内部情况及周边情况进行拍照，并在调查表上登记相应的照片号。

(4) 根据现行城市总体规划的用地规划总图和绿地系统规划总图，实地调查现行城市绿地系统规划的公园绿地地形、总体规划的周边用地及路网等是否适宜作为避灾绿地建设。如果可行，确定适宜建设的避灾绿地类型等，并通过地质资料，分析场地的地质结构作为避灾绿地的适宜性。

(5) 调查规划区内可作为其他避灾资源的场地现状，分析场地的地质结构作为避灾绿地的适宜性。

3.4 现状绿地避灾适宜性分析评价方法

在现状绿地实地普查和基础资料收集的基础上，对地质构造与主要灾害情况、城市公园绿地现状进行统计分析，采用层次分析法对现有公园绿地避灾功能进行评价与分析。

运用定性分析法研究城市绿地的防灾避灾功能，确定城市的避灾绿地体系，即点、线、带、面四要素。运用层次分析法以及景观多样性分析法等定量方法针对城市避灾绿地构建区位选择模型，选取合理的算法实现模型求解。针对模型构建符合城市避灾绿地空间布局的优化方法，定量与定性分析法综合运用，提出城市避灾绿地服务范围的划分与规模配置，形成合理的空间结构布局，并运用这些方法分析规划布局的合理程度。

层次分析法作为处理综合评价问题的有效模型，能够将定性分析定量化，保持思维过程的一致性，因而可以作为定量分析法在城市避灾绿地规划布局的量化上进行应用。

1. 评价指标体系的构建

城市绿地避灾功能包含避灾绿地的自然环境因素、周边人工环境因素和绿地自身环境因素等方面的综合功能。利用层次分析法，结合城市现有绿地情况，对评价指标体系进行分组，构建合理的评价指标体系：目标层(*A*)—准则层(*B*)—指标层(*C*)。其中，目标层是指城市现有绿地的避灾功能；准则层为避灾功能的影响因素；指标层是现状绿地避灾功能的评价指标。分析指标体系见表 3-1。

根据城市绿地系统规划中公园绿地的位置和实际情况，对其环境因素、人工因素以及绿地本身的绿地规模、水体规模等进行综合性分析，建立分析评价指标体系，确定分析结构层次。

2. 构建分析判断矩阵

为保证不同层次、因素之间权重的合理性，采用相对尺度对任意两个因素进行比较，从而尽量降低不同因素之间互相比较的难度，提高准确度。

判断矩阵是比较一个层次内的因素和其上一层内某个因素的重要性，可使用 1～9 个标度进行赋值。判断矩阵形式见表 3-2，判断矩阵各类元素对比标度标准见表 3-3。

表 3-1　规划避灾绿地分析指标体系

目标层 A	准则层 B	指标层 C	备注
城市避灾绿地筛选	环境要素 B_1	地质构造 C_1	稳定的地质构造场地
		地形地貌 C_2	平坦的地形地貌场地
	人工要素 B_2	易燃易爆危险源 C_3	远离次生灾害发源地
		周边疏散通道 C_4	有效的避难疏散空间
	自身要素 B_3	绿地规模 C_5	开阔的避难场地
		水体规模 C_6	远离次生灾害、保证水资源

表 3-2　判断矩阵形式

A	B_1	B_2	B_3
B_1	B_{11}	B_{12}	B_{13}
B_2	B_{21}	B_{22}	B_{23}
B_3	B_{31}	B_{32}	B_{33}

表 3-3　判断矩阵各类元素对比标度标准

标度	含义
1	表示两个因素相比，两者重要性相同
3	表示两个因素相比，前者比后者稍重要
5	表示两个因素相比，前者比后者明显重要
7	表示两个因素相比，前者比后者强烈重要
9	表示两个因素相比，前者比后者极端重要
2,4,6,8	表示以上两相邻判断之间的中间值
倒数	因素 i 与因素 j 相比较得出判断 b_{ij}，则因素 j 与因素 i 相比较得出判断 $b_{ij}=1/b_{ji}$

3. 相对权重计算

假设判断矩阵 $\boldsymbol{A}$ 的最大特征根为 $\lambda_{\max}$，与之相应的特征向量为 $\boldsymbol{W}$，求此判断矩阵的特征根。所得结果即准则层元素对于目标层某因素相对重要性的权重向量。

最大特征值 $\lambda_{\max}$ 的计算公式为

$$\lambda_{\max}=\sum_{i=1}^{n}\left[(AW)i/nW_i\right] \tag{3-1}$$

为确保权重的合理性，对判断矩阵进行一致性检验：

$$CR=\frac{\lambda_{\max}-n}{n-1} \tag{3-2}$$

一致性指标 CR 数值越大，说明判断矩阵偏离程度越大；相反数值越小，说明判断矩阵越是接近一致性。

$$CR = \frac{CI}{RI} = \frac{\lambda_{\max} - n}{n-1} \tag{3-3}$$

式中：RI 是指平均随机一致性指标数值(表 3-3)。

当一致性指标 $CR<0.1$ 时，表明判断矩阵接近一致性；当 $CR>0.1$ 时，表明需要调整和修正判断矩阵，以确保其更接近一致性。

表 3-4　随机一致性指标 RI 值

维数(n)	1	2	3	4	5	6	7	8	9	10
RI	0.00	0.00	0.58	0.90	1.12	1.24	1.32	1.41	1.45	1.49

4. 合成权重计算

结合以上公式计算指标层各类因子权重，求出评价指标层的合成权重。评价指标层的合成权重=对应评价准则层权重×相对于准则层的权重。

5. 现状绿地避灾功能分值计算

计算公式为

$$A = \frac{1}{n}\sum_{i=1}^{m}\left(U_i \sum_{j=1}^{n} F_{ij}\right) \tag{3-4}$$

式中：A 为现状绿地避灾功能评价；n 为评分人数；F_{ij} 为第 j 个评分人对指标 i 的实际评分值，$0 \leqslant F_{ij} \leqslant 100$；$U_i$ 为指标 i 的合成权重值。

6. 现状绿地避灾功能等级评定

依据式(3-4)的计算结果可将避灾能力等级划分为 4 类(表 3-5)，根据规划中评定的不同等级，采取不同的应对措施。

表 3-5　综合避灾能力等级

等级	成绩	综合应急适应能力	对策
A	优秀	90～100	保持，适当完善
B	良好	80～90	适当加强
C	一般	60～80	加强
D	较差	0～60	急需加强

3.5　现状绿地避灾功能分析评价实例——云南省曲靖市城市公园绿地避灾适宜性调查与评价

曲靖市位于云贵高原中部，地处云南省东部，海拔 1881m，距省会昆明市 130km。曲靖市中心城区地形东西高中部低，山地、河谷、丘陵相互交错，中部为平坝，东西两侧多为山地。截至 2014 年，曲靖市城市面积为 62.8km^2，城区人口 64.5 万人。据《中国地震动参数区划图》（GB 18306—2015），曲靖市西邻东川—寻甸—宜良地震带（属小江断裂地震带），城市中心城区抗震设防标准为 7 度，地震动峰值加速度 a=0.15g。建成区内有各类公园绿地面积 227.66hm^2，共有公园绿地 25 个。

3.5.1　地质构造与主要灾害情况

1. 地质构造情况

曲靖市位于滇东高原与黔西高原分界处，均属中山高原地形。区内地貌景观差异明显，主要受构造、侵蚀、剥蚀、岩溶及堆积作用控制。

曲靖市地处云贵高原中部，位于小江断裂带（东支）以东，以梳理状构造为主。境内的山系主要有乌蒙山和梁王山两大山系。乌蒙山山体边缘地区受小江、牛栏江及南盘江等河流切割，比较破碎，山高谷深、河曲发育。梁王山山地顶部平坦，为残留高原面，有溶蚀洼地和漏斗分布。

根据成因与形态相结合的原则，曲靖市地貌可分为构造侵蚀地貌、构造侵蚀岩溶地貌、侵蚀剥蚀岩溶地貌、岩溶地貌、构造溶蚀地貌和湖泊堆积地貌 6 种成因类型；盆地、山地、岩溶 3 种形态类型。全市地势北高南低、西高东低，由西北向东南方向倾斜。

曲靖境内构造位置处于“云南山字形构造体系前弧东翼”部分，因受到多期构造运动的改造，导致构造趋向复杂，特别是断裂较为发育。境内盆地外动力引起的地质现象主要包括泥石流、崩塌、滑坡以及冲沟等，其中泥石流、冲沟较为发育，而崩塌和滑坡则较少见。以上各类现象主要发育于土体分布区和碎屑岩分布区。曲靖盆地地下水补给径流带均分布有新生代松散岩类，北部和东西部均分布有大面积碳酸盐岩，西部分布碎屑岩类，并夹有单斜构造的碳酸盐岩地层。

2. 主要灾害情况

1）地质灾害

曲靖市境内所发生的地震均属构造地震，震源大都在南北向、北东向断层附近。曲靖市西邻东川—寻甸—宜良地震带（小江断裂地震带），此地震带经常发生地震，震波波及市境。据测定，曲靖市麒麟区地质灾害隐患点有 55 处。

曲靖市地质灾害隐患点主要的灾害类型为泥石流、滑坡、不稳定斜坡以及地面塌陷等。麒麟区低中山地貌区，滑坡以中小型规模为主；麒麟区东山——陆良坝子，碳酸盐底层分布广，溶蚀孔洞、溶蚀坑和暗河发育，成为地质灾害隐患区。根据《曲靖市地质灾害隐患点排查统计表》，结合《曲靖市地质灾害防治规划（2011—2020）》，经野外现场调查核实，曲靖市现有地质灾害隐患点共 1373 个，其中麒麟区不稳定滑坡点 8 处、滑坡点 27 处、泥石流 2 处、崩塌 3 处、地面塌陷 17 处、地裂缝 1 处，共计 58 处。2010 年 2 月 21 日，曲靖市麒麟区发生 2.9 级地震，地震震中为曲靖城区。

曲靖市麒麟区地质灾害的分布点较多且覆盖面广，灾害隐患点分布不均匀，且潜在危险较大。曲靖市麒麟区东部山地存在的灾害点较为密集，西部山地灾害点分布较为稀疏，而中部平坝区存在的灾害点则较为稀少。泥石流灾害主要分布于沿江、珠街以及东山等地；滑坡灾害多分布于珠街、潇湘、西山以及东山等地；地面塌陷一般由采煤引起，导致采空塌陷，此类灾害分布于东山煤矿区，全区地裂缝相对较少；崩塌灾害多分布于沿江、珠街一带的采石场地[143]。

2) 水文与气象灾害

曲靖市麒麟区泥石流易发点多分布在珠街、沿江一带采石场周边以及东山篆长河；降雨引发的地面塌陷主要以采空冒顶型塌陷为主。2011 年，曲靖市气候异常，降水异常偏少，气温偏高，蓄水严重减少，各种自然灾害频繁发生，出现了自 1961 年有完整气象记录以来最严重的夏旱，导致大春粮食作物大面积绝收，受灾范围广，持续时间长。2011 年 1 月 11 日，全市出现强降温天气。17～18 日全市出现大雪、局部暴雪天气，15～17 日和 24～27 日分别出现两次强“倒春寒”天气，全市大部分地区出现降雪。

3.5.2 城市公园绿地现状

经实地普查，截至 2014 年，曲靖市建成区内共有各类绿地 1361.75hm^2。按我国现行的《城市绿地分类标准》(CJJ/T 85—2002) 统计，其中公园绿地 227.66hm^2，生产绿地 244.03hm^2，附属绿地 768.85hm^2，防护绿地 155.78hm^2，人均公园绿地面积 3.53m^2，绿地率 20.35%，绿化覆盖率 23.05%。

曲靖市建成区内共有公园绿地 25 个。其中，综合公园 6 个、社区公园 1 个、专类公园 1 个、带状公园 3 个、街旁绿地 14 个(表 3-6)。

表 3-6 曲靖市公园绿地一览表

序号	公园名称	公园面积/hm^2	公园类型	公园位置
1	寥廓公园	25.33	综合公园	寥廓山
2	龙潭公园	8.35	综合公园	寥廓南路与文化路交叉口南
3	麒麟公园·珠江源广场	11.00	综合公园	麒麟南路与文昌街交叉口北
4	潇湘河滨河公园	10.24	带状公园	南城门两侧
5	潇湘公园	11.21	综合公园	潇湘河西北侧
6	天池公园	3.12	街旁绿地	南城门西北侧
7	南城门广场	2.94	街旁绿地	南城门
8	枫园	0.37	街旁绿地	麒麟西路与交通路交叉口处
9	胜峰游园	0.36	街旁绿地	东平路与胜峰路交叉口
10	潇湘时代广场	1.03	街旁绿地	潇湘河南侧
11	官房小游园	1.01	街旁绿地	潇湘河南侧
12	大花桥公园	8.55	街旁绿地	翠峰东路西北端
13	南宁小游园	0.12	街旁绿地	南宁东路与建设路交叉口
14	张三口花园	0.33	街旁绿地	南宁南路与紫云路交叉口

续表

序号	公园名称	公园面积/hm^2	公园类型	公园位置
15	金牛塘公园	0.78	街旁绿地	长兴路与紫云路交叉口
16	南片区中心广场	12.61	综合公园	文笔路南
17	白石江滨河公园	19.32	带状公园	白石江两侧
18	金麟湾社区公园	85.58	社区公园	金麟湾社区
19	西河滨河公园	1.86	带状公园	长征路与珠江源大道交叉口
20	七擒孟获雕塑	0.66	街旁绿地	白石江公园东侧
21	孔子雕塑公园	0.51	街旁绿地	珠江源大道东侧
22	股峰寺	1.23	专类公园	紫云路、瑞和东路交叉口东南侧
23	明珠广场	4.43	街旁绿地	珠江源大道东侧
24	白石江公园	15.59	综合公园	麒麟北路西侧
25	西引游园	1.12	街旁绿地	麒麟北路北端

通过对曲靖市建成区内现状绿地的普查发现，曲靖市城市公园绿地建设态势良好，成绩显著，但是可作为避灾绿地建设的公园绿地无法满足曲靖市城市发展和避灾人口的需要。由于曲靖市的避灾绿地规划起步较晚，城市规划中对避灾绿地建设重视不够，因此，若要将公园等绿地作为避灾场所建设，还需做相应的升级改造。

3.5.3 现有公园绿地避灾功能评价与分析

根据曲靖市城市公园绿地实际情况，确定研究结构：“目标层(A)—准则层(B)—指标层(C)”。其中，目标层是指曲靖市现有公园绿地的避灾功能；准则层根据实际情况划分为环境要素(B_1)、人工要素(B_2)以及自身要素(B_3)；指标层是现状公园绿地避灾功能的评价指标，结合曲靖市现状公园绿地避灾功能的实际情况和影响因素，选取地形地貌等 8 个评价指标(表 3-1)。

根据上述方法，对影响因子指标进行判断并构建判断矩阵(表 3-7)。

表 3-7 判断矩阵

A	B_1	B_2	B_3	W
B_1	1	3	2	0.547
B_2	1/3	1	2	0.263
B_3	1/2	1/2	1	0.190

B_1-C_i

B_1	C_1	C_2	W
C_1	1	2	0.614
C_2	1/2	1	0.386

B_2-C_i

B_2	C_3	C_4	W
C_3	1	1/3	0.325
C_4	3	1	0.675

B_3-C_i

B_3	C_5	C_6	C_7	C_8	W
C_5	1	5	4	3	0.621
C_6	1/5	1	1/2	1/3	0.051
C_7	1/4	2	1	1/2	0.100
C_8	1/3	3	2	1	0.229

对 3 个准则层下的 8 个指标因子分别建立判断矩阵，利用层次分析法模型权重进行计算，得出指标因子的相对权重和绝对权重。现状绿地避灾功能各指标合成权重及评分见表 3-8。

表 3-8　现状绿地避灾功能各指标合成权重及评分

B	C_1	C_2	C_3	C_4	C_5	C_6	C_7	C_8
B_1=0.547	0.614	0.386	—	—	—	—	—	—
B_2=0.263	—	—	0.325	0.675	—	—	—	—
B_3=0.190	—	—	—	—	0.621	0.051	0.100	0.229
合成权重 U	0.336	0.211	0.085	0.178	0.118	0.010	0.019	0.043

根据式(3-4)计算曲靖市各绿地的避灾功能综合评分见表 3-9。

表 3-9　曲靖市现有绿地避灾功能综合评分一览表

序号	绿地名称	现状评分								综合评分
		C_1	C_2	C_3	C_4	C_5	C_6	C_7	C_8	
1	寥廓公园	29	26	65	38	98	15	92	65	43.78
2	龙潭公园	78	83	87	79	84	92	87	79	81.06
3	麒麟公园·珠江源广场	79	93	78	86	79	73	76	69	82.57
4	潇湘河滨河公园	88	70	76	87	76	67	72	59	79.83
5	潇湘公园	83	89	82	78	89	79	81	82	83.88
6	天池公园	65	46	79	45	78	54	78	76	60.77
7	南城门广场	87	89	76	90	73	32	21	15	80.47
8	枫园	78	89	67	82	76	45	44	65	78.33
9	胜峰游园	82	83	64	89	72	49	51	60	78.88

续表

序号	绿地名称	现状评分								综合评分
		C_1	C_2	C_3	C_4	C_5	C_6	C_7	C_8	
10	潇湘时代广场	85	89	78	75	70	56	52	77	80.44
11	官房小游园	82	78	81	78	69	43	47	54	76.57
12	大花桥公园	73	82	67	89	73	56	87	89	78.02
13	南宁小游园	80	84	76	78	67	67	51	88	78.28
14	张三口花园	83	83	73	88	68	57	54	87	80.63
15	金牛塘公园	84	86	66	83	72	76	67	86	80.98
16	南片区中心广场	89	89	87	92	85	87	43	89	88.00
17	白石江滨河公园	78	72	79	78	78	73	56	68	75.92
18	金麟湾社区公园	63	35	45	56	71	66	52	64	55.12
19	西河滨河公园	74	18	66	54	15	12	32	25	47.46
20	七擒孟获雕塑	86	85	88	73	72	54	48	78	80.61
21	孔子雕塑公园	83	82	87	76	73	51	49	89	80.00
22	股峰寺	88	89	79	79	74	41	53	87	83.01
23	明珠广场	89	90	89	89	75	78	51	83	86.47
24	白石江公园	82	90	88	89	92	91	89	79	86.72
25	西引游园	84	79	74	75	71	77	67	79	78.35

注：各项评价因子根据实际情况进行评分，结合曲靖市实际调查情况，将评分标准分为 4 个级别。评价因子状态等级见表 3-10。

表 3-10　评价因子状态等级

等级	判定	分值	说明
A	优秀	90～100	影响因素现状情况很好
B	良好	80～90	影响因素现状情况良好
C	一般	60～80	影响因素现状情况尚可
D	较差	0～60	影响因素现状情况太差

对以上各类数据分析可知，寥廓公园、金麟湾社区公园、西河滨河公园以及天池公园受评价因子影响，分数较低，说明不适合用作避灾绿地。而股峰寺的各类评价因素未对其造成影响，说明其避灾功能存在，但因其属于文物保护单位，因此不适于做避灾绿地。

根据以上分析，曲靖市现有可供避灾的公园绿地 20 个，共 110.52hm^2，按有效避灾面积 40%比例计算，可供 22.10 万人避灾(表 3-11)。按照避灾公园服务半径 500m 计算，曲靖市现有避灾公园服务面积 29.45km^2，除去覆盖在建成区外的面积 2.16km^2，实际服务面积仅 27.31km^2，约占曲靖市 2013 年建成区面积的 43.49%。从满足避难人口数和服务面积两方面考虑，曲靖市现状避灾绿地无法满足紧急避灾要求。

表 3-11 现状公园绿地可供紧急避灾情况一览表

序号	公园名称	绿地面积/hm^2	有效避灾面积/hm^2	人均有效避灾面积/m^2	可容纳人数/万人	公园类型
1	龙潭公园	8.35	3.34	2	1.67	综合公园
2	麒麟公园·珠江源广场	11.00	4.40	2	2.20	综合公园
3	潇湘河滨河公园	10.24	4.09	2	2.05	带状公园
4	潇湘公园	11.21	4.48	2	2.24	综合公园
5	南城门广场	2.94	1.17	2	0.59	街旁绿地
6	枫园	0.37	0.15	2	0.07	街旁绿地
7	胜峰游园	0.36	0.15	2	0.07	街旁绿地
8	潇湘时代广场	1.03	0.41	2	0.21	街旁绿地
9	官房小游园	1.01	0.40	2	0.20	街旁绿地
10	大花桥公园	8.55	3.42	2	1.71	街旁绿地
11	南宁小游园	0.12	0.05	2	0.02	街旁绿地
12	张三口花园	0.33	0.13	2	0.07	街旁绿地
13	金牛塘公园	0.78	0.31	2	0.16	街旁绿地
14	南片区中心广场	12.61	5.04	2	2.52	综合公园
15	白石江滨河公园	19.32	7.73	2	3.86	带状公园
16	七擒孟获雕塑	0.66	0.26	2	0.13	街旁绿地
17	孔子雕塑公园	0.51	0.20	2	0.10	街旁绿地
18	明珠广场	4.43	1.77	2	0.89	街旁绿地
19	白石江公园	15.59	6.23	2	3.12	综合公园
20	西引游园	1.12	0.45	2	0.22	街旁绿地

3.5.4 避灾绿地建设现状分析

分析以上结果，结合曲靖市实地调查情况，从环境安全的角度总结曲靖市避灾绿地建设情况。地质环境：曲靖市建成区的地质环境相对乐观，建成区东部为灾害非易发区，地貌为曲靖断褶盆地，不构成灾害威胁；建成区西部为地质灾害低易发区，但地质灾害隐患点分布较少，有不稳定斜坡。地理环境：曲靖市麒麟区位于云南第二大坝区内，周边群山环绕，个别城市公园绿地坡度在25%以上，不适合作为避灾绿地使用，如寥廓山公园主要以山体为主、天池公园坡地面积较大、西河滨河公园分布河道两侧且坡度较大、金鳞湾社区公园主要以山体为主。它们的总面积达到了117.14hm^2，占城市公园总面积的51%，大大减少了避灾绿地总面积。人工环境：避灾绿地作为灾时紧急避难和长期避难的场所，保证其自身的安全性是非常重要的，因此作为避灾绿地使用的城市绿地必须远离易燃、易爆等危险品和危险地，以防止发生次生灾害造成避难人员伤亡和财产损失等。而白石江滨河公园邻近加油站点，且周围并未设置任何一定宽度的隔离缓冲绿带，因此不适合作为绿地使用。

1. 避灾绿地规模容量评价

曲靖市建成区公园绿地面积达 227.66hm^2，占建成区面积 3.08%，人均公园绿地面积 3.53m^2，城市避灾绿地总量远远不能满足避灾人口需要。

曲靖市建成区内现有可用于避灾的公园绿地总量过少，无法满足现有人口的避灾需求，且多数未考虑避灾功能，灾时易发生公园绿地容量过饱和现象，短时间内造成公园内人员拥挤、混乱，灾民占用城市道路临时避灾的现象，造成道路拥堵，增加公园和交通的压力，影响后续救灾工作的进行。城市内缺少具有相应配套设施的避灾绿地，灾后重建期间无法满足灾民长时间的安置问题。同时，城区建筑密度过高，易引发地震次生灾害——火灾的延烧现象，危害群众的生命和财产安全。

目前曲靖市的绿地系统灾害防御和应急基础设施建设较为薄弱，无法形成有机的避灾体系，缺乏宏观上系统的规划与建设，灾时无法系统地发挥避灾绿地的综合效应。

2. 配套应急避灾设施评价

曲靖市内目前没有具有相应避灾所需应急设施完备的避灾公园。现有的公园绿地配套设施主要以基础设施为主，使用功能简单，主要以休闲、娱乐、游憩功能为主，未考虑平灾结合与平灾转换的需要。现有公园绿地内基础设施不完善且设施相对落后，承载能力普遍不足。大型公园绿地缺乏医疗救护与卫生防疫设施、应急物资储备设施、应急指挥管理设施、救灾指挥中心、应急停机坪、应急标识设施等。这些设施的缺失，在灾害发生时，尤其是在恢复重建和较长期的灾民安置阶段，会造成避难人员的秩序混乱，存在安全隐患，难以充分发挥公园绿地的避灾功能。

3. 避灾植物安全性分析

目前曲靖市城市公园绿地内的植物种类丰富，生长态势较好，植被茂盛，植物配置相对合理。但主要以美化环境、改善生态为主，仅强调植物的观赏性和生态性，针对不同等级避灾公园绿地及其内部功能分区界定避灾植物种类、规模和配置模式考虑较少；可用作救援的疏散通道两侧行道树种类单一，防火抗震性差，且分布不均匀，长势较差，仅部分路段的行道树可勉强满足阻挡灾时倒塌建筑物，确保通道畅通。

3.5.5　其他避灾资源建设现状分析

根据对曲靖市建成区的实地调查，依据曲靖市城市总体规划中防灾规划的相关要求，结合城市其他类型用地，选定城市广场、学校等用地类型，确定其他避灾资源共 9 处，有效避灾面积 15.85hm^2，可供 7.93 万人紧急避难(表 3-12)。

表 3-12　可供紧急避灾的其他避灾资源一览表

序号	名称	有效避灾面积/hm^2	人均避灾面积/m^2	可容纳人数/万人	用地类型	位置
1	曲靖二中	1.41	2	0.71	教育科研用地	麒麟西路北、交通路西
2	曲靖六中	1.23	2	0.62	教育科研用地	麒麟西路北、交通路西

续表

序号	名称	有效避灾面积/hm^2	人均避灾面积/m^2	可容纳人数/万人	用地类型	位置
3	曲靖一中	2.78	2	1.39	教育科研用地	南宁西路南、南宁南路两侧
4	七中(技工学校)	0.95	2	0.48	教育科研用地	白石江公园西、麒麟东路北
5	职业技术学院西院	0.70	2	0.35	教育科研用地	昆曲高速路口西北部分
6	职业技术学院	0.39	2	0.19	教育科研用地	昆曲高速路口西北部分
7	区政府办公室	1.40	2	0.70	公共设施用地	麒麟东路南、麒麟南路东
8	工行小区	3.84	2	1.92	居住用地	麒麟北路南、三江大道东侧
9	发电公司生活区	3.14	2	1.57	居住用地	太和东路南

3.5.6 疏散通道评价

曲靖市的主要道路系统较为明确，南北向道路主要有经四路、珠江源大道、紫云路、金宝路、南宁北路、麒麟北路、麒麟南路、子午路、寥廓北路、寥廓中路、寥廓南路、寥廓南路沿线和环城西路，东西向道路主要有长征路、纬三路、纬四路、太和东路、建宁西路、建宁东路、瑞和东路、三江大道、麒麟西路、麒麟东路、南宁西路、南宁东路、翠峰东路、文昌街、北园路、胜峰东路、沿江路、彩云路、靖江路、文笔路以及纬五路。

根据《城市抗震防灾规划标准》(GB 50413—2007)计算避灾疏散通道的有效宽度。通过仿真分析通道两侧建筑物倒塌后瓦砾碎片等的影响，计算并总结出救灾通道两侧建筑物倒塌后瓦砾碎片的散落宽度约为两侧建筑物高度的 2/3，其他等级道路宽度可根据情况按照两侧建筑物高度的 1/2～2/3 计算。我国对于避灾疏散通道宽度的规定为：避难行人通道 7.5m 宽，消防车道 4m 宽。根据河北理工大学卢秀梅的研究，道路两侧掉落物分散宽度达 2m，车辆通行宽度约 2m。基于以上数据得出避难疏散通道的最小宽度 D=7.5m+4m+2m+2m，保证两侧建筑物倒塌堆积后道路的有效宽度不小于 15m；而步行专用疏散通道的最小宽度为 1×2+7.5m，约为 10m，除此之外，疏散道路沿道需备有急用的消防设施(图 3-1)。

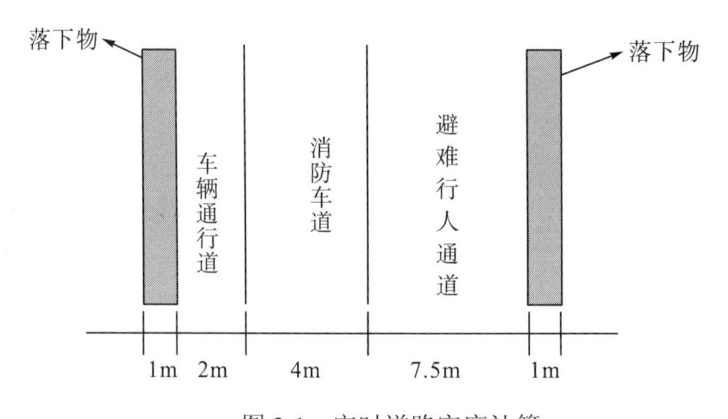

图 3-1 灾时道路宽度计算

按照以上要求对曲靖市现有城市主干道、次干道及支路道路宽度进行分析，曲靖市现有城市干道宽度基本可以满足灾后重建时救灾疏散通道的要求，但老城区部分次干道及支路宽度不符合灾时避灾疏散通道要求，道路绿化带、建筑后退距离严重不足，人行道占用建筑后退红线距离。同时建成区内道路网密度较高，部分道路断面宽度较小，路面情况较差，行道树等植物的耐火性较弱。连接综合性公园的道路网络宽度明显较小，通行率较低。道路两侧大型乔木栽植较少，灾时不能很好地阻挡周边建筑物等坍塌产生的坠落物，且部分道路建筑临街退让不足，建筑密度过大，灾时若发生建筑倒塌会严重影响后续救援和物资输送。

3.5.7　隔离缓冲绿带现状分析

目前曲靖市的加油站等地严重缺乏缓冲隔离绿地，特别是周围没有栽植专门的防火植物，不能防止次生灾害的发生和蔓延，易造成更多的伤亡和损失。同时邻近加油站的城市公园绿地如白石江滨河公园周边并没有设置一定宽度的隔离绿带，避灾时易出现二次危害隐患。

第4章　云南山地城市避灾绿地体系的构建

完整的避灾绿地体系应包括功能结构体系和规划指标体系。功能结构体系包含管理指挥、疏散通道、避灾场所、应急设施、宣传教育等，根据其所应发挥的功能可以构建为“斑块—通道—网络”的城市避灾绿地体系。其中，斑块指不同等级的避灾绿地；通道指发生灾害时通向避灾绿地的避灾通道和外部实施救灾的救灾通道；网络指城市内部疏散通道和外部救灾通道纵横交错构成网络状。规划指标体系包含环境安全指标和避灾量化指标两类，具体为避灾绿地选址标准、可达性、有效避灾面积、人均有效避灾面积、人口承载量、避灾设施指标等。

4.1　云南山地城市避灾绿地建设的特殊性

云南山地地质地貌复杂、气候环境多变、生态敏感、灾害频繁，造就了云南山地城市在避灾绿地的建设过程中相较于平原地区有很大的特殊性，主要表现在地形地貌与自然生态、城市建设选址及用地规模、自然灾害的类型与危害程度、避难交通组织及其可达性、建设工程技术等方面。

1. 地形地貌与自然生态的特殊性

云南山地地形不是一个或几个地貌单元的简单组合，而是由多种基本地貌单元交错组合而成的地貌形态和特征。地形是显示山地城市形态的重要影响因素，是构成山地城市形态的基底，最明显的差异就在于城市用地随山势起伏而呈现出三维空间形态特征，山体在垂直方向的变化形成山顶、山脊、山麓、山崖、山谷、盆地、山沟等多种空间类型，依照具体地点的不同，光照、水分、热量和空气流动等都会存在明显的差异，导致不同的空间结构形成了区域性独特的小气候环境。

2. 城市建设选址及用地规模的特殊性

云南山地城市开发的建设基地，其地层一般呈三度空间的构造状态，以地层的走向和倾斜度来表示，地层的走向及倾斜度影响建筑工程的布置。云南的城市大部分都在靠水的复杂的山地上较为平缓的丘陵或台地建设，呈现组团式的城市框架，相对建设用地规模较小，同时城市人口多集中分布在这些城市中，相对密集。这些城市的绿地系统包括了众多分布于不同高程的河滨、分水岭、山体、冲沟等地形的绿地，这些绿地往往大多数不能作为避灾场所。

3. 自然灾害的类型与危害程度

云南山地处于地壳运动较为频繁的区域，地震、滑坡、泥石流等地质灾害频发，几种地质灾害同时爆发的概率大，持续的时间长，生态系统破坏严重。当受气象条件等多重因素影响，地震之后常伴有暴雨、山体滑坡、泥石流等次生灾害，严重威胁着人民群众的生命和财产安全。

4. 避灾交通组织及其可达性的特殊性

城市交通组织与土地利用和城市空间布局结构有紧密联系，受云南山地地形结构的影响，城市交通组织呈立体化建设，道路坡度较大，城市中的立交桥、高架桥很多，大多数步行通道的连通性较差，一旦城市出现地震等灾难，城市交通就会面临瘫痪的危险。山地城市的道路建设有别于平原城市，道路一般是按照地形呈自由形式布局。云南受山地地形的限制，建设的道路曲曲折折，同一条路的宽度也无法保证一致，导致道路网密集复杂，道路交叉口多，可达性差。

5. 建设工程技术的特殊性

云南山地城市的城市基底相对于平原城市较为破碎和复杂，土地开发的难度较大，相同条件下建设避灾绿地，由于受地形地质及竖向坡度的影响，对避灾场所的基础设施、市政设施及配套建设的技术要求较高，相应的建设成本也就增高。山地城市与平原城市避难疏散体系的差异见表 4-1。

表 4-1　山地城市与平原城市避难疏散体系的差异

一级	二级	山地	平原
生态环境	地貌	起伏的地形在降雨排水过程中比较容易形成滑坡、塌方、泥石流、冲沟等自然灾害，容易引发次生地质灾害	地形平稳，避难场所建设安全度高
	地质	基地地层一般呈三度空间的构造状态，地层走向及倾斜度皆会影响基础设施和建设工程的布置，对避难场所空间的选址影响较大	基地地层相对平稳
疏散体系	路网形式特点	多为自由式 ①道路交叉口多为丁形交叉、错位交叉 ②道路路面较窄，且断头路多，横向联系道路少，技术标准低 ③立体化交通较多	方格式、环形放射式、混合式 ①方格网道路布局，有利于建筑布置、土地规划和方向识别 ②环形放射式道路网一般由旧城向外放射道路演变成放射式城市再加环形路形成 ③混合式路网的合理规划和布局是解决大城市交通问题的有效途径
避难场所	使用	以学校、体育场为主	以公园、绿地为主
	规模	较小	较大
	数量	相对较少	相对较多
	范围	基本上能达到规范要求	无明确规定，小于规范要求
建设技术	—	难度大，市政设施和配套的基础工程不完善	难度相对小，完善度小

4.2　避灾绿地按功能的分类体系

日本避灾绿地体系分为六大类，即：防灾活动据点、广域防灾据点、广域避难场地、紧急避难场地、避难道路、缓冲绿地，每类均规定了相应的建设标准和规划要求。我国尚未出台统一的避灾绿地规划建设标准或规范，也无避灾绿地的分类标准或规范。

山地城市地形结构复杂、道路交通立体化以及绿地规模破碎化，占地面积大的城市绿地较少，对外交通联系容易受到地震、山体滑坡等自然灾害的影响。一旦发生灾害，容易导致城市道路中断，避灾绿地之间无法互通，最终导致避难人员难以及时转移、救援人员及设施输送困难等问题。分析灾难发生后人员的避难行为可知：灾难发生后10min内为灾难发生期；灾难发生后的10～180min属于紧急避灾期，在这期间，避灾人员应从受灾点逃离，并转移至相对安全的临时避灾场地；3～4h属于避灾转移期，即避灾人员从临时避灾点转移至相对安全的长期避灾场所；24～72h属于受灾点清理救援期，包括避灾绿地中避难人员的救援与转移，外界救援人员与设施进入受灾点开展救援；3～30d甚至更长时间属于灾后恢复重建期[144]。避灾绿地的建设既要满足位置安全、各避灾点联系紧密的要求，又要保证各种功能的正常发挥。根据避灾行为分析，不同的避灾阶段避灾绿地发挥的功能不同。参考已出台避灾绿地规划建设地方规范的城市，结合云南山地城市避灾绿地规划实践，本书认为避灾绿地按功能的分类体系由避灾绿地、疏散通道及缓冲隔离绿带三大类构成较为科学。其中，避灾绿地由紧急避灾绿地、固定避灾绿地、中心避灾绿地、其他避灾资源四个二级类型组成；疏散通道由避灾通道和救灾通道组成。

4.2.1 避灾绿地

1. 紧急避灾绿地

紧急避灾绿地是灾害发生时人们第一时间就近避灾的城市绿地，就近紧急避灾可以有效地减少人员在避难转移过程中受到的伤害，是整个避灾体系的重要环节，场地应满足人员临时站立及疏散的基本空间，多为人员密集区规模相对较小的街旁绿地、社区公园等城市绿地。紧急避灾绿地作为城市避灾绿地结构体系中最基本的单元，应均衡分布在城市的各个区域，人口密度越大，紧急避灾绿地数量应越多，保证在灾害发生时人们能第一时间进入避灾，等待转移至固定或中心避灾绿地获得更长时间的避灾和救援。紧急避灾绿地面积不宜小于0.2hm^2，避灾的人口承载容量以能满足人基本的肢体活动空间，包括站立、蹲坐、躺睡等基本活动为准，人均有效避灾面积以不小于2m^{2}为宜，服务半径为300～500m，步行5min可达，避灾时间在24h之内。500m服务半径内的固定避灾绿地和中心避灾绿地，应兼做紧急避灾绿地。

2. 固定避灾绿地

固定避灾绿地是灾害发生后展开避难、灾后救援、家园重建等工作的面积较大的绿地空间，提供城市恢复重建期间生活、工作所需的各种基本设施，避灾人员可以在此较长时间避灾，是灾害发生后进行集中救援和避灾人员灾后生活以及灾后重建家园恢复生活的基地，应能够满足安置避灾人员1个月甚至更长时间的基本生活条件。大多以大型的综合公园承担片区避灾绿地的功能，因此也可将固定避灾绿地称为片区避灾公园。

固定避灾绿地一般具有较大的用地规模，占地面积宜在10hm^{2}以上，由于山地城市的特殊情况，可根据实际情况进行下调，但不宜小于5hm^2，具备齐全的救灾设施，能够为更多的避灾人员提供更长时间的避灾生活。固定避灾绿地的选址一般要求距离灾害源相对较远，受次生灾害的威胁较小，可以保证避灾人员在此避灾的安全性，同时要有发达的对外交通网络，便于周边避灾人员的进入和周边社区级避灾绿地避灾人员的转移。

固定避灾绿地兼具灾害信息的收集与传播、提供避难场所、医疗、卫生防御、防止次生灾害的发生、受灾人员的转移以及物资的中转和发放等功能，因此要具备相应的应急救灾设施。同时为了保证城市道路交通救援疏散和空中救援疏散两条救灾通道的畅通，在保证对外连接多条城市主干道路的基础上，还应设置应急停机坪，作为城市道路被破坏或堵塞等特殊情况下，连接外部救援的交通枢纽，紧急情况下运送伤员、救援人员与设施等。

固定避灾绿地的人口承载量应以能满足人基本生活空间为准，人均有效避灾面积应不小于 $3m^2$。灾难救援后期，固定避灾绿地作为灾后重建的主要基地，避灾人员依靠避灾绿地进行恢复重建，人均有效避灾面积可以根据实际情况提高。固定避灾绿地的服务半径为 1000～2000m，避灾人员步行到达时间在 30min 以内，灾害发生时与中心避灾绿地共同构成为市民提供避灾场地的大型避灾场所。可根据情况按城市的人口数量和人口密度设置固定避灾绿地的数量和位置。

3. 中心避灾绿地

中心避灾绿地除具有固定避灾绿地的功能外，还是灾害发生时指挥救援的重要场所。救灾及灾后重建指挥中心一般以中心避灾绿地为基地，其也是避灾人员灾后生活以及灾后重建家园恢复生活的基地。以对外交通便捷、容量较大的市级综合公园作为中心避灾绿地，也可以由公园和周边相邻的开敞绿地空间共同构成，为多个居住区的受灾人群服务。如果由公园承担中心避灾绿地的功能，也可将该公园称为中心避灾公园。中心避灾绿地因承担指挥救灾的功能，人均有效避灾面积应比固定避灾绿地高，以不小于 $4m^2$ 为宜，服务半径根据绿地人口承载量确定，一般为 1000～3000m，避灾人员步行到达时间 0.5～1h。中心避灾绿地一般一个城市设置一个，平时作为避灾、救灾人员教育培训的基地。

4. 其他避灾资源

其他避灾资源指城市内除公园绿地以外可用于突发灾害发生时紧急避灾的各类开敞性附属绿地，如单位、居住区内的开敞空间绿地，学校操场，大型体育场地等。在紧急避灾绿地数量和有效避灾面积不足、空间分布不能满足避灾服务范围需求时，可以将上述避灾资源纳入紧急避灾场所规划和建设。

4.2.2　疏散通道

疏散通道是灾时灾民通达紧急避灾绿地，以及不同等级避灾绿地之间和救灾人员进入城市内部的通道。作为城市避灾绿地体系间连接的交通线，城市疏散通道发挥着至关重要的作用，直接关系到疏散速度及灾后救助工作的快速进行。为达到有序紧急疏散和救灾，将城市疏散通道分为以下两类。

(1) 避灾通道。避灾通道是通向紧急避灾绿地以及连接城市紧急避灾绿地和固定避灾绿地及中心避灾绿地之间的城市通道，一般由城市次干道及支路构成。为保证避灾、救灾的有序进行，避灾通道和救灾通道不重合，但避灾通道应与救灾通道相连接，共同构成完整的应急避灾疏散通道网。每个避灾场地必须至少与两条疏散通道相连，以保证避灾、救灾通道的畅通。

(2)救灾通道。救灾通道是连接城市出入口、固定避灾绿地及中心避灾绿地的主要救援通道，是城市救灾工作的重要保证，一般由城市对外交通干道和城市主干道承担。救灾通道的宽度必须保证消防、救援车辆以及物资器材运输车的正常通行，同时也需要考虑配备相应的备用次干道。

疏散通道基于合理的道路路网规划建设。山地城市地质结构复杂，地形起伏较大，地质类型也有很大的差异，道路建设受地形的限制，通常盘山而建或通过桥梁连接，宽度相对较窄。一旦发生地震灾害，城市道路就有可能受到山体滑坡、桥梁断裂等的影响，导致道路无法正常通行，同时由于道路相对较窄，灾区救援时，大量人员和物资的输送，也会造成交通拥挤，阻碍救援工作的顺利进行。在以往发生的地震灾害中，就有发生过道路中断，救灾通道不通畅，阻碍救灾物资进入灾区的情况。如 2012 年四川汶川地震造成山体滑坡，导致汶川县城陆路交通一度完全中断，救援人员和物资只能通过运输机运到灾区实施救援。除了自然灾害造成救灾疏散通道中断外，灾害发生后，由于道路狭窄，人为因素也可造成交通阻塞，导致救援工作不能顺利进行，如 2013 年雅安芦山县及 2014 年云南鲁甸县的抗震救灾过程中，一些社会志愿者和民间救援队在灾难发生后，自行驾车进入灾区，秩序混乱，造成救援交通要道严重拥堵，致使救护车、军队运送救援物资的车辆不能前进。因此，山地城市救灾疏散通道至少应有两条，一条为陆路交通救援通道，一条为空中救援通道，保证灾难发生的第一时间，整个救灾网络可以正常运行。

4.2.3 缓冲隔离绿带

缓冲隔离绿带是为预防火灾或隔离爆炸危险源等设置的具有防护功能的绿带。城市中历史文化街区内的木结构建筑、加油站、储气站、粮油储备仓库、危险化学药品仓库等均属于易燃易爆危险源，规划时应按照灾害源的种类和分布、需要重点保护的区域等设置缓冲隔离绿带。

4.3 避灾绿地指标体系的构建

4.3.1 人均有效避灾面积

参照我国 2008 年制订的关于地震应急避灾绿地建设标准的要求“人均避灾面积应大于 $1.5m^2$”；以及 2007 年城市抗震防灾规划中关于避灾绿地的要求“紧急避灾绿地人均避灾指标不低于 $1m^2$，固定避震疏散场所人均避灾指标不低于 $2m^2$”。考虑到山地地质结构的特殊性，国家标准在山地城市避灾绿地的实施过程还需要根据实际情况进行适当调整。以往关于避灾绿地建设的研究大多从避灾绿地的服务半径及承载力的角度进行研究，并没有真正从人体行为和心理的角度来研究避灾绿地的人均避灾面积等各项指标，由此得出的数据并不准确。人是有生命的个体，并不是规则的物体，个人空间不仅包括人身体的尺寸，还包括其他的隐形空间尺寸，这些隐形的空间由人的视觉、听觉和嗅觉等组成，也就是心理安全空间。因此，应该坚持以人为本为原则，从人的外在空间和心理空间角度出发，结合城市人性空间、人体工程学、环境心理学和人体行为学等多学科理论分析适宜的避灾空间指标。

1. 紧急避灾绿地人均有效避灾面积

各类城市避灾绿地的功能决定了人均有效避灾面积的不同。紧急避灾绿地作为避灾人员短暂聚集停留，以及转移到固定避灾绿地及中心避灾绿地的中转站，保障避难人员避难1d 以内，内部能满足人基本的肢体活动空间，包括站立、蹲坐、躺睡等基本活动即可。成年人正常站立时，身体正立面宽度为 0.6m，侧立面宽度为 0.4m，由此可知正投影面积为 $0.24m^2$；进行蹲坐活动时身体正面宽度为 0.8m，侧面宽度为 0.6m，则正投影面积为 $0.48m^2$。2015 年 6 月 30 日国务院发布的国内 18 岁及以上成年男性和女性的平均身高分别为 167.1cm 和 155.8cm，参考《中国成年人人体尺寸》(GB/T 10000—1988)，可知正常成年人的身高与臂长呈 1∶1 的比例，也就是说满足人体正常摆臂舒展活动的空间为以人为中心，臂展为直径的球体空间，成年男性需要的平面空间面积为 $2.19m^2$，成年女性为 $1.91m^2$，取平均值为 $2.05m^2$。在避灾过程中，不可能所有人都同时伸展双臂活动，在这里选择满足 50%的人的伸展活动，即所需面积为 $2.05m^2×50\%+0.48m^2×50\%=1.265m^2$。由于云南城市地形多为山地，大面积的绿地较少，因此在这个基础上，可以适当降低人均有效避灾面积下限，山地城市紧急避灾绿地的人均避灾面积为不低于 $1.2m^2$，以 $2m^2$ 为最佳。

2. 固定避灾绿地人均有效避灾面积

作为相对长时间的避灾场所，固定避灾绿地内部应配备保障基本生活的设施，能够满足安置避难人员数量，在灾难发生时作为避难人员灾后生活以及灾后重建家园，恢复生活的基地。因此，在研究计算固定避灾绿地的人均有效面积指标时，不但要考虑受灾人员正常的行走、蹲坐、睡眠所需的基本空间，还要满足受灾人员在避灾绿地内基本生活的空间需求。如基本生活所需的应急供水供电设施、应急厕所和排污设施、应急垃圾储运设施、应急通道和应急标志等；一般设施配置包含应急消防设施、应急物资储备设施和应急指挥管理设施；综合设施配置包含应急停车场、应急停机坪、应急洗浴设施等。

根据固定避灾绿地的功能与规模，参照初建宇等关于应急棚宿区的研究[145]，按照住宿单元标准设置应急棚宿区，人均指标为 1.55～$1.75m^2$，周边考虑设置缓冲区，人均指标为 1.75～$1.9m^2$。参考赵静关于城镇防灾避难场所应急给排水的研究，应急供水设施主要包括耐震性贮水槽、防灾水井、应急供水车、景观水设施等，根据不同的避难阶段使用应急供水设施[146]，考虑应急供水设施的存放可置于地下，因此不占用有效避灾绿地面积。应急厕所设施，建设过程中一般可以隐藏在草坪或硬质广场下，灾难发生或紧急情况下使用，便槽的设计规格可以根据避难总人数进行设定，按照紧急情况下便槽需使用 2～3d 计算，便槽容量=避难人数×屎尿量(1.5～2.0)L/(人·d)×(2～3)d；便坑数以 60～100 人 1 个坑为建设标准，一个坑位按照 $1m^2$ 计算。应急停机坪的建设要求周围无高大建筑物，可以利用空旷硬质广场作为停机坪，应急停机坪的设计可以有圆形和方形两种。若 D 为直升机全尺寸，停机坪直径或边长的宽度不得小于 1.5D，停机坪的安全距离应从其起降区域向周围至少延伸 3m 或 0.25D，具体设计尺寸见图 4-1[147]。上述所需面积加上应急垃圾储运和排污设施、应急储备仓库和应急指挥中心等所占用面积，固定避灾绿地的人均有效面积为 2.0～3.0m^2/人，最少不能低于 2.0m^2/人，以 3m^2/人为佳。考虑灾难救援后期，固定避灾绿地作为灾后重建的基地，避灾人员以避灾绿地为生活基地进行恢复重建，人均指标可以提高。

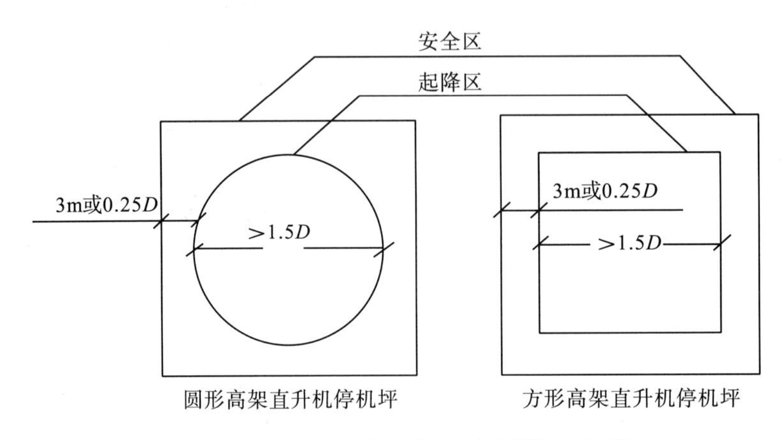

图 4-1 避灾绿地直升机停机坪设计示意图

3. 中心避灾绿地人均有效避灾面积

中心避灾绿地除具有固定避灾绿地的功能，还承担救灾指挥中心的功能，有大量工作人员在中心避灾绿地开展救援工作和应急指挥，需要更充足的有效空间，人均有效避灾面积应不小于 3m^2/人，以 4m^2/人为佳。

4.3.2 避灾绿地有效避灾面积比

有效避灾空间是指避灾绿地扣除不适合避灾的区域后的面积，即人能占有的空间。与平原城市不同的是山地城市的地形以山地为主，城市绿地多为坡地，缺少平坦的空地，如果按照坡度大于 7°的绿地面积扣除的标准，绿地内有效避灾面积就远远不够。同时并不是所有的绿地都可以作为有效避灾绿地，如避灾绿地中，由乔灌草搭配的防火隔离带无法作为有效避灾面积计算在内，应该扣除。

1. 避灾绿地内陡坡占地面积

山地城市避灾绿地内部结构复杂，稳定性较差的陡坡，受地震波动的影响极易发生滑坡、泥石流灾害，进而威胁避灾绿地安全，应该避免或者尽可能减少选取包含山体陡坡的公园绿地作为避灾绿地。参考唐川和朱静关于云南省区域斜坡稳定性的研究①，根据研究

① 唐川，朱静，2001. 云南省区域斜坡稳定性评价[J]. 水文地质工程地质，(06)：5-7.

成果可以得出，斜坡的稳定性随坡度的升高而降低，山地坡度超过 20°时，斜坡就会出现明显的变形现象，稳定性也遭到破坏，如果出现高于 30°的坡度，其出现变形现象的斜坡面积会占到该坡度总面积的 70%以上[148]。

静态斜坡安全系数模型：

$$K = 2 \cdot c \cdot \sin\alpha \cdot \cos\varphi / \left\{\gamma \cdot h \cdot \sin 2\left[(\alpha - \varphi) / 2\right]\right\} \tag{4-1}$$

式中：K 为稳定性系数；γ 为岩土容重；c 为内聚力；φ 为内摩擦角；α 为斜坡坡度；h 为斜坡相对高差。其中，γ、c、α 为斜坡物质组成要素，取决于组成斜坡岩土的性质和斜坡表层植物根系的发育程度；φ、h 为斜坡地形要素。

根据昆明理工大学张云霞的研究表明，昆明市的主要滑坡类型是土质滑坡，容易产生山体滑坡的地形一般为坡度大于 10°、小于 45°，地质结构类型为下陡-中缓-上陡；昆明境内大部分地区为坡度大于 30°的高陡坡，极易引发滑坡等地质灾害。据统计资料显示，昆明市的崩塌滑坡主要分布在坡度为 25°～35°的地区，占总统计数的 51.6%，坡度大于 35°的地区占 27.4%，坡度小于 25°的地区占 21% [149]。

综合上述研究，城市避灾绿地应以安全为首要考虑因素，基于云南省区域斜坡的稳定性以及昆明市滑坡、泥石流灾害的分布规律及成因，选取陡坡角度最低安全值为 20°，即避灾绿地内应扣除坡度大于 20°地区的占地面积。

2. 建(构)筑物倒塌影响面积

参考马玉宏和谢礼立关于地震中导致人员伤亡因素的研究[150]，地质的波动造成建筑物和各类构筑物坍塌，将人员砸倒埋没在废墟中，此种因素导致的人员伤亡占绝大部分。各类建(构)筑物受到地震的影响，产生左右摇摆的现象，导致房屋扭曲变形，承重结构遭到破坏，从而造成建筑倾斜、倒塌或者整栋建筑向下垮塌，给建筑内部以及建筑周边一定影响面积下的人员造成巨大危害。因此，避灾绿地要与建筑物保持一定的安全距离，一般利用面积较大的绿地分隔建筑物与避灾绿地，设置满足安全距离(以建筑高度的 1/2 计)的绿地空间。因此，避灾绿地内部有效避灾面积的计算应扣除建筑物及其倒塌所影响的面积。

3. 避灾绿地防火隔离带

避灾绿地通过选择恰当的绿地植物，进行合理的乔灌草植物搭配，形成防火隔离带。一旦街区失火，可通过避灾绿地外围的植物防火带对火源起到分隔、阻燃作用。植物的防火功能主要通过利用含水量丰富的植物形成遮蔽物，构成防火空间，同时提供水分供给的方式来发挥。通过选择具有耐火性的防火植物以及合理的植物配置，形成防火隔离带，可以有效防止火势蔓延，保护避灾绿地避灾人员的安全。参考李树华等关于园林植物的防火功能以及防火型园林绿地植物配置的研究[93]，防火植物的选择一般遵循适地适树，乡土植物为主的原则，选取不容易点燃、耐燃烧且具有较强遮蔽性的树种。通过树木合理搭配成树林所形成的空间(距离)的作用很大，一般情况下，种植有植物群落或者树林的避灾绿地至少可以形成数米宽的空间。防火隔离带的规模(高度、宽度)需要根据避灾绿地周围道路、街区环境的实际情况和预测火势大小程度等来决定，一般应设置 30～120m 宽的距离作为防火空间，包含道路、空地等火源与避难点的分隔地带(图 4-2)。

由此可以得出公式：

$$S_{有效} = S_{总} - S_{扣除} \tag{4-2}$$

$$S_{扣除} = S_1 + S_2 + S_3 + S_4(1+\alpha) + S_5 \tag{4-3}$$

其中：$S_{总}$为避灾绿地总面积，m^2；$S_{有效}$为避灾绿地内的有效避灾面积，m^2；$S_{扣除}$为避灾绿地内不适合避灾的绿地(包括水体、斜坡等)面积，m^2；S_1为避灾绿地内水域面积，m^2；S_2为坡度大于20°的陡坡占地面积，m^2；S_3为文物古迹占地面积，m^2；S_4为建(构)筑物倒塌影响面积，m^2；S_5为避灾绿地内乔灌草搭配作为防火隔离带的面积，m^2；α为建(构)筑物倒塌影响系数。

因此，避灾绿地的有效避灾面积比例在不同绿地中差异很大，20%～70%的比例均有可能。作为避灾绿地规划的公园绿地，在满足公园基本功能的前提下，应充分考虑有效避灾面积比例，以提高避灾人口承载量。图 4-2 为避灾绿地防火隔离带示意图。

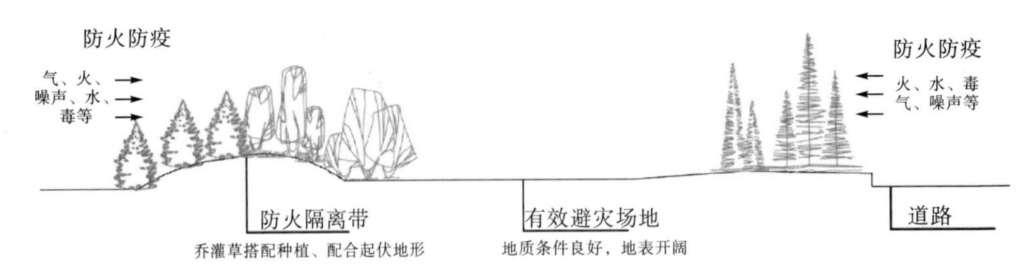

图 4-2 避灾绿地防火隔离带示意图

4.3.3 避灾绿地服务半径

避灾绿地服务半径的制定受到自身承载量、城市人口分布和道路交通可达性等多种因素的制约。山地城市由于地形复杂多变，道路交通根据地形变化而建设，产生了很多立体道路交通。相比于平原城市，在平面上相同长度的一段道路，以同样的速度通过，所用的时间不同，主要原因在于山地城市道路的建设不是平面的，地形的变化导致道路有起伏，实际距离就会有很大的差别(图 4-3)。城市道路的可达性取决于道路的连通程度以及人员的移动速度。灾难发生后，城市道路遭到破坏，道路宽度变窄，为避免交通拥堵，紧急避灾方式以步行为主。通常情况下，人步行的速度较慢，正常情况下行走的速度只有 3～4km/h，在灾难发生后的应急逃生过程中，由于受到惊吓或要帮扶伤者一起转移，速度就会随之变慢。取灾难发生后人员步行速度为 3km/h，不考虑城市人口密度的情况下，保证避灾人员在 5min 内到达紧急避灾绿地，则紧急避灾绿地的服务半径应为 500m；避灾人员从紧急避灾绿地转移或直接到达固定避灾绿地和中心避灾绿地，保证在 30min 之内到达，则片区和中心避灾绿地的服务半径为 1000～2000m。避灾绿地服务半径的大小受到避灾绿地承载量和城市人口密度的制约，避灾绿地承载量一定的情况下，区域人口密度较大，服务半径就会随着避灾人员数量的增加而相应缩小，以免过多的避难人员涌入，超过避灾绿地人口承载量，影响正常的救援工作，造成不必要的伤害。

避灾绿地服务半径计算公式：

$$R=V\times T \tag{4-4}$$

其中：R 为避灾绿地服务半径，m；V 为避灾人员灾后移动速度，m/s；T 为避灾人员到达避灾绿地时间，s。

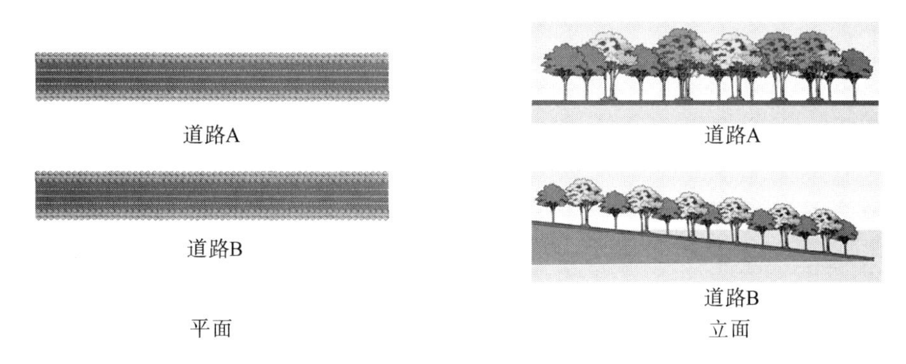

图 4-3　山地城市与平原城市道路结构对比

4.3.4　避灾人口比例

对于同一城市而言，不同地区受到灾害的危害程度可能不同，在对城市避难人员数量的估算上不能将所有人口都包括进来，如城市某些区域受灾害影响较小，受灾人员选择就近的道路或邻近的小广场躲避灾害，不用进入避灾绿地避灾。根据张孝奎在城市规划中固定防灾避难人口估算研究中提到的估算数据[151]，结合一些专家学者避灾救援工作的实际经验，避灾绿地承载量的设定，应取所在服务半径区域内总人口的 80%作为避灾人员数量，相应地进行救灾设施与物资的储备，满足避灾人员的需要。在避灾绿地的建设中，应根据避灾绿地的承载量，综合人口分布以及避灾绿地的服务半径进行合理规划，保证其避灾功能的正常发挥。

4.3.5　避灾绿地人口承载量

城市避灾绿地的人口承载量即避灾绿地的人口承载能力，主要指在有效避灾面积内，一定物资储备的情况下，所能容纳的最大避灾人数。灾难发生时，如果避难人数超过避灾绿地最大承载量，就会造成物资储备不够，人均避灾面积减少，人员拥挤，棚宿区、医疗救护与卫生防疫等应急设施无法满足避难人员需求等问题，有可能导致哄抢物资、踩踏事故等，反而会影响救灾功能的发挥。

避灾绿地的人口承载量与人均有效避灾面积、避灾绿地有效避灾面积有关。人口承载量等于避灾绿地有效避灾面积除以人均有效避灾面积。整个城市避灾绿地人口承载量分为紧急避灾人口承载量和长期避灾人口承载量，紧急避灾人口承载量为每个承担紧急避灾的避灾绿地人口承载量之和，长期避灾人口承载量为固定避灾绿地和中心避灾绿地人口承载量之和。

4.3.6 疏散通道宽度

疏散通道是灾害发生时避难人员进入各类避灾绿地以及灾后救援人员进入城市内部的绿色安全线性空间。城市疏散通道按功能可分为救灾通道和避灾通道两类。

在灾时紧急疏散的过程中，避灾通道的通行能力与人口密度、连接紧急避灾绿地的道路数目以及建筑高度有关，其中人员步行速度、流量及流动密度的关系如下：

$$q = V \times \triangle \tag{4-5}$$

式中，q 为每米人员流量，人/(min·m)；V 为人员步行速度：m/min；$\triangle$ 为人员流动密度，人/m^2，在拥挤状态下可以达到最大流量。

根据以往研究，有 70%～80%的居民会步行疏散，避难弱势群体夹在人群中，老人的步行速度一般只有正常人的 50%，行动不便或需要他人扶持人群的步行速度降低到 10%，影响整体人流的移动。

疏散通道的宽度在道路两侧建筑物倒塌后会受到一定程度的影响，导致通畅性受阻，但是局部仍可满足消防车的通行要求，同时要减少在疏散通道上空的高架设施以及地面其他障碍物。疏散通道的红线宽度可由下式求得：

$$W = H_1 / 2 + H_2 / 2 - (S_1 + S_2) + N \tag{4-6}$$

式中：W 为疏散通道的红线宽度，m；H_1、H_2 为疏散通道两侧的建筑高度，m；S_1、S_2 为疏散通道两侧建筑物后退红线距离，m；N 为救灾安全通道的宽度，m。

根据国内外的相关研究成果，结合日本、中国台湾的避震疏散实践，规划城市避难疏散通道的有效宽度应不小于 10m，救灾通道有效宽度应大于 15m，道路两侧应种植高大防火乔木，绿地率应不低于 20%，道路两侧建筑与通道要有一定的距离，其高度不超过道路宽度。老城区的建筑和道路系统已经定型，因此需要在道路两侧多种植高大的防火型、抗震及抗倒伏的乔木，以确保道路空间的安全性。为保障消防车辆的正常通过，紧急避灾绿地内部应设置宽度不小于 4m 的环形道路连接出入口；片区固定避灾绿地内部应设置宽度不小于 7m 的环形通道通向出入口；中心避灾绿地内部为便于救灾指挥中心的车辆及人员出入，应设置宽度不小于 15m 的环形通道与出入口相连，同时应设置不小于 7m 的支路将环形通道与避灾场地相连。

4.3.7 避灾设施及其规模指标

避灾绿地避灾设施包括硬件设施和软件设施。

(1) 硬件设施：指各类避灾绿地中为满足避灾功能应具备的基础设施和服务设施，如应急标识设施、应急指挥管理设施、应急棚宿区、应急供水设施、应急供电设施、应急厕所、应急停机坪、应急物资储备设施、医疗救护与卫生防疫设施、应急消防设施、应急排污系统以及应急垃圾储运设施等。根据避灾人员数量及在不同类型避灾绿地中停留的时间，设置不同类型及规模的避灾硬件设施（表 4-2～表 4-4）。

(2) 软件设施：指人对避灾绿地管理应具备的手段，如应急法规、应急预案、宣传教育、培训演练、运营与维护管理等。

表 4-2 紧急避灾绿地(面积≥2000m²/处，避灾时间：≤24h)硬件设施表

序号	设施名称	布局要求	规格
1	应急引导、标识设施	避灾绿地周边、避灾绿地内广场、各功能区、道路、入口	名称标识、引导标识、位置标识、说明标识
2	应急供水设施	位于集散地附近	3L/(人·d)
3	应急广播系统	入口处及广场附近	200m/个
4	灭火器	人群密集及易发火源点	120m/个
5	应急厕所	设于下风口	(2 个坑位+1 个坐便器)/1000 人

表 4-3 固定避灾绿地(面积≥5hm²/处，避灾时间：1～3 个月)硬件设施表

序号	设施名称	布局要求	规模
1	应急引导、标识设施	避灾绿地周边、避灾绿地内广场、各功能区、道路、入口	名称标识、引导标识、位置标识、说明标识
2	应急棚宿区及帐篷数量	设于中心区地势平坦的开阔位置	帐篷 4～6 人/个 棚宿区不小于 1000m²，棚宿区内应有宽大于 2m 的人行通道
3	应急供水设施	设于上风口和棚宿区的下方位	3L/人·d
4	应急供电设施	设于棚宿区、出入口、园路	照明设施 15m/处
5	应急指挥管理设施	设于广场、道路、入口	100m/处
6	应急厕所	设于下风口和棚宿区的下方位	(2 个坑位+1 个坐便器)/1000 人
7	应急物资储备设施	公园平时的管理用房	食品 500g/人、100 套衣物/1000 人
8	医疗救护与卫生防疫设施	专用救援出入口附近，便于伤员和药品的运输	医疗设备、药品、≥30 个床位
9	火火器	棚宿区及易发火源点	120m/个
10	应急排污系统	与市政管网相连	—
11	应急垃圾储运系统	离应急棚宿区超过 5m，且位于下风向	每人每天 200g 垃圾产生量

表 4-4 中心避灾绿地(面积≥10hm²/处，避灾时间：1～6 个月)硬件设施表

序号	设施名称	布局要求	规模
1	应急棚宿区及帐篷数量	设于中心区地势平坦的开阔位置	帐篷 4～6 人/个 棚宿区不小于 1000m²，棚宿区内应有宽大于 2m 的人行通道
2	应急供水设施	设于上风口和棚宿区的下方位	3L/(人·d)
3	应急供电设施	设置于棚宿区、出入口、园路	照明设施 15m/处
4	应急引导、标识设施	避灾绿地周边、避灾绿地内广场、各功能区、道路、入口	名称标识、引导标识、位置标识、说明标识
5	应急指挥管理设施	设于广场、道路、入口	100m/处
6	应急厕所	设于下风口和棚宿区的下方位	(2 个坑位+1 个坐便器)/1000 人
7	应急物资储备设施	公园平时的管理用房	食品 500g/人、100 套衣物/1000 人
8	医疗救护与卫生防疫设施	专用救援出入口附近，便于伤员和药品的运输	医疗设备、药品、≥30 个床位
9	灭火器	棚宿区及易发火源点	120m/个
10	应急排污系统	与市政管网相连	—
11	应急垃圾储运系统	离应急棚宿区超过 5m，且位于下风向	每人每天 200g 垃圾产生量
12	应急停机坪	广场或草坪地中坚硬的地块	面积为(40m×50m)/个，1～2 个

第5章　避灾绿地布局规划

避灾绿地布局主要涉及两个方面：避灾绿地和疏散通道。前者的主要功能为提供避灾场所，后者的主要功能是避灾场所与城市内各居住区、单位间的联系以及城市内外的联系，两者共同作用，才能构成完整的避灾绿地体系。通过避灾绿地的布局，形成覆盖全城，均衡分布，满足各类避灾绿地可达性、安全性以及避灾功能需求的避灾绿地系统。

5.1　避灾绿地布局原则

1. 综合协调、因地制宜原则

城市避灾绿地的规划应结合城市总体规划，因地制宜建设避灾绿地。避灾绿地只是城市安全体系规划应急避难场所的一种类型，范围较广，种类较多，是避灾人员最接近最易到达的场地。合理的结构布局，建设居民身边的防灾避难场所，是城市避灾绿地规划中的重要内容。

2. 平灾结合原则

城市避灾绿地的建设是为应对城市灾难发生等偶然性事件，避灾绿地平时主要体现休闲、游憩、观赏以及生态等功能，主要用于居民文娱、体育、教育和其他生产生活活动。城市灾害发生后转换为避难场所，启动防灾避难和灾难救援的功能，为城市居民提供安全的避难空间。因此，只有将二者紧密结合，才更有利于避难场所的建设、日常维护与管理。

3. 安全性原则

避灾绿地规划进行选址时，应考虑安全性原则，避开地震活动断裂带、岩溶塌陷区等易发生山体滑坡、泥石流、洪涝等次生灾害的地方，远离坡度较大的山体及易发生火灾的加油站和化学物品仓库等，尽可能地选择地势平坦、空间开阔、周边建筑规模合理、交通便利的安全区域，以便灾时临时建筑或帐篷的搭建，同时配置防火隔离带等为避灾绿地创造良好的防火、卫生、防疫条件。

4. 服务半径可达性和就近避灾原则

结合不同城市的用地布局和人口密度特点，根据城市避灾绿地的服务半径规划要求，提出均衡合理的避灾绿地场所规划，能够最大程度地满足避难人群的避灾需求。可达性是决定避灾绿地避灾服务功能的重要因素。

不同类型的避灾绿地都有其服务半径，根据避难人员步行速度与避难时间制定相应的服务半径，必须与不同方向至少2条以上的对外道路交通相连，同时在自身的设计上要保证入口的可入性，包括内部道路宽度以及入口无障碍设施的设计等，与避灾通道的直接相连可以保证灾时避难人员迅速方便地进入避灾绿地避难，减少灾害本身以及次生灾害带来的危险。

另外，灾后第一时间，避灾人群能够在最短的时间内步行到周边的紧急避灾绿地，在稳定灾民情绪的情况下，再组织疏散到固定避灾绿地或中心避灾绿地。

5. 按避灾功能分级布局原则

根据避灾绿地的功能和提供避灾的时间长短，将城市避灾绿地分为紧急避灾绿地、固定避灾绿地和中心避灾绿地三级。紧急避灾绿地供灾害发生的第一时间使用，避灾时间为 1d 以内；固定避灾绿地供避灾人员灾后救援与恢复重建期间使用；中心避灾绿地除具固定避灾绿地的功能外，还承担着救灾和恢复重建指挥中心所在地的功能。不同级别的避灾绿地以满足灾民对避灾时间和避灾安全性所需空间为前提，寻求避灾人数与避灾绿地面积之间合理的量比关系。

5.2　山地城市避灾绿地布局条件分析

根据城市与周边地貌的形态及特色，将云南山地城市(县城)划分为坝区型、山地型、山坝型三种类型。山地城市在避灾绿地布局时遇到的困难与平原地区城市的有所不同，重点考虑以下两个方面的条件。

1. 地形问题

地形是避灾绿地布局时需首要考虑的问题，因为地形会引申出一个不可忽视的问题——次生灾害。山地型山地城市在这方面的表现尤为明显，由于城市内多山地，建设用地不足的情况下就会逐渐向山地扩展。而人们在建设过程中，诸如房地产开发等活动会对自然植被、地形造成极大破坏，一系列的人类活动又会改变地表水循环的过程，加速对地表的冲刷和侵蚀。种种行为使原本生态就相对脆弱的山地城市，山体滑坡、泥石流、火灾等地震次生灾害发生的可能性大大增加[153]。这样的情况使避灾绿地布局的难度大大增加，可用绿地本就有限，还要考虑尽量避开地形陡峭地带，尽可能选取面积大、开阔的绿地。如不能选取较大地块，则需在绿地周围设置缓冲地带。缓冲地带宜种植冠大根深的树木，可缓解次生灾害的冲击，保证绿地内的避灾人群不受次生灾害的波及[154](图 5-1)。因此，在研究避灾绿地布局时，绿地的立地环境和规模是不可忽略的因素，其中绿地规模如有缺陷可设置缓冲带作为补救措施。

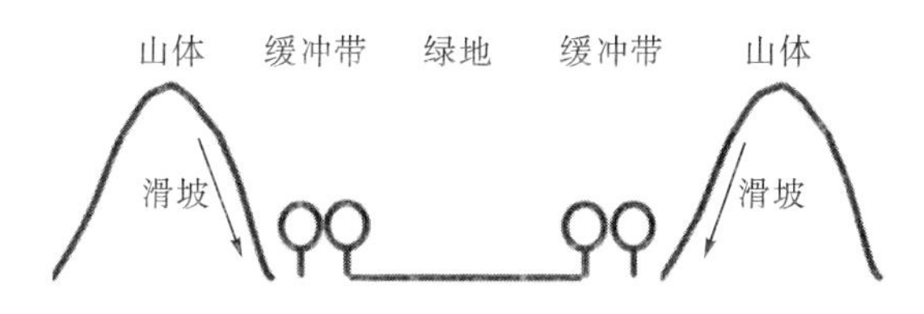

图 5-1　缓冲带对绿地的缓冲作用

2. 道路问题

由于地形的问题，城市道路分布存在差异。山地型和山坝型山地城市的道路交通受地形影响较大，道路定线和布局受到制约，与地形平缓的坝区型山地城市相比其布局更为局促，在有限的城市建设空间中，路网密度较大，同时很多路网规划不规则，使得疏散通道的布置更加困难。对于基于网格系统建设的地形平缓的平原城市，避灾绿地间的距离可以简化为点与点之间的直线关系，而山地城市则由于地形复杂，平面上看起来距离很短的两点，在空间距离上却往往存在高差以及无法通过的复杂地段，如山谷、山头等，使得这两点之间的通行道路远长于垂直投影距离或者无法直接到达(图 5-2)。对于坝区型山地城市，用作疏散的道路可以被简化成平面的图底关系，从而对其进行量化和设计；但是在山地型和山坝型山地城市，由于地形原因会造成道路坡度和高差的强烈变化，疏散道路不能仅仅被简单视作一个平面，通行时间还需要考虑道路的坡度以及道路的复杂程度。因此，在研究避灾绿地布局时，道路的坡度及高差也是需要重点考虑的因素。

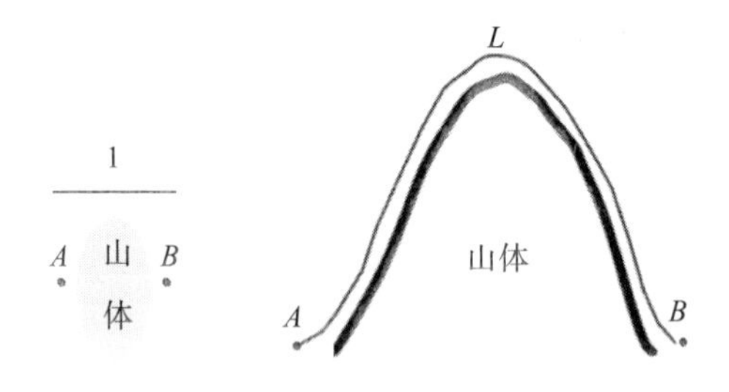

图 5-2 平面距离 1 与立面距离 L 的对比

5.3 避灾绿地布局方法

5.3.1 避灾绿地选址适宜性评价

1. 选址要素

(1) 避免选择涉及风景名胜古迹、文化遗产以及物质遗产的绿地作为避灾绿地。此类绿地应受到保护和重视，灾时更要避免受到破坏。

(2) 避免选择私密性较强的用地。灾时避难人群在慌乱的情况下通常会选择场地开阔、出入方便的场地避难，因此避免选择私密性强的场所，多考虑如城市广场、体育场、学校等公共设施用地。

2. 环境因素

(1) 自然环境因素。规划布局避灾绿地时，应尽量避开地震断裂带、矿山采空区、岩溶塌陷区以及地震次生灾害源，如易发生泥石流或洪水的山谷谷口，易发生滑坡、崩塌的山坡坡角，易发生震陷的填土区或河道等[155]。另外，避灾绿地本身的地形条件会对避灾功能产生影响，应选择地势较高、平坦开阔地带，灾时避免受地震次生灾害影响。

(2) 人工环境因素。避灾绿地周边范围内是否有易燃易爆危险点，如燃气储备站、高压走廊等。在进行避灾绿地规划建设时，应考虑远离易燃易爆危险源等区域，另外，为了保证避灾绿地不受污染源影响，应考虑将其布置在城市常年主导风向的上风或者侧风向。

5.3.2　避灾绿地功能适宜性分析与评价

1. 各类公园绿地作为避灾绿地的功能适宜性分析

城市公园绿地相对于其他类型用地具有更好的避灾功能，但是并不是任何类型的公园绿地都适合作为避灾绿地。不同类型避灾绿地的避灾功能受其绿地性质和在城市中的空间位置的影响，因此针对每一种类型的公园绿地进行适宜性分析是十分必要的。

(1) 城市综合公园规模较大，有效避灾面积也较大，同时园内各类设施较为齐全，公园周边交通便利，可考虑规划为固定避灾绿地或中心避灾绿地，灾时及灾后恢复重建期间可提供较长时期的避灾。

(2) 社区公园位于居住区周边，具有一定的开放性、避灾面积和最基本的设施等，可结合周边广场及附属绿地等开敞空间作为避灾绿地建设，灾时可作为灾民紧急疏散、临时安置的场所。

(3) 专类公园具有功能特定的形式，同时也具有一定的游憩功能。专类公园的避灾功能要根据其性质、空间位置、功能定位以及内部设施条件而定。具有保护历史文物和展示城市人文历史及非物质文化遗产功能的公园，应避免作为避灾绿地使用，以免因大量避灾人员进入而破坏保护对象。

(4) 沿滨河或道路等而建的狭长形公园绿地，内部配置了一定的基础设施，是很好的避灾线性空间，在一定程度上可满足避灾人群需求，可作为紧急避灾绿地或者固定避灾绿地建设，同时也有助于城市避灾绿地系统的形成。

(5) 街旁绿地是城市内规模较小、分布均衡且广泛，具有基本游憩设施的公园绿地，包括沿街绿地和街边广场绿地。街旁绿地的利用率高、可达性强，灾时可作为紧急避灾绿地，供避灾人群第一时间临时避灾。

根据城市的避灾绿地结构布局、选址及环境原则，依托现行的城市绿地系统规划，选择符合布局要求、满足不同避灾需求的绿地空间，作为城市避灾绿地的建设地块。

2. 功能适宜性评价指标体系建立

层次分析法作为处理综合评价问题的有效模型，能够将定性分析定量化，保持思维过程的一致性，因而可以作为定量分析方法在城市避灾绿地适宜性量化评价上进行应用。具体的层次分析法见 3.4 节相关内容。

5.3.3　避灾绿地可达性评价

将可达性引入城市避灾绿地布局研究，首先城市避灾绿地可达性是一个空间含义，反映灾害发生后居民居住地与城市避灾绿地之间克服空间障碍互通的难易程度，在空间意义上表达了城市居住地与城市避灾绿地之间的集聚与离散关系。同时城市避灾绿地可达性具有时间意义，受灾民众前往城市避灾绿地避灾主要是通过城市道路系统完成，通过道路，步行到避灾绿地所需时间成为衡量避灾绿地可达性优劣的关键因素之一。

城市避灾绿地可达性指灾害发生后灾民进入城市避灾绿地避灾的相对或绝对难易程度，即所需时间的长短，可以从两方面来理解：一方面是以时间成本或距离来衡量到达避灾绿地的阻力大小；另一方面是灾民在避灾绿地一定半径范围内可享受到的避灾资源，以避灾绿地的数量和人口承载量来衡量。可以看出，城市避灾绿地可达性强调灾时民众和城市避灾绿地的空间相互作用及群众进入过程中的难易程度。

利用 GIS 软件系统，结合景观生态学、城市规划学等理论，分析城市避灾绿地的可达性。基于土地利用数据、人口数据、交通网络数据和避灾绿地数据，对城市绿地系统规划或现有的避灾绿地进行可达性评价，依据可达性评价结果，对避灾绿地分布格局和数量进行优化，达到充分发挥研究区避灾绿地功能的目的。

1. 避灾绿地可达性的评价指标

避灾绿地的可达性评价指标应该是一种可量化的指标。城市避灾绿地的可达性评价，需结合城市现有的市政建设规划、绿地系统规划和城市总体规划等，使评价结果对上述规划具有借鉴意义，为城建部门或其他决策机构提供有价值的决策支持。

影响城市避灾绿地可达性的要素有不同类型避灾绿地的承载能力、避灾绿地服务或辐射人口的空间分布状况、城市居民区等不同用地类型的分布、城市不同级别和类别的道路交通网以及其他阻碍人们到达避灾绿地的因素，如河流、湖泊、陡峭的地形地貌等。

1）城市避灾绿地承载量

城市避灾绿地的承载量决定了灾时能够容纳的避灾人数。单个避灾绿地的承载力是有限的，当单个避灾绿地的承载量饱和时，居民无法进入该避灾绿地避灾，需绕行至其他避灾绿地。此时，该避灾绿地成为可达性的影响因素。

2）避灾绿地服务人口密度和分布

城市避灾绿地最重要的社会功能是在发生重大自然灾害时为人民群众提供紧急避灾的场所。所以，城市避灾绿地周边的人口密度和分布情况直接影响着避灾绿地的有效承载力。一般避灾绿地周边的人口密度越大，分布越均衡，则该避灾绿地的有效承载力越大，可达性越好；反之，承载力越小，可达性越差。

3）城市道路交通网状况

灾时群众到达城市避灾绿地的途径有多种，且不同途径所花费的代价(时间、距离、体力、费用等)各不相同，通常情况下，群众会选择代价最小的途径来实现到避灾绿地避灾的目的。城市的道路交通网络状况影响着群众到达避灾绿地的难易程度，是决定到达避灾绿地所付出的时间、距离、体力成本最重要的因素。构成交通网络成本的因素很多，有道路类别、道路等级、道路密度、城市道路控制以及其他不可预见的突发因素等。道路交通网影响因素数据复杂多样、可变性强、收集困难。因此，交通成本的计算是避灾绿地可达性评价中较为关键和困难的因素。采用步行这一较为简单的出行方式作为群众到达避灾绿地的途径，将城市道路网密度作为该指标衡量值。将研究区划分为 100m×100m 的规则格网单元，道路类别统一为一类，即所有道路的影响权重取值相同。使用如下公式进行计算：

$$D_i = L_i / S_i \tag{5-1}$$

式中，D_i为第 i 个单元格的路网密度；L_i为第 i 个单元格内的道路中心线的长度；S_i为第 i 个单元格的面积。

任意两个单元格所产生的交通费用就是这两个格网之间所需要经过的所有格网的费用之和。如果为相邻的格网，则取格网费用平均值，如图 5-3 所示的格网 1 与格网 2 的交通成本就为$(D_1+D_2)/2$，网格 2 到网格 3 的交通成本为$(D_2+D_3)/2$。

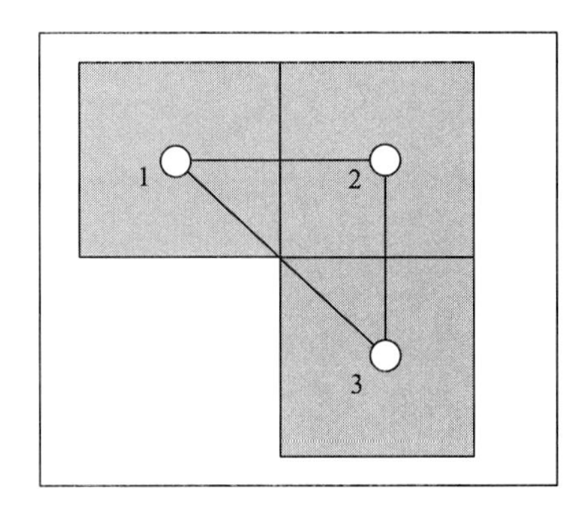

图 5-3　交通网络间平均成本示意图

4)城市空间阻力

灾时群众需要穿越不同的城市用地类型到达避灾绿地，不同的城市用地类型由于结构不同，造成人们通过不同区域时的难易程度不同，即付出的代价不同。如相同的距离，通过广场类区域所受到的阻力值就会远低于通过工业用地类区域。通过对城市中不同用地类型设置不同的时间成本值，可以模拟灾时群众穿越不同区域到达避灾绿地所受到的阻力值差异，从而得到以避灾绿地入口为中心，以辐射周边的居民地等不同城市用地类型的行进成本分布图。

2. 避灾绿地可达性评价模型的构建

借鉴国内外研究成果，根据调查和实际经验判断，避灾绿地的可达性与绿地的规模、服务人口密度成正比，与城市交通费用区域空间阻力成反比。避灾绿地的入口视为“源”，可达性评价即是评价每个空间单元到达“源”沿途经过的所有单元的累积成本。这个累积成本的计算既需要考虑“源”与栅格单元之间的距离，也要考虑到每个栅格单元的通行成本，而且每个单元的成本是有差异的。应用地理信息系统(GIS)空间分析方法中的距离成本工具进行避灾绿地可达性分析。将研究区划分为 100m×100m 的规则格网，分别构建避灾绿地承载力层、时间成本层、交通成本层、空间阻力层、人口密度分布层，计算每个单元格内的成本值，成本值的大小根据与可达性的正比或反比关系，采用距离加权法或反距离加权法进行计算。每个网格可达性的计算公式为

$$K_i = \frac{\sum_{j=1}^{n} A_i B_i}{\sum_{j=1}^{n} C_{ij} D_{ij}} \tag{5-2}$$

其中，K_i表示研究区内第 i 个网格到达所有避灾绿地的整体可达性；A_i表示第 i 个网格内的人口密度；B_i表示城市避灾绿地本身的承载力指数，可用避灾绿地的有效避灾面积衡量承载力的大小；C_{ij}指第 i 个有效网格到第 j 避灾绿地的交通综合成本；D_{ij}指第 i 个有效网格到第 j 避灾绿地的空间阻力值，可用城市土地使用类型衡量通过不同区域时所受到的阻力值，该值越小，表明灾民避灾时受到的阻滞就越小，避灾绿地的可达性越好，反之可达性越差。

3. 应用地理信息系统进行避灾绿地可达性评价的步骤

地理信息系统(GIS)由于有强大的空间数据管理和分析能力，在城市规划领域逐渐得到广泛的应用。应用地理信息系统技术完成城市空间数据库的建立，利用其空间分析能力，对上述构建的评价模型进行计算，从而实现对研究区避灾绿地可达性的评价。主要步骤如下。

(1)将收集到的研究区相关空间数据，如道路网、街道辖区分布图、城市土地利用类型分布图、城市绿地分布等数据进行预处理，统一空间坐标，规范各图层数据字段，建立相应的空间图层。

(2)避灾绿地的分类和筛选。将避灾绿地划分为不同类型，以每个避灾绿地的入口作为城市避灾绿地可达性的“源”，制作避灾绿地“源”图层，灾害发生时群众通过道路网络步行到达“源”点即视为进入避灾绿地，确定为避灾绿地服务覆盖的区域。

(3)成本图层的制作。将城市划分为规则网格，分别计算每个网格内的交通成本、城市空间阻力值、人口密度值，形成成本图层。

(4)可达性分析。根据可达性评价模型，利用地理信息系统的空间分析功能，以避灾绿地入口为“源”图层，以承载力、人口密度、交通成本、空间阻力值图层为成本图层，分别计算每个空间网格的可达性值，完成可达性计算。

5.3.4 避灾绿地按避灾功能的布局

避灾绿地内的各项应急避灾设施是其发挥防灾避灾功能的基础，是确保避难人员人身安全的重要条件之一。这些应急避难设施可以保障避灾人员正常的生活秩序，为灾后人们的生活和重建提供保障。因此，在城市避灾绿地规划建设布局中，也应当考虑避灾绿地的功能性需求。

在灾害来临时，不同的避灾绿地承担着不同的避灾功能，在城市避灾绿地的规划建设中，应当根据每类避灾绿地的不同功能设置等级不同、避难设施不同的绿地[156]。

避灾绿地按功能的布局主要体现在城市人口数量、分布密度和绿地空间及避灾设施

的配套程度上。灾害突然发生时，避难人员首先向最近的避灾绿地转移，一般先转移到附近的紧急避灾绿地，再转移到固定避灾绿地和中心避灾绿地。这就要求在灾害发生时，城市各处居民点都应有为其服务的不同功能的避灾绿地，并能容纳其服务半径内的避难人员[153]。城市的疏散通道应有较高的通达性和安全性，方便避难人员在灾后顺利到达避灾绿地。

依据城市的灾害类型与防灾重点，结合城市总体规划和城市综合防灾规划对绿地进行防灾避险功能的布局，并满足不同避灾时间的要求。按避灾绿地能供避灾时间的长短，对其功能的要求可分为三类布局：紧急避灾绿地、固定避灾绿地、中心避灾绿地。

(1) 紧急避灾绿地。规模不小于 0.2hm^2，人均有效避灾面积为 2m^2/人，能满足人员站立及疏散的基本空间，服务半径为 300～500m，步行到达时间为 3～5min，使用时间为灾害发生后的 1d 以内。设有基本的供水、供电、消火栓、指示标志等。

(2) 固定避灾绿地。规模不小于 5hm^2，人均有效避灾面积为 3m^2/人，满足简易帐篷搭建及人员疏散的空间，服务半径为 1000～2000m，步行到达时间为 0.5h，使用时间约为灾害发生后的三个月内。提供应急供水供电、应急棚宿、应急医疗、应急物资、应急厕所等设施。

(3) 中心避灾绿地。规模不小于 50hm^2 最佳，山地城市或县城可根据地形及人口规模等因素降低至不小于 5hm^2；人均有效避灾面积为 4m^2/人，满足过渡性灾后重建；服务半径为 1000～3000m，步行到达时间为 0.5～1h，使用时间为灾害发生后至城市灾后恢复期。提供基本的衣食住行，设有指挥、医疗、信息中心、救援部队营地、运输车辆基地、应急停机坪。

5.3.5　避灾绿地按片区和到达时间的布局

根据城市总体规划的功能分区，依据城市人口密度、道路网通达性等特点，按城市组团或片区的空间格局，规划紧急避灾绿地、固定避灾绿地和中心避灾绿地的服务范围，并与行政区划相一致。结合城市道路与绿化隔离带，明确规划区内各类避灾绿地的性质、规模、功能，按不同等级避灾绿地的服务范围划分为不同的片区，按 5min 内能够到达一处避灾绿地，30min 内能从紧急避灾绿地到达片区内的固定避灾绿地或中心避灾绿地为布局目标，充分发挥各类绿地相互补充、相互联系的系统功能，进一步提高绿地的利用率，增强城市的防灾避险能力。最大限度满足就近避难、可达性高、功能性强、可持续的城市绿地避灾网络。

以云南省大理市为例，根据《大理市城市总体规划(2010—2025)》的片区划分，规划确定 4 个片区，并与行政区划相一致，结合城市道路与绿化隔离带，根据避难场所的服务半径划分防灾单元，具体为古城片区、下关片区、凤仪片区和海东片区。

规划时间内到达人数计算：在避难过程中，道路的通行能力与人口密度、连接紧急避灾资源的道路条数、建筑高度有关。其中，步行流量、速度、密度和人均步行面积的关系为

$$q = V \cdot \varDelta \tag{5-2}$$

式中，q 为人流量，人/(min·m)；V 为步行速度，m/min；Δ 为人流密度；人 / m^2，在拥挤状态下可以达到最大流量。假定人流密度为 1 人 / m^2，步行速度为 2km/h，四个方向同时避难，避难人行通道宽度为 3m，到达紧急避灾绿地的时间为 1～5min，则 q = 2km /（h·1人）/ m^2=33.3 人/(min·m)；到达总人数为 100～500 人。按这样的计算可以得出，紧急避灾绿地在 5min 内可达的人数较少。

5.4 避灾绿地布局实例——云南省普洱市主城区避灾绿地布局优化

5.4.1 普洱市概况

普洱市位于云南省西南部，地处东经 99°09′～102°19′、北纬 22°02′～24°50′，为地级市。普洱市属于高原季风气候区，主体气候为南亚热带气候，年平均气温 17.9℃。主城区位于市域南部的思茅区，地处思茅坝，是普洱市的政治、经济、文化中心。截至 2015 年，建成区面积 25.5km^2，建成区内常住人口 24.0 万人。

普洱市地处云贵高原西南边缘，属横断山脉南段延伸余脉山地。地势北高南低，山川自西向东南逶迤倾斜，群山起伏，谷坝镶嵌，沟壑纵横，地形复杂。哀牢山、无量山、怒山三大山脉，与澜沧江、红河、怒江三大水系相间排列，蜿蜒南下，山脉北紧南疏，由北往南，间距加大，总称为湄公帚状山系。水系北窄南宽，由北往南，河谷加宽，帚状扩大。全市最高点为无量山主峰猫头山，海拔 3370m；最低点为江城李仙江出境处，海拔 317m。山地坡度东陡西缓，市政府驻地思茅区地处哀牢山、澜沧江两大断裂带的裂谷中，地层断层断裂多，地面起伏大，山地纵横切割深，陡坡多，缓坡少。

普洱市地处“思茅—宁洱”和“澜沧—耿马”两个地震带，地震发生频度高、时段集中、强度大、易成灾。根据普洱市地震局提供资料，从 1950 年至今普洱市就发生地震 20 余次，其中 6 级以上强破坏性地震有 10 次，平均约 6 年一次。普洱市主城区构筑物抗震设防烈度为 8 度。对城市有重大影响且被评估为甲类的建筑、生命线工程以及主城区内大专院校、中小学、幼儿园、医院等人员密集的公共建筑，抗震设防烈度提高一度，按 9 度抗震烈度进行设防。

5.4.2 城市避灾绿地可达性影响因素

(1) 城市避灾绿地承载量对可达性的影响。城市避灾绿地的承载量影响着城市避灾绿地在灾时能够容纳的避灾人数。通常认为避灾绿地的承载量越大，该避灾绿地的可达性就好，反之，则可达性差。

(2) 城市人口空间分布对可达性的影响。城市避灾绿地的规划和设计受到城市人口空间分布的制约。通常认为，避灾绿地周围的人口密度越大，该避灾绿地被认知的程度就越高，可达性就好，反之，则程度低，可达性差。灾害发生时，当避灾绿地的承载量饱和后，避灾绿地周围人口密度过大，避灾绿地认知程度越高，反而出现可达性差的情况。

(3) 城市土地利用现状对可达性的影响。当灾害发生时，避灾绿地周边有商业区、居住区、办公区等建筑群导致其使用率呈上升趋势，此避灾绿地的可达性相对较高，因此，城市的土地利用类型影响着避灾绿地使用率的高低。

(4) 城市交通网络对可达性的影响。灾害发生时，群众主要通过城市道路步行到避灾绿地避灾。城市道路主要分为主干道、次干道和支路，不同的道路等级，交通状况是不同的，通常认为道路等级越高，可达性越好，反之，可达性就越差。由于灾害的突发性，高等级道路往往汇聚大量车辆通行，此时，往往是道路等级越低，可达性越好[71]。

5.4.3　普洱市主城区避灾绿地可达性评价

1. 普洱市主城区公园绿地现状

各类避灾绿地均以公园绿地为主构建，目前普洱市主城区共有公园 36 个，人均公园绿地面积 5.58m^2。其中，综合公园 1 个、社区公园 4 个、专类公园 4 个、带状公园 1 个、街旁绿地 26 个，公园占地面积 143.41hm^2、公园绿地面积 133.81hm^2(表 5-1 和图 5-4)。根据避灾绿地的筛选原则，从主城区现有公园绿地中筛选出具有避灾功能的公园绿地。

表 5-1　普洱市主城区公园现状统计表

序号	公园名称	公园类型	公园占地面积/hm^2	公园绿地面积/hm^2
1	梅子湖公园	综合公园	38.10	38.10
2	洗马河公园	社区公园	3.96	3.96
3	倒生根公园	社区公园	0.68	0.68
4	菩提箐公园	社区公园	1.04	1.04
5	贺勐山公园	社区公园	10.04	10.04
6	北部湿地公园	专类公园	36.97	36.97
7	文化中心公园	专类公园	5.45	5.45
8	旅游环线湿地公园	专类公园	11.31	11.31
9	万人体育馆	专类公园	16.46	6.86
10	石龙河滨河绿地	带状公园	1.35	1.35
11	石屏会馆街旁绿地	街旁绿地	0.19	0.19
12	茶城大道与洗马河路岔口街旁绿地	街旁绿地	0.23	0.23
13	民族团结丰碑	街旁绿地	0.53	0.53
14	普洱路街旁绿地	街旁绿地	2.02	2.02
15	振兴大道与白云路岔口街旁绿地	街旁绿地	0.10	0.10
16	永平路街旁绿地	街旁绿地	0.34	0.34
17	普洱大道与滨河路北侧岔口街旁绿地	街旁绿地	0.97	0.97
18	普洱大道与滨河路南侧岔口街旁绿地	街旁绿地	0.33	0.33

续表

序号	公园名称	公园类型	公园占地面积/hm^2	公园绿地面积/hm^2
19	中国茶文化名人园	街旁绿地	0.41	0.41
20	红旗广场	街旁绿地	2.76	2.76
21	世纪广场	街旁绿地	2.31	2.31
22	林源路和茶城大道岔口街旁绿地	街旁绿地	0.11	0.11
23	鸿丰市场东侧游园	街旁绿地	0.14	0.14
24	茶花园	街旁绿地	1.57	1.57
25	林源路鱼水路岔口街旁绿地	街旁绿地	0.19	0.19
26	世界茶文化名人园	街旁绿地	0.32	0.32
27	曙光路振兴大道岔口街旁绿地	街旁绿地	0.14	0.14
28	茶苑路北侧街旁绿地	街旁绿地	0.81	0.81
29	振兴大道街旁绿地	街旁绿地	0.23	0.23
30	龙生路街旁绿地	街旁绿地	0.47	0.47
31	茶苑路园丁路岔口街旁绿地	街旁绿地	0.09	0.09
32	茶城大道街旁绿地	街旁绿地	0.25	0.25
33	普洱人家南公园	街旁绿地	2.49	2.49
34	区政府小区街旁绿地	街旁绿地	0.08	0.08
35	洗马湖观景台公园	街旁绿地	0.87	0.87
36	普洱大道街旁绿地	街旁绿地	0.10	0.10

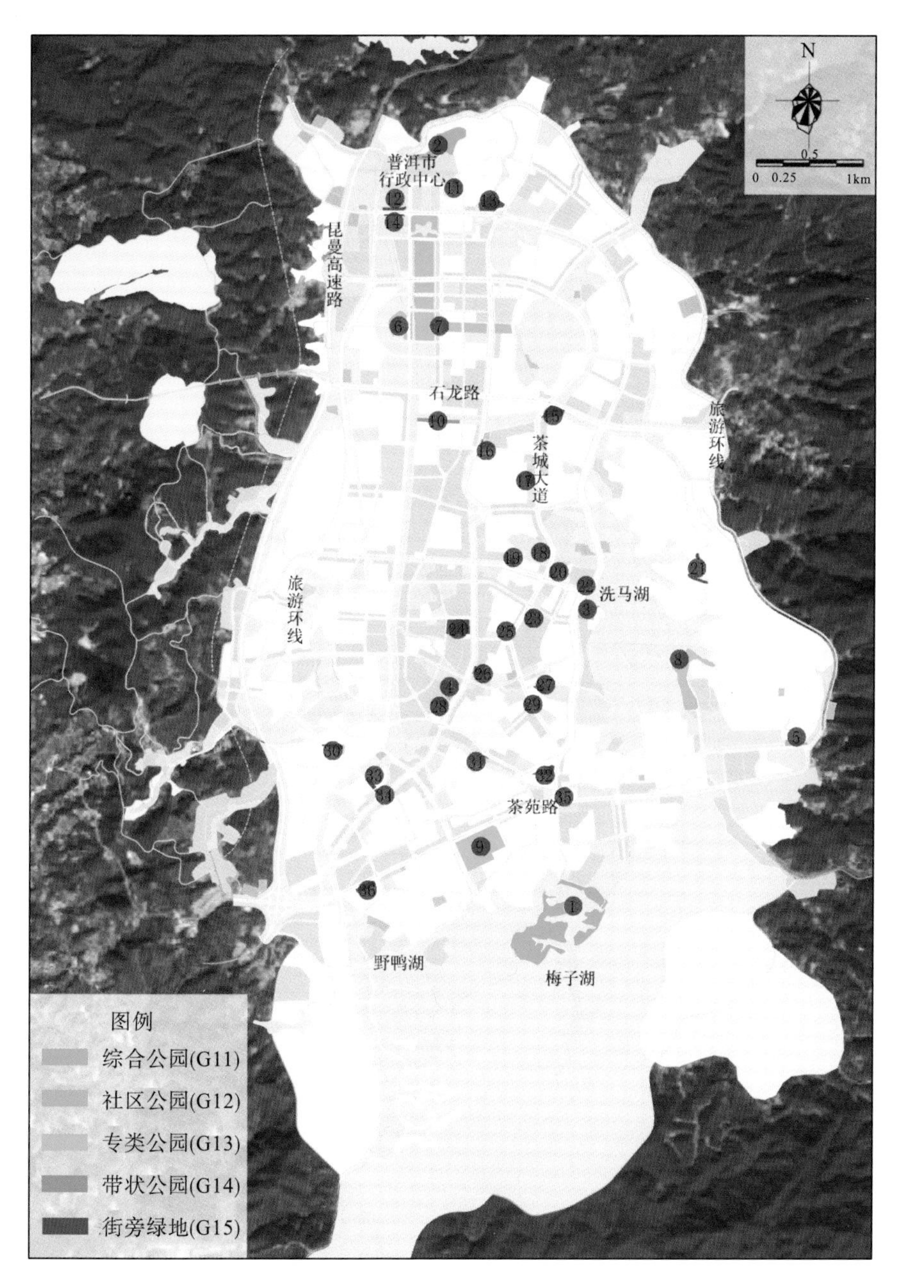

图 5-4　普洱市公园绿地现状图

2. 普洱主城区空间数据处理

1) 基础数据

本研究需要的基础数据主要包括《普洱市城市总体规划(2011—2030)》、《普洱市城市绿地系统规划(2015—2030)》、普洱市 2015 年末人口数据、交通网络和普洱市城市避灾绿地规划。

2)道路交通网络数据库建立

普洱市主城区道路分为主干道、次干道和支路三级。在 GIS 平台中以道路中心线为基础建立道路数据库。每条道路都包含道路等级、道路长度、通行速度、通行时间等信息(图 5-5 不含支路)。

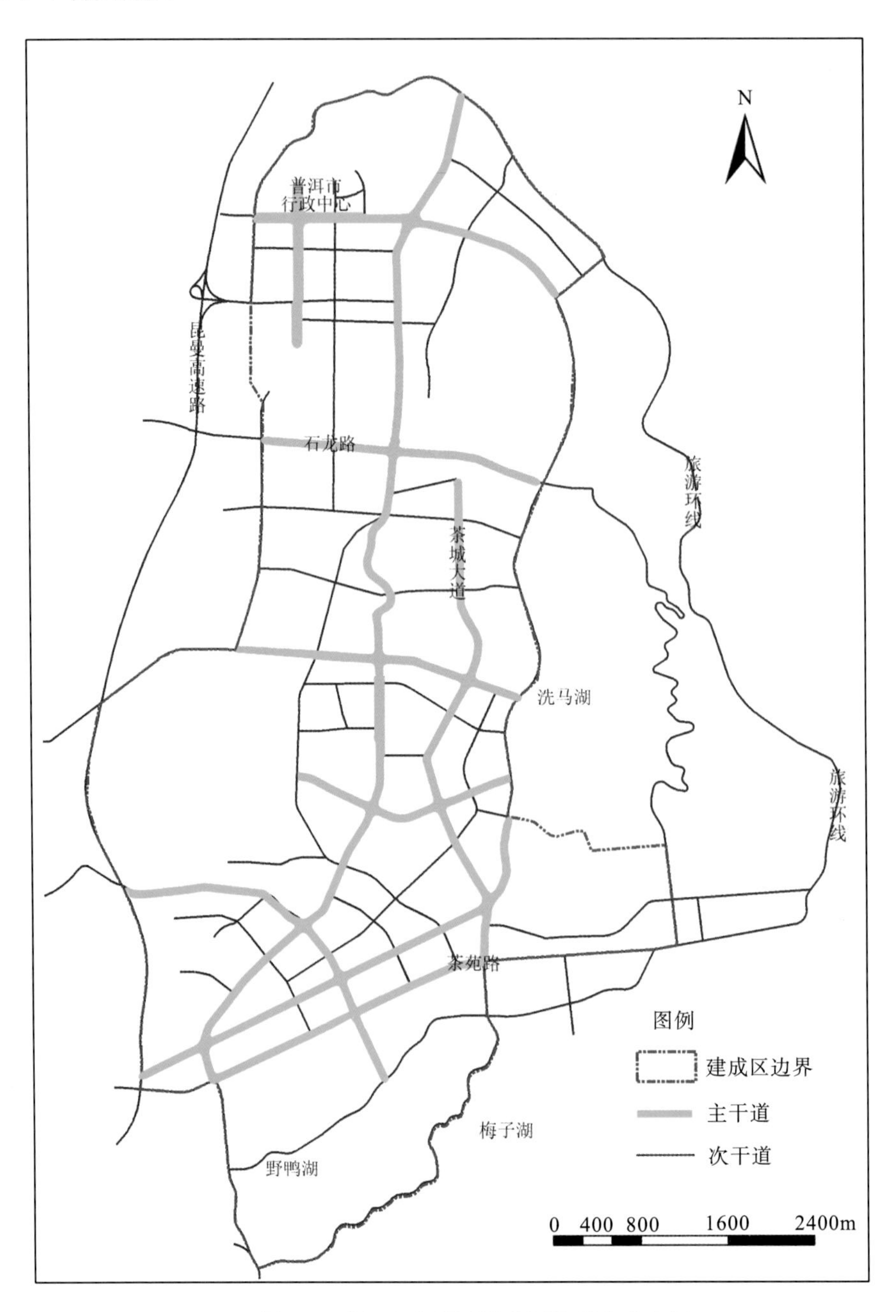

图 5-5 普洱市主城区道路网络现状分布图

3) 研究区数据预处理

基于 ArcGIS 10.2，将由 CAD 中导出的道路、水系、研究区范围以及.dwg 格式的城市公园绿地要素转换为.shp 格式，构建研究区基础数据库(普洱市路网数据库、水系数据库、避灾绿地现状数据库)平台，将避灾绿地现状、道路、水系转化为 100m×100m 的栅格数据。基于栅格数据构建网络分析模型。此模型考虑三个主要影响因素，即避灾绿地(源)、到避灾绿地的距离(路径)和灾时群众的步行速度。普洱市主城区道路和水系叠加图见图 5-6。

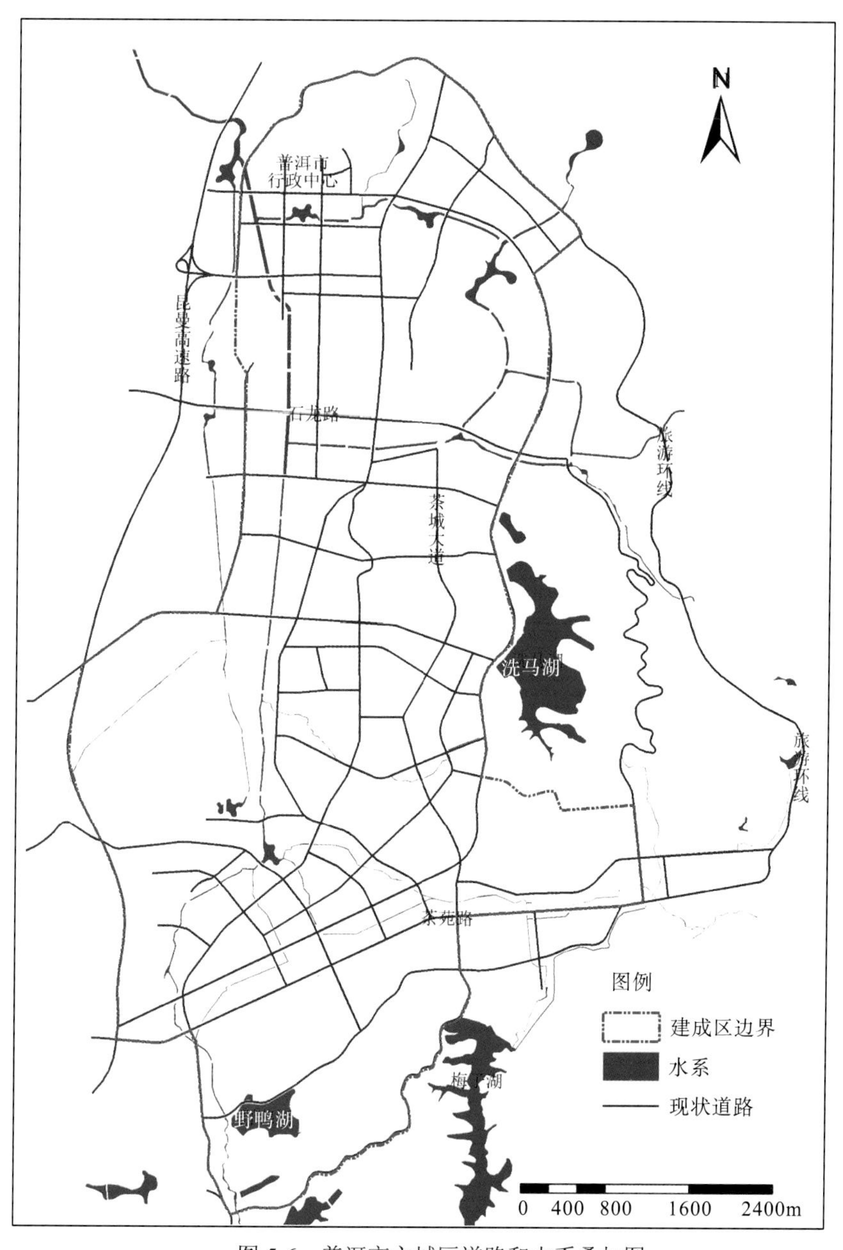

图 5-6　普洱市主城区道路和水系叠加图

4) 灾时群众步行速度的确定

灾害发生时，群众的恐慌和机动车的涌入容易使避灾通道发生拥堵。群众离开建筑物，寻找躲避的地方，往往是通过步行进入就近的避灾绿地中避灾。本书基于群众通过步行方式沿着道路网进入避灾绿地的时间来分析可达性。

不同人群的步行速度是不相同的，一般成年人的步行速度为4km/h，而老年人和儿童的步行速度约为1km/h，特殊情况下，老年人和儿童的步行速度极限为2km/h。灾害发生时，人流密度较高，总体的移动速度相对较慢，因此，本书确定步行速度为2km/h，即33.33m/min作为标准。

5) 普洱市主城区避灾绿地数据库建立

《普洱市城市总体规划(2011—2030)》数据集包括避灾绿地的规模、有效避灾面积、可容纳人口数等基础数据。在ArcGIS中，将这些图形数据进行数字化，并进行属性赋值，形成避灾绿地数据库。

3. 普洱市主城区避灾绿地空间分布特征

通过实地踏勘，结合普洱市现行的避灾绿地专项规划，根据避灾绿地体系及功能要求(表5-2)，将研究区设有避灾标识牌并且具有大面积开敞空间、周边道路系统完善的公园绿地，作为普洱市主城区的避灾绿地。普洱市主城区现有可供避灾的公园绿地9个，分别是：倒生根公园、北部湿地公园、世纪广场、红旗广场、文体中心公园、茶花园、中国茶文化名人园、世界茶文化名人园、普洱人家南公园(表5-3)，面积共52.96hm^2，其中，仅文体中心公园(面积5.45hm^2)建成避灾绿地，可以提供应急供电、应急医疗救护、应急供水、应急棚宿区、应急指挥、应急厕所、救灾物资发放点等各类避灾设施，在灾时能够满足周边群众的避灾需求。

表5-2　避灾绿地体系及功能要求

避灾绿地类型	面积/hm^2	功能要求
中心避灾绿地	≥50	为群众提供较长时间(数周至数月)的避灾生活场所、救灾指挥中心和救援、恢复重建等的活动场所
固定避灾绿地	10～50	为群众提供较短时期(数天至数周)的避灾生活和救援等活动的场所
紧急避灾绿地	≤10	群众可以在较短时间(3～5min)内到达的避险绿地，满足较短时间的避灾需求

截至2015年末，普洱市主城区人口为24万人，9个避灾绿地中有7个街旁绿地，1个社区公园，仅1个为专类公园，且所有的避灾绿地实际总容纳人数为6.36万。普洱市主城区以石龙路、人民西路为界，划为北部、中部和南部三个区域。其中，北部区域分布有面积较大的北部湿地公园、文体中心公园和普洱人家南公园3个避灾绿地；中部区域以面积较小的广场和街旁绿地作为避灾绿地，呈点状分布在中部区域偏南的位置，有红旗广场、世纪广场和中国茶文化名人园3个避灾绿地；南部区域以面积较小的街旁绿地作为避灾绿地，呈点状分布，有茶花园、世界茶文化名人园和倒生根公园3个避灾绿地。普洱市

主城区北部区域东北侧、中部区域北侧及西侧、南部区域中心及南侧均没有避灾绿地分布。由此可见，普洱市主城区避灾绿地分布极不合理，无法满足普洱市主城区群众的避灾需求(图 5-3)。

表 5-3　普洱市现有避灾绿地一览表

序号	绿地名称	绿地面积/hm^2	避灾有效面积(按25%计)/hm^2	人均有效避灾面积/m^2	可容纳人数/万人	备注
1	倒生根公园	0.68	0.17	2	0.09	社区公园
2	北部湿地公园	36.97	9.24	2	4.62	专类公园
3	世纪广场	2.31	0.58	2	0.29	街旁绿地
4	红旗广场	2.76	0.69	2	0.35	街旁绿地
5	文体中心公园	5.45	1.36	2	0.68	街旁绿地
6	茶花园	1.57	0.39	2	0.20	街旁绿地
7	中国茶文化名人园	0.41	0.10	2	0.05	街旁绿地
8	世界茶文化名人园	0.32	0.08	2	0.04	街旁绿地
9	普洱人家南公园	2.49	0.62	2	0.31	街旁绿地
	合计	52.96	13.23	2	6.36	—

4. 普洱市主城区现有人口密度分析

城市用地类型是影响城市人口分布的重要因素。本书对用地信息进行归类，主要分为居住用地、公共管理与公共服务用地、商业服务业设施用地、绿地与广场用地和其他用地。

居住用地在城市中分布最为广泛，布局受交通区位、商业服务配套设施、经济水平等因素的影响。普洱市主城区居住用地包括：一类居住用地和二类居住用地两个类别。

公共管理与公共服务用地主要由行政办公、科研教育、医疗卫生等用地组成。普洱市主城区公共管理与公共服务用地包括：行政办公用地、文化设施用地、教育科研用地、体育用地、医疗卫生用地和宗教用地六个类别。

商业服务业设施用地主要位于城市的几何中心或经济中心，交通便捷，形成集商贸、金融、服务、休闲于一体的形式，具有商业和服务的双重功能。普洱市主城区商业服务业设施用地包括：商业用地、商务用地、娱乐康体用地和公共设施营业网点用地四个类别。

绿地与广场用地主要是城市中大面积的城市绿地和广场。普洱市主城区的绿地与广场用地包括：公园绿地和广场用地两个类别。

其他用地指道路与交通设施用地、公用设施用地等，此类型用地中人口极少，进行人口密度计算时可忽略不计，因此，该类型不纳入人口密度计算。

根据经验，基于不同用地类型，构建人口密度分级表(表 5-4)，并统计普洱市主城区不同人口密度区所占面积(表 5-5)。

表 5-4　人口密度分级表

密度级别	程度	用地类型	人口密度/(人/hm²)
Ⅰ级	极低	道路与交通设施用地、公用设施用地等	$p \leq 10$
Ⅱ级	低	公园绿地与广场用地	$10 < p \leq 70$
Ⅲ级	中	商业用地、商务用地、娱乐康体用地和公共设施营业网点用地	$70 < p \leq 140$
Ⅳ级	中高	行政办公用地、文化设施用地、教育科研用地、体育用地、医疗卫生用地和宗教用地	$140 < p \leq 200$
Ⅴ级	高	一类居住用地和二类居住用地	$p > 200$

注：p 数值为一般经验，供密度分级参考。

表 5-5　普洱市主城区不同人口密度区所占面积

密度分级	所占面积/hm²	面积比例/%
Ⅰ级	1683.55	53.87
Ⅱ级	144.41	4.61
Ⅲ级	362.59	11.60
Ⅳ级	288.71	9.24
Ⅴ级	646.59	20.68

由表 5-5 可以看出，普洱市主城区中面积比例最高的是人口密度Ⅰ级区(53.87%)；其次是人口密度Ⅴ级区，占研究区总面积的 20.68%；人口密度Ⅲ级区与Ⅳ级区比例大致相同，占研究区面积的比例分别为 11.60%和 9.24%，是城市建成区的主要组成部分；人口密度Ⅱ级区占 4.61%，主要是公园绿地及广场，供群众休憩、娱乐。普洱市主城区现有人口密度见表 5-6，普洱市主城区现有人口密度分布见图 5-7，普洱市主城区现有人口分配见表 5-7。

表 5-6　普洱市主城区现有人口密度表

密度分级	人口/万人	所占面积/hm²	人口密度/(人/hm²)
Ⅰ级	0	0	0
Ⅱ级	1	144.41	69.24
Ⅲ级	5	362.59	137.89
Ⅳ级	5	288.71	173.18
Ⅴ级	13	646.59	201.05

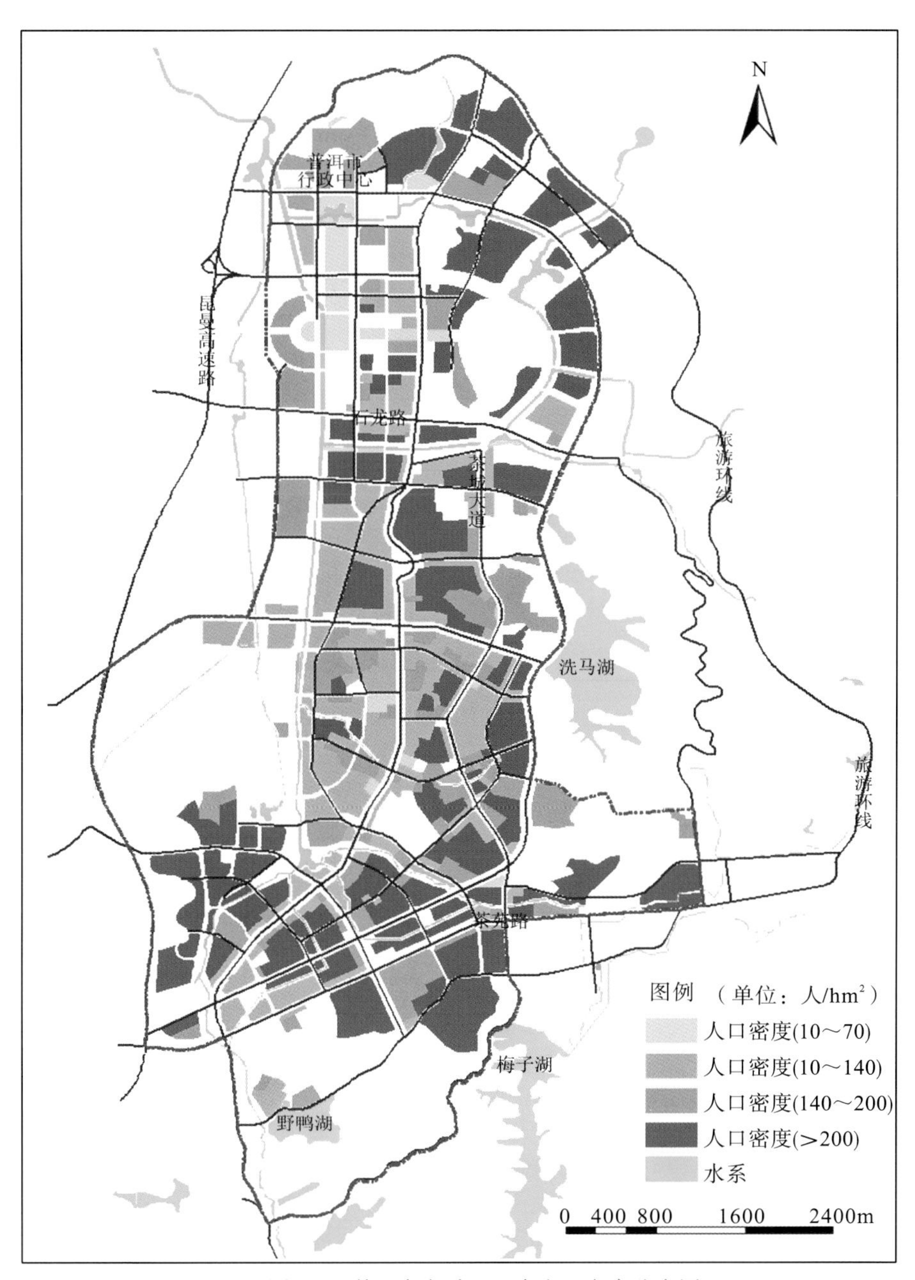

图 5-7　普洱市主城区现有人口密度分布图

表 5-7　普洱市主城区现有人口分配表

密度分级	人口/万人	比例/%
Ⅰ级	0	0
Ⅱ级	1	8.34
Ⅲ级	5	25
Ⅳ级	5	16.66
Ⅴ级	13	50
合计	24	100

5. 普洱市主城区现有避灾绿地可达性分析

根据灾害发生时，健康群众步行到达紧急避灾绿地的时间，将避灾绿地可达性分为6个等级：小于 5min、5～10min、10～15min、15～20min、20～30min、大于 30min。在 ArcGIS 中利用网络分析模块生成从避灾绿地(源)出发，不同时间等级下，步行可以覆盖的区域，结果见图 5-8。

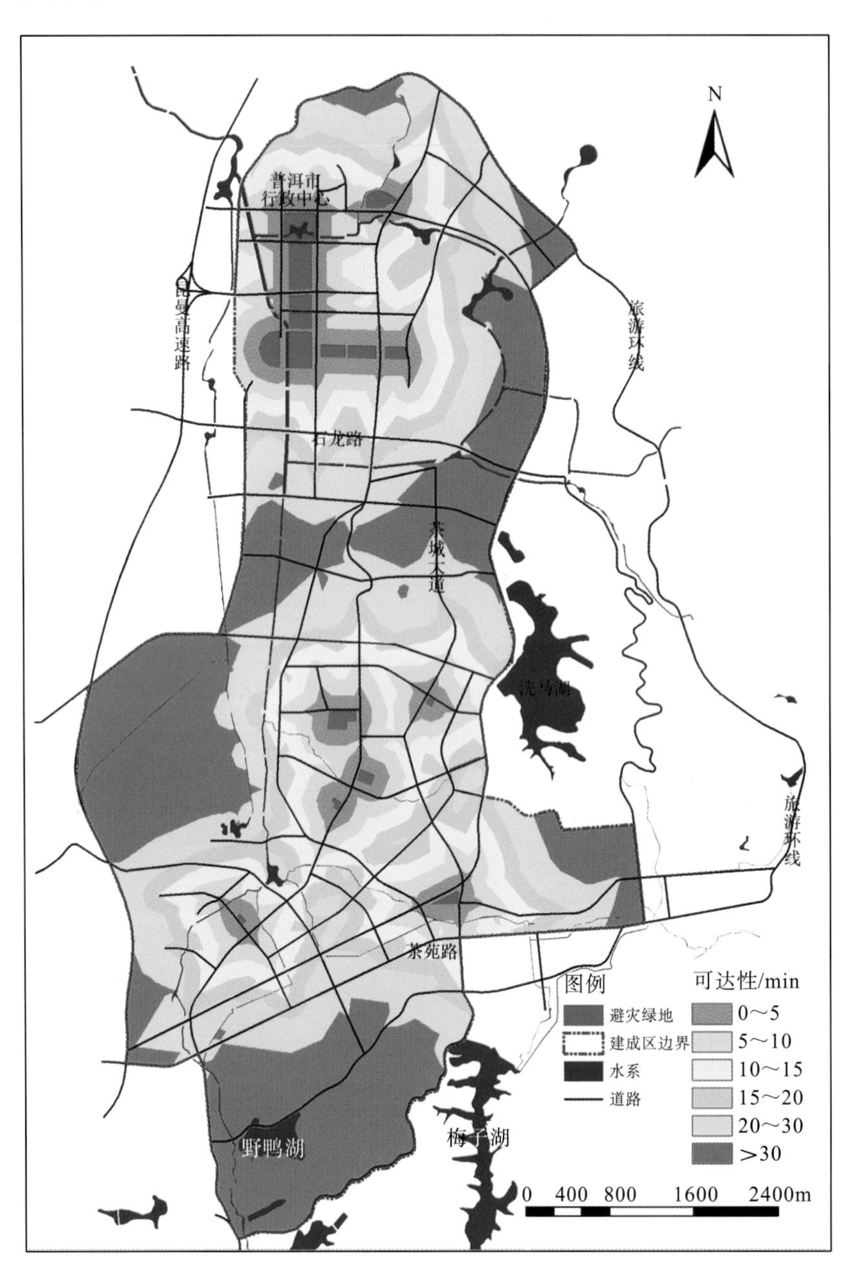

图 5-8 普洱市主城区现有避灾绿地可达性服务区域分析图

1) 普洱市主城区现有避灾绿地可达性服务面积分析

利用 ArcGIS 的面积统计功能，可统计不同可达性等级的服务面积。表 5-8 为普洱市主城区现有避灾绿地可达性服务面积分析表。

普洱市主城区所有避灾绿地作为紧急避灾绿地，而紧急避灾绿地作为首选避灾点，规定步行 0～5min 可达，由表 5-8 可知，其可达性服务面积仅为 263.36hm^2，仅占建成区面积的 8.43%，高达 91.57%区域的群众无法在第一时间到达避灾绿地避灾。步行 5～10min 能到达避灾绿地的服务面积为 348.08hm^2，占建成区面积的 11.14%；步行 10～15min 能到达避灾绿地的服务面积为 410.39hm^2，占建成区面积的 13.13%；步行 15～20min 能到达避灾绿地的服务面积为 414.54hm^2，占建成区面积的 13.26%；步行 20～30min 能到达避灾绿地的服务面积为 677.99hm^2，占建成区面积的 21.69%；步行超过 30min 才能到达避灾绿地的服务面积为 1011.49hm^2，占建成区面积的 32.35%。

综上所述，普洱市主城区步行 0～30min 可达避灾绿地的服务面积仅为中部区域南侧、北部区域西北侧和南部区域的部分位置，主城区东部区域、西部区域、南部区域南侧和北部区域东侧的群众在灾害发生后均无法在 30min 内到达避灾绿地避灾。由此可见，普洱市主城区已建避灾绿地布局体系并不合理，无法在灾害发生时充分发挥其作用。

表 5-8　普洱市主城区现有避灾绿地可达性服务面积分析表

时间/min	服务面积/hm^2	百分比/%
0～5	263.36	8.43
5～10	348.08	11.14
10～15	410.39	13.13
15～20	414.54	13.26
20～30	677.99	21.69
>30	1011.49	32.35
合计	3125.85	100

2) 普洱市主城区现有避灾绿地可达性服务人口分析

在 ArcGIS 中，对不同等级的避灾绿地可达性分布图与人口密度分布图进行叠加分析，可获得不同可达性等级区域分布的人口数量(图 5-9)，即可达性服务人口数量。

由表 5-9 可知，步行 5min 内能到达避灾绿地的人口仅为 1.25 万人，这一结果表明，在灾害发生时，能够在第一时间安全到达避灾绿地避灾的群众仅占普洱市主城区总人口数的 5.19%，这与城市防灾减灾的要求相距甚远。步行 5～10 min 可到达避灾绿地的人口数为 1.62 万人，步行 10～15min 可到达避灾绿地的人口数 2.41 万人，步行 15min 内能够到达避灾绿地的人口总数为 5.28 万人，这可能是由于避灾绿地周边的水系导致群众无法直接抵达避灾绿地。步行 15～20min 能够到达避灾绿地的人口数为 2.83 万人。步行 20min 内能够到达避灾绿地的人口总数为 8.11 万人。由于普洱市主城区现有避灾绿地的人口承载量为 6.36 万人，因此，步行 20～30min 的 4.78 万人将无法进入避灾绿地避灾。加之步行超过 30min 的 11.11 万人，普洱市主城区共有 15.89 万人在灾害发生时无法进入避灾绿地避灾，约占主城区人口总数的66.21%，将此称之为处于服务盲区内。

普洱市主城区避灾绿地的服务盲区主要集中在中部老城区、北部新城区的东侧、主城区西侧、主城区南侧和主城区东侧区域，应将这些区域中规划新建的公园绿地筛选为避灾绿地，以满足普洱市主城区灾害发生时群众的避灾需求。通过对普洱市主城区现有避灾绿地不同到达时间服务范围的分析，结果表明普洱市主城区现有避灾绿地在主城区中部、西部、东部和南部都是5min内可达性无法服务到的区域，这些区域的群众在灾害发生时将无法在第一时间到达避灾绿地避灾。

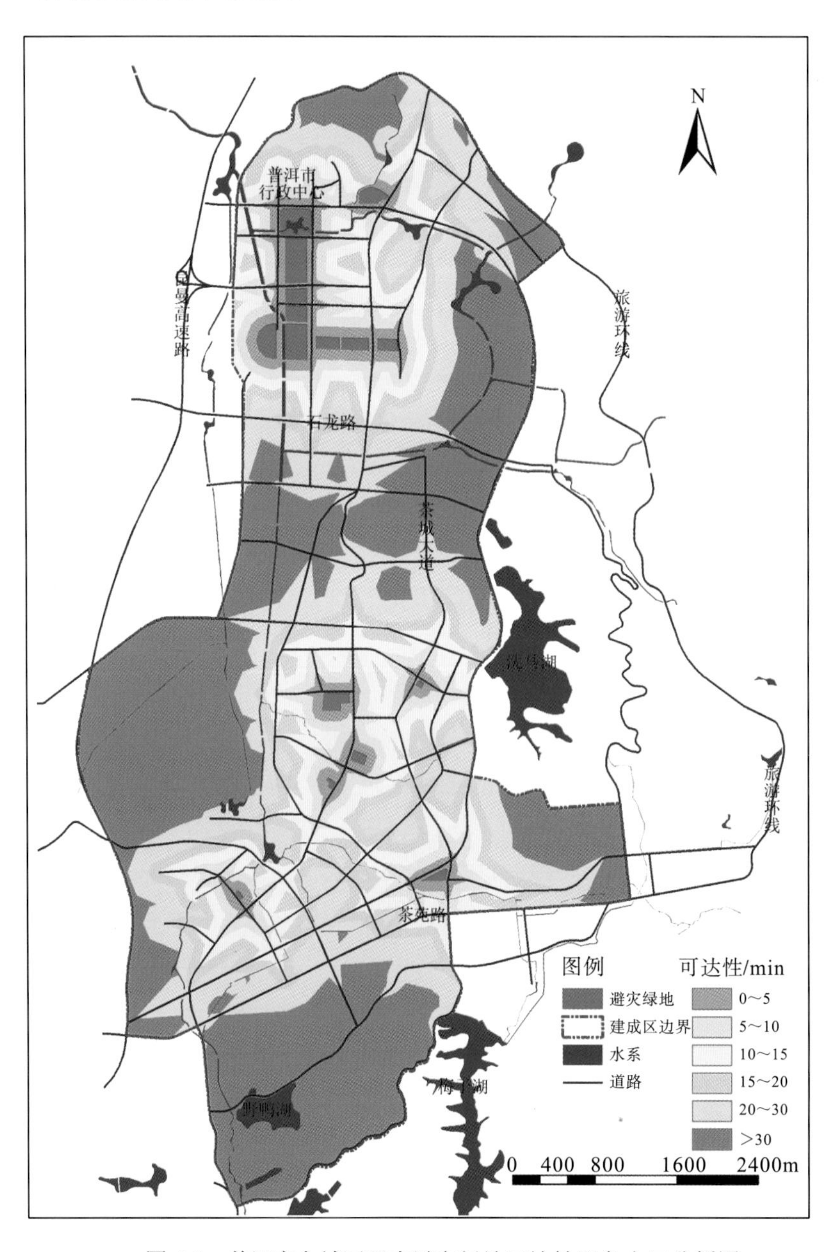

图5-9 普洱市主城区现有避灾绿地可达性服务人口分析图

表 5-9　普洱市主城区现有避灾绿地可达性服务人口分析表

时间/min	人口/万人	百分比/%
0～5	1.25	5.19
5～10	1.62	6.74
10～15	2.41	10.04
15～20	2.83	11.81
20～30	4.78	19.91
>30	11.11	46.31
合计	24	100

6. 小结

普洱市主城区避灾绿地可达性评价表明，目前普洱市主城区存在避灾绿地容量不足的问题。导致这一问题的原因是避灾绿地过少且分布不合理，无法满足普洱市主城区群众的避难需求。

1）城市避灾绿地系统不健全

普洱市主城区内公园绿地功能相对单一，能够做到“平灾结合”的公园绿地规模较小，无法满足灾时群众的避灾需求。避灾绿地等级配置不够完善，缺少特定的避灾绿地类型，导致普洱市主城区避灾体系建设滞后，城市绿地系统灾害防御和应急基础设施建设薄弱，避灾绿地在灾害发生时无法系统地发挥其综合效应，无法形成有机的避灾体系，更无法满足灾后重建期长时间内的群众安置问题。

2）城市避灾绿地布局不均衡

普洱市主城区现有公园绿地中符合避灾绿地筛选标准的仅有 9 个，其总面积为 $52.96hm^2$，人口承载量为 6.36 万人，而普洱市主城区现有人口 24 万人，远远不能满足实际需求。另外，避灾绿地集中分布在主城区北部的西北侧和中部老城区，而东部、西部和南部几乎没有分布。避灾绿地面积的不足和空间分布的极不均衡将极大地削弱其避灾功能，尤其是服务面积和服务人口。

人口和建筑密集的老城区，绿地面积小且分布零散，无功能完备的综合性公园，仅有极少数的社区公园和广场绿地，此外，建筑密度高，易引发地震次生灾害——火灾的延烧现象，危及群众的生命财产安全。现有新建的大型可避灾公园多分布于北部新城区和城市周边地带，但园内缺乏救灾应急安置场所及相应的避灾配套设施和物资储备。新老城区避灾绿地规模相差较大，布局不均衡，很难与城市人口密度的分布形成合理配比。

3）避灾绿地功能的不足

可达性分析表明普洱市主城区避灾绿地在灾害发生的第一时间（0～5min）的可服务面积仅占其总面积的 8.43%，在灾害发生 30min 后才能到达的服务面积占其总面积的 32.35%，这说明普洱市主城区避灾绿地的服务面积严重不足。

灾害发生第一时间(0～5min)内能够到达避灾绿地的人口为 1.25 万人，步行 20min 内能到达的人口为 8.11 万人，而普洱市主城区现有避灾绿地的人口承载量仅为 6.36 万人，这将导致步行 20min 之后到达避灾绿地的人无法避灾，也就意味着主城区将有超过 15.89 万人在灾害发生后无法进入避灾绿地避灾。

5.4.4 普洱市主城区规划避灾绿地可达性评价

普洱市现行的绿地系统规划中的公园绿地规模布局是根据《普洱市城市总体规划(2011—2030)》中的城市人口、用地规模和城市性质确定的。按照普洱市总体规划，到 2030 年末，普洱市主城区人口规模约为 45.3 万人。根据《普洱市城市绿地系统规划(2015—2030)》，普洱市主城区共规划公园绿地总面积 732.54hm^2。其中包括 5 个综合性公园、5 个社区公园、9 个专类公园、7 个带状公园以及 34 个街旁绿地均匀地分布于普洱市主城区范围内。按照 500m 的服务半径，普洱市主城区所规划的城市公园绿地服务半径覆盖率为 90.31%，达到国家生态园林城市建设标准。

通过网络分析中可达性分析的原理和方法，对城市规划避灾绿地的可达性进行量化分析评价。对普洱市主城区规划的三类避灾绿地，即紧急避灾绿地、固定避灾绿地和中心避灾绿地的可达性进行量化评价分析。

1. 普洱市主城区规划路网数据库创建

在 ArcGIS10.2 中，创建道路网络数据库，在这个数据库中新建道路网络要素数据集并添加普洱市地方坐标系，完成路网要素数据集的创建，再把预先在 CAD 中分层建立的普洱市主城区主干道、次干道、支路依次添加到数据集中，形成规划路网数据库(图 5-10)。

2. 普洱市主城区规划避灾绿地数据库建立

根据《普洱市城市绿地系统规划(2015—2030)》中规划的主城区公园绿地的性质和定位以及公园的具体位置等信息，将避灾绿地分为三类：中心避灾绿地、固定避灾绿地、紧急避灾绿地。其中紧急避灾绿地 24 个，分别是：人民公园、石龙公园、石龙河滨河公园、石屏河滨河公园、思茅河滨河公园、倒生根公园、旅游环线小游园、茶源广场、茶城大道街旁绿地、思亭小游园、振兴广场、民航小游园、建设小游园、丁家箐广场、世纪广场、红旗广场、中国茶文化名人园、世界茶文化名人园、茶花园、茶苑路北侧街旁绿地、茶城大道与洗马河岔口街旁绿地、永平路街旁绿地、林源路与茶城大道岔口街旁绿地、老海关小游园；固定避灾绿地 5 个，分别是：野鸭湖公园、架龙山公园(含架龙广场)、万人体育馆、西区公园与机场河滨河公园、茶苑公园；中心避灾绿地 1 个：北部湿地公园(含文体中心公园)。

将普洱市主城区规划避灾绿地的数据全部导入 ArcGIS 软件中，并构建基础数据库，数据库中包含：避灾绿地名称、占地面积、有效避灾面积、可容纳人数等基础数据。普洱市主城区按 500m 服务半径规划的避灾绿地分布见图 5-11。

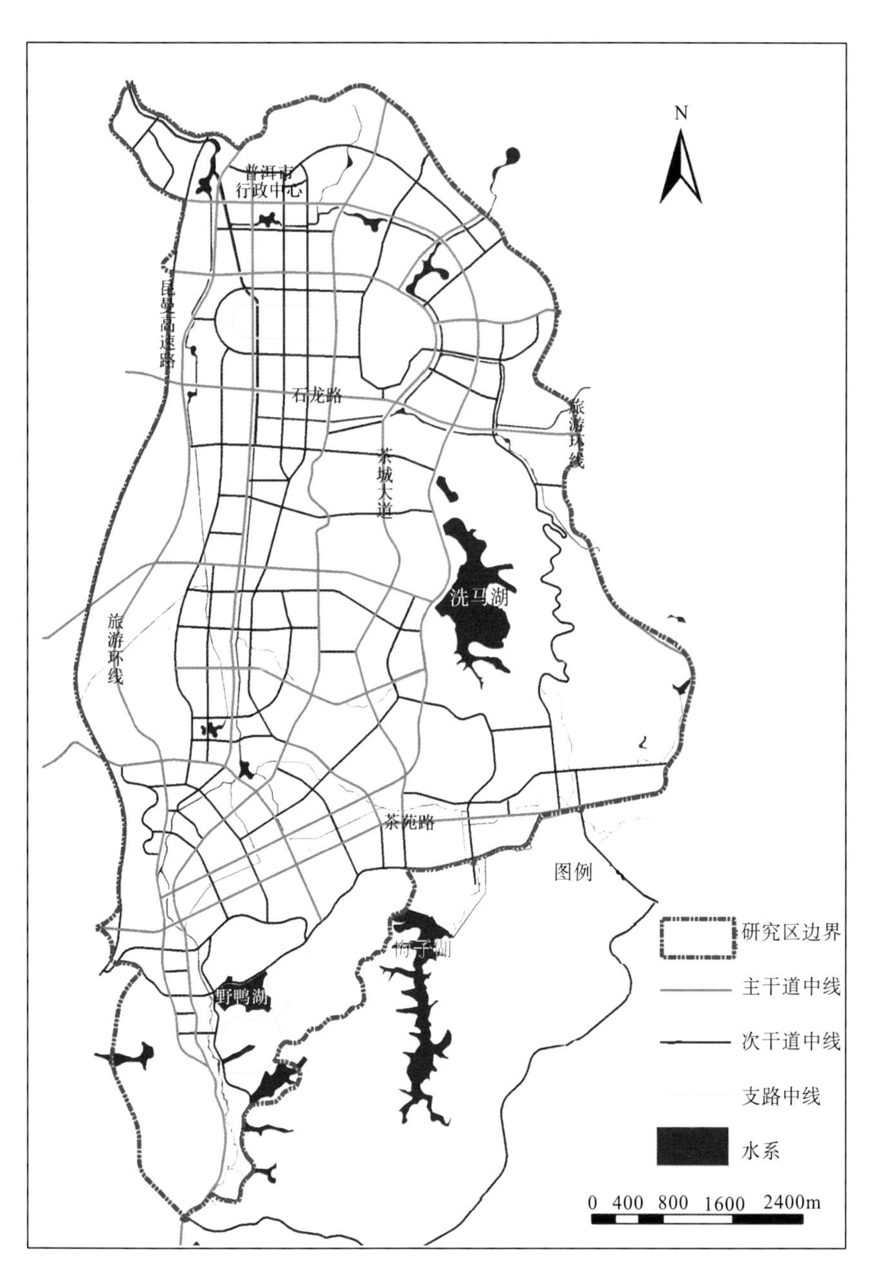

图 5-10 普洱市主城区规划道路网络分布图

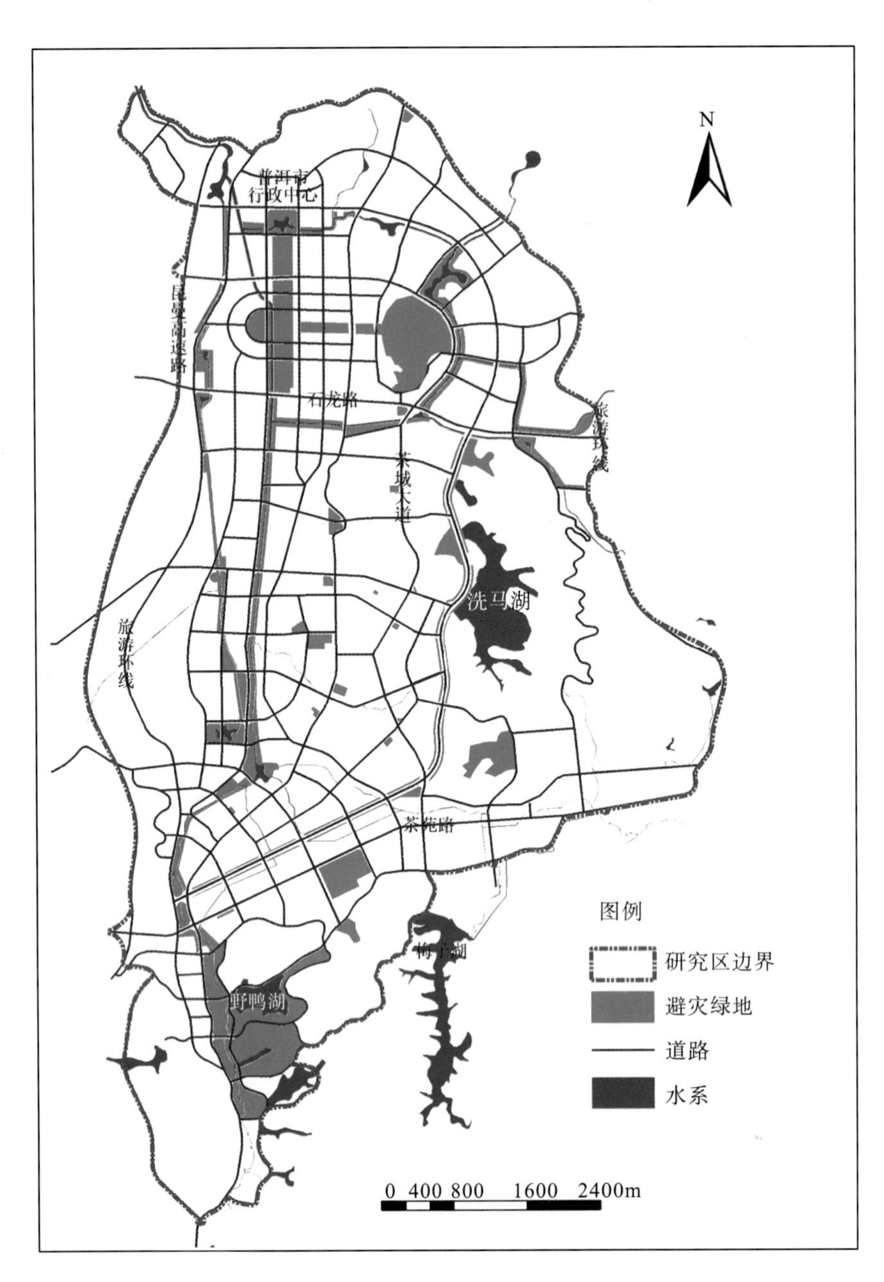

图 5-11 普洱市主城区按 500m 服务半径规划的避灾绿地分布图

由表 5-10 可知，普洱市主城区规划的紧急避灾绿地总占地面积为 145.33hm²，扣除公园中的水体、山体、建筑等面积，有效避灾面积为 41.95hm²，按人均 2m² 计算，规划期末可以疏散主城区群众 21.01 万人；规划固定避灾绿地总面积为 205.52hm²，扣除固定避灾绿地中的水体、山体、建筑等面积，有效避灾面积为 61.66hm²，按人均 4m² 计算，规划期末可疏散城区周边群众 15.42 万人；规划中心避灾绿地 1 个：北部湿地公园(含文体中心公园)，占地面积为 48.25hm²，扣除此公园中的水体、山体、建筑等面积，有效避灾面积为 19.30hm²，按人均 4m² 计算，规划期末可疏散城区周边群众 4.83 万人。根据《普洱市城市绿地系统规划(2015—2030)》中规划的主城区公园绿地占地面积为 732.54hm²，规划普洱市主城区避灾绿地总占地面积 399.1hm²，有效避灾面积 122.91hm²，规划期末可疏散城区周边群众 41.26 万人。普洱市主城区规划新建避灾绿地的占地面积占主城区规划公园绿地占地总面积的 40.04%。

表 5-10　普洱市主城区规划避灾绿地统计表

序号	公园名称	占地面积/hm²	有效避灾面积/hm²	人均有效避灾面积/m²	可容纳人数/万人	避灾绿地类型
1	人民公园	5.35	1.61	2	0.81	紧急避灾绿地
2	石龙公园	5.98	1.79	2	0.90	紧急避灾绿地
3	石龙河滨河公园	29.66	8.90	2	4.45	紧急避灾绿地
4	石屏河滨河公园	10.33	1.55	2	0.78	紧急避灾绿地
5	思茅河滨河公园	70.65	21.20	2	10.6	紧急避灾绿地
6	倒生根公园	0.68	0.20	2	0.10	紧急避灾绿地
7	旅游环线小游园	1.08	0.32	2	0.16	紧急避灾绿地
8	茶源广场	0.92	0.28	2	0.14	紧急避灾绿地
9	茶城大道街旁绿地	0.78	0.23	2	0.12	紧急避灾绿地
10	思亭小游园	2.81	0.84	2	0.42	紧急避灾绿地
11	振兴广场	0.71	0.21	2	0.11	紧急避灾绿地
12	民航小游园	1.32	0.36	2	0.18	紧急避灾绿地
13	建设小游园	1.21	0.31	2	0.16	紧急避灾绿地
14	丁家箐广场	3.37	1.01	2	0.51	紧急避灾绿地
15	世纪广场	2.31	0.69	2	0.35	紧急避灾绿地
16	红旗广场	3.89	1.17	2	0.56	紧急避灾绿地
17	中国茶文化名人园	0.41	0.12	2	0.06	紧急避灾绿地
18	世界茶文化名人园	0.32	0.10	2	0.05	紧急避灾绿地
19	茶花园	1.57	0.47	2	0.24	紧急避灾绿地
20	茶苑路北侧街旁绿地	0.81	0.24	2	0.12	紧急避灾绿地
21	茶城大道与洗马河岔口街旁绿地	0.23	0.07	2	0.04	紧急避灾绿地
22	永平路街旁绿地	0.34	0.10	2	0.05	紧急避灾绿地
23	林源路与茶城大道岔口街旁绿地	0.11	0.03	2	0.02	紧急避灾绿地
24	老海关小游园	0.49	0.15	2	0.08	紧急避灾绿地
25	野鸭湖公园	51.04	15.31	4	3.83	固定避灾绿地
26	架龙山公园(含架龙广场)	69.77	20.93	4	5.23	固定避灾绿地
27	万人体育馆	16.46	4.94	4	1.24	固定避灾绿地

续表

序号	公园名称	占地面积/hm^2	有效避灾面积/hm^2	人均有效避灾面积/m^2	可容纳人数/万人	避灾绿地类型
28	西区公园与机场河滨河公园	45.02	13.51	4	3.38	固定避灾绿地
29	茶苑公园	23.23	6.97	4	1.74	固定避灾绿地
30	北部湿地公园(含文体中心)	48.25	19.30	4	4.83	中心避灾绿地
	合计	399.1	122.91	—	41.26	—

3. 普洱市主城区2030年预测人口密度分析

《普洱市城市总体规划(2011—2030)》中提到，到远期末(2030年)普洱市主城区人口数将达到45.3万人。城市中的人口分布是不均衡的，必须进行主城区人口密度的推算，以便根据人口密度得到避灾绿地实际能服务的人口数和可达性的服务面积。

根据普洱市主城区现有人口密度的推算方法，对普洱市主城区2030年的人口数进行推算。对2030年普洱市主城区的用地信息进行归类，主要分为居住用地、公共管理与公共服务用地、商业服务业设施用地、绿地与广场用地和其他用地。

普洱市主城区2030年的人口密度等级可分为5个等级，人口密度由低到高，依次为Ⅰ级、Ⅱ级、Ⅲ级、Ⅳ级、Ⅴ级。

Ⅰ级指普洱市主城区内道路与交通设施用地、公用设施用地、水体、其他用地等，此类用地中人口聚集极少，人口密度小于10人/hm^2，因此，不纳入人口密度计算。

Ⅱ级指普洱市主城区的绿地与广场用地，包括公园绿地和广场用地两个类别。公园和广场作为群众日常休憩与娱乐的场所，有一定的人口聚集，人口密度一般大于10人/hm^2、小于70人/hm^2。

Ⅲ级指普洱市主城区商业服务业设施用地，包括商业用地、商务用地、娱乐康体用地和公共设施营业网点用地4个类别。商业服务业设施用地主要位于城市的几何中心或经济中心，交通便捷，形成集商贸、金融、服务、休闲于一体的形式，具有商业和服务的双重功能。有较高的人口聚集，人口密度大于70人/hm^2、小于140人/hm^2。

Ⅳ级指普洱市主城区公共管理与公共服务用地，包括行政办公用地、文化设施用地、教育科研用地、体育用地、医疗卫生用地和宗教用地六个类别，是群众日常工作与学习的地方，有极高的人口聚集，人口密度大于140人/hm^2、小于200人/hm^2。

Ⅴ级指普洱市主城区居住用地，包括一类居住用地和二类居住用地两个类别。在城市中分布最为广泛，人口稠密，人口密度大于200人/hm^2。

表5-11 普洱市主城区2030年预测不同人口密度区所占面积

密度分级	所占面积/hm^2	面积比例/%
Ⅰ级	1858.02	38.16
Ⅱ级	756.99	15.55
Ⅲ级	682.49	14.02
Ⅳ级	350.89	7.21
Ⅴ级	1220.41	25.06

由表 5-11 可以看出，普洱市主城区中面积比例最高的是密度Ⅰ级区(38.16%)；其次是人口密度Ⅴ级区，占研究区总面积的 25.06%；人口密度Ⅱ级区与Ⅲ级区比例大致相同，占研究区面积的比例分别为 15.55%和 14.02%；Ⅱ级区主要是公园绿地及广场，供群众休憩、娱乐，比重增大是由于城市建设过程中，加大了对城市绿地系统的建设力度，Ⅲ级区是城市建成区的主要组成部分；人口密度Ⅳ级区占 7.21%的比重。2030 年普洱市主城区预测人口为 45.3 万人，按表 5-12 中的比例进行分配，得到规划人口密度分级情况(表 5-13)和普洱市主城区 2030 年人口密度分析图(图 5-12)。

表 5-12　普洱市主城区 2030 年预测人口分配表

密度分级	人口/万人	比例/%
Ⅰ级	0	0
Ⅱ级	4.8	10.59
Ⅲ级	9.2	20.31
Ⅳ级	6.1	13.47
Ⅴ级	25.2	55.63

表 5-13　普洱市主城区 2030 年预测人口密度表

密度分级	人口/万人	所占面积/hm^2	人口密度/(人/hm^2)
Ⅰ级	0	1858.02	0
Ⅱ级	4.8	756.99	63.41
Ⅲ级	9.2	682.49	134.8
Ⅳ级	6.1	350.89	173.84
Ⅴ级	25.2	1220.41	206.49

4. 普洱市主城区规划避灾绿地空间分布

根据对普洱市主城区现有避灾绿地的分析结果，普洱市主城区现行的避灾绿地规划中，共规划各级避灾绿地 30 个，各级避灾绿地的有效避灾面积共计 122.91hm^2，灾时可供 41.26 万人避灾。中心避灾绿地 1 个：北部湿地公园(含文体中心)，分布在北部区域，位于普洱大道和石龙路之间。固定避灾绿地 5 个：野鸭湖公园、架龙山公园(含架龙广场)、万人体育馆、西区公园与机场河滨河公园、茶苑公园。其中，架龙山公园(含架龙广场)分布在普洱市主城区北部区域，位于康平大道与石龙路之间；西区公园与机场河滨河公园分布在普洱市主城区西部区域，位于滨河路西侧；野鸭湖公园、万人体育馆和茶苑公园均分布在普洱市主城区南部区域，野鸭湖公园位于旅游环线南侧，万人体育馆位于茶苑路南侧，茶苑公园位于普洱大道东侧、茶苑路北侧。紧急避灾绿地 24 个：人民公园、石龙公园、倒生根公园、石龙河滨河公园、石屏河滨河公园、思茅河滨河公园、旅游环线小游园、茶源广场、茶城大道街旁绿地、思亭小游园、振兴广场、民航小游园、建设小游园、丁家箐广场、世纪广场、红旗广场、中国茶文化名人园、世界茶文化名人园、茶花园、茶苑路北侧街旁绿地、茶城大道与洗马河岔口街旁绿地、永平路街旁绿地、林源路与茶城大道岔口街旁绿地、老海关小游园。主要分布在普洱市主城区的中心区域，位于白云路、宁洱大道、龙生路和茶城大道之间的区域。人民公园、石龙公园、倒生根公园、茶城大道街旁绿地、思亭小游园、振兴广场、民航小游园、建设小游园、丁家箐广场、世纪广场、红旗广场、中国茶文化名人园、世界茶文化名人园、茶花园、茶苑路北侧街旁绿地、茶城大道与洗马河岔口街旁绿地、永平路街旁绿地、林源路与茶城大道岔口街旁绿地、老海关小游园均呈点状分布在此区域。

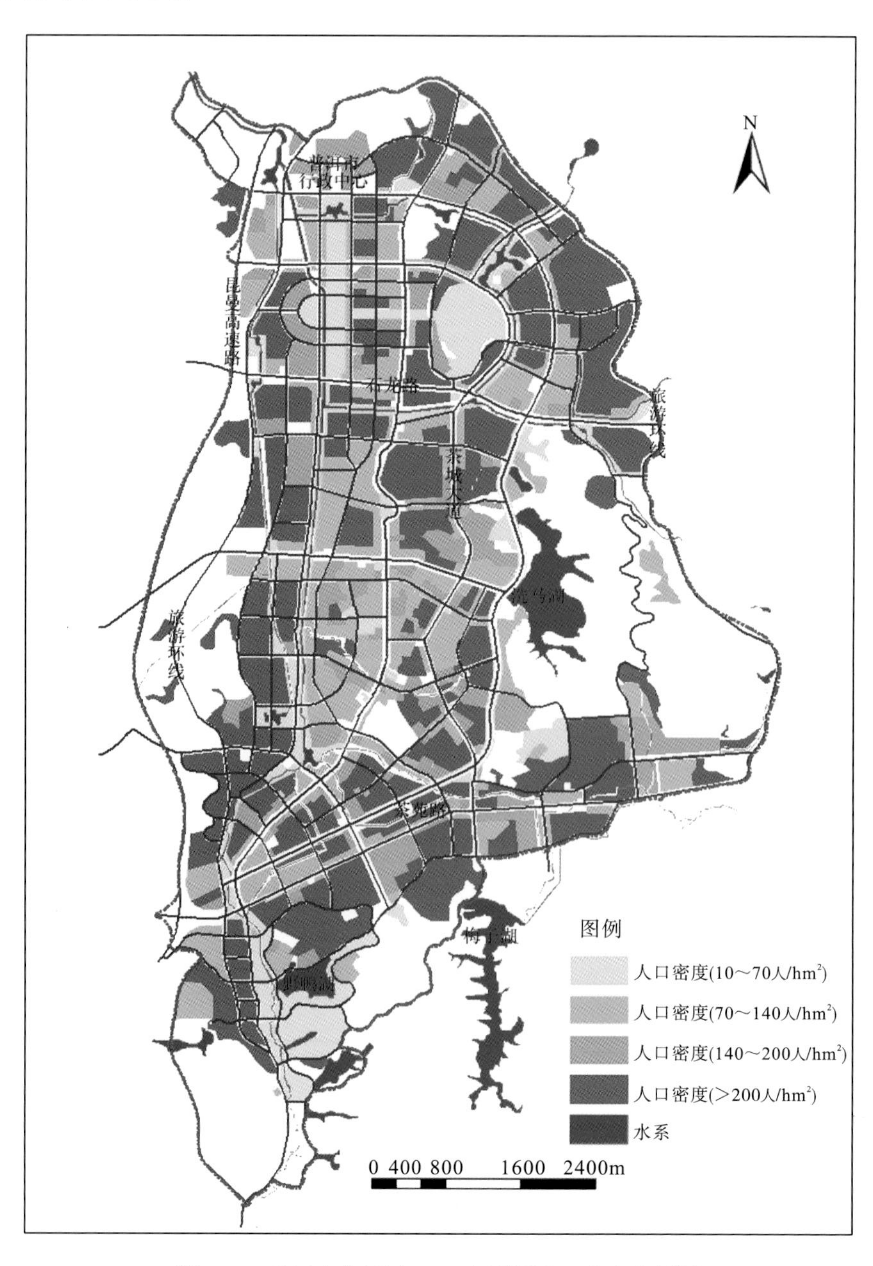

图 5-12 普洱市主城区 2030 年预测人口密度分析图

5. 普洱市主城区规划避灾绿地可达性分析

根据灾害发生时，健康群众步行到紧急避灾绿地的时间，将避灾绿地可达性分为 6 个等级：小于 5min、5～10min、10～15min、15～20min、20～30min、大于 30min。在 ArcGIS 中利用网络分析模块生成从避灾绿地(源)出发，不同时间等级下，步行可以覆盖的区域，结果见图 5-13。

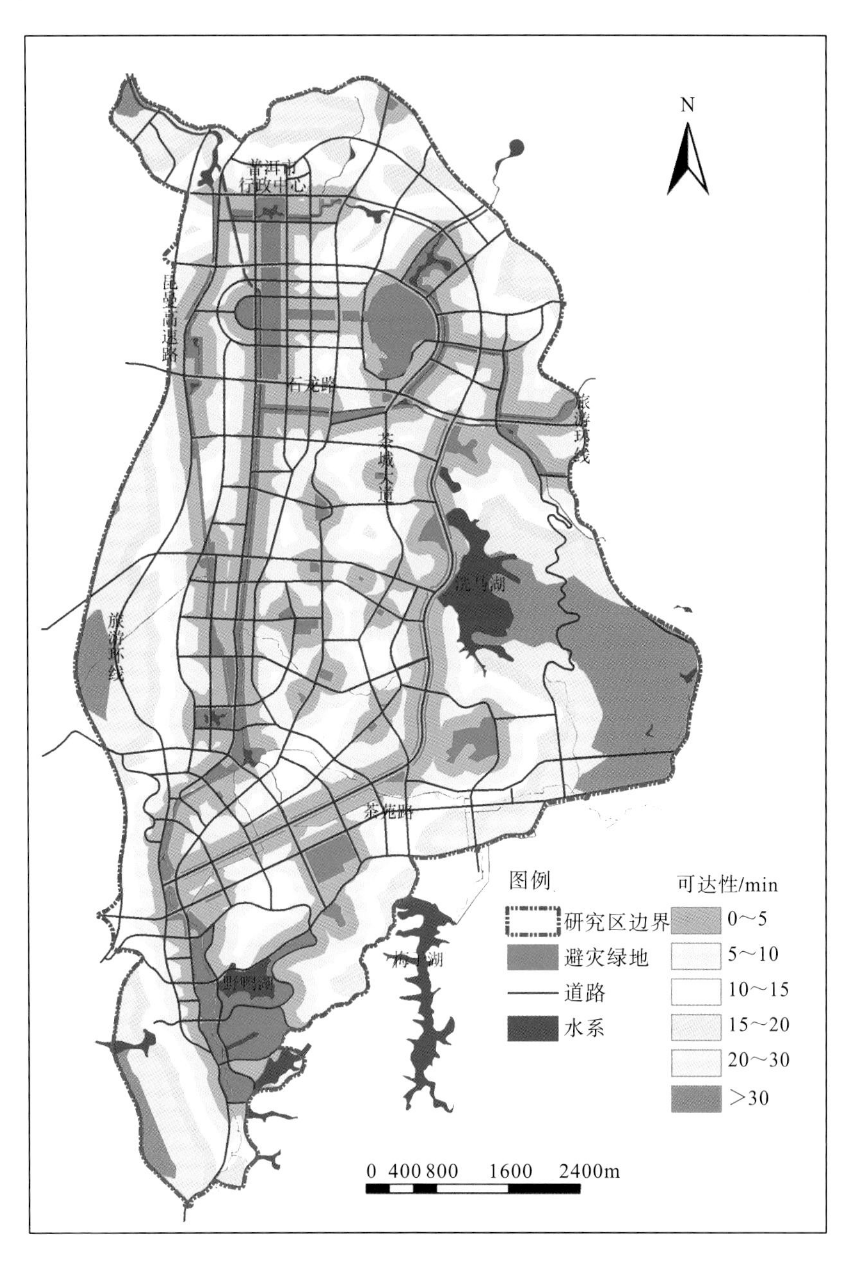

图 5-13　普洱市主城区规划避灾绿地可达性服务区域分析图

1）普洱市主城区规划避灾绿地可达性服务面积分析

普洱市主城区所有规划避灾绿地作为紧急避灾绿地，而紧急避灾绿地作为首选避灾点，规定步行 0～5min 可达，由表 5-14 可知，步行 0～5min 的可达性服务面积为 1617.01hm^2，占普洱市主城区总面积的 33.21%，有 66.79%区域的群众无法在第一时间到达避灾绿地避灾。步行 5～10min 能到达避灾绿地的服务面积为 1213.61hm^2，占普洱市主城区总面积的 24.92%；步行 10～15min 能够到达避灾绿地的服务面积为 694.01hm^2，占普洱市主城区总面积的 14.25%；步行 15～20min 能到达避灾绿地的服务面积为 375.78hm^2，占普洱市主城区总面积的 7.71%；步行 20～30min 能到达避灾绿地的服务面积为 418.22hm^2，占普洱市主城区总面积的 8.58%。步行时间大于 30min 能到达避灾绿地的服务面积为 550.17hm^2，占普洱市主城区总面积的 11.33%，此区域视为普洱市主城区规划避灾绿地的可达性服务盲区。

综上所述，可以看出普洱市主城区规划避灾绿地 0～30min 的可达服务面积集中在普洱市主城区的北部区域、中部区域和南部区域，东部区域、西部区域和南部区域西南侧依旧出现面积较大的服务盲区，北部区域北侧呈点状分布避灾绿地可达面服务盲区。由此可见，普洱市主城区规划避灾绿地布局体系较为合理，很好地改善了普洱市主城区现有避灾绿地的不足，能够在灾害发生时较好地发挥其作用。普洱市主城区规划避灾绿地可达性服务区域分布见图 5-13。

表 5-14 普洱市主城区规划避灾绿地可达性服务面积分析表

时间/min	服务面积/hm^2	百分比/%
0～5	1617.01	33.21
5～10	1213.61	24.92
10～15	694.01	14.25
15～20	375.78	7.71
20～30	418.22	8.58
>30	550.17	11.33
合计	4868.8	100

2）普洱市主城区规划避灾绿地可达性服务人口分析

普洱市主城区现行的避灾绿地规划中，共规划各级避灾绿地 30 个，各级避灾绿地有效避灾面积共计 122.96hm^2，灾时可供 41.28 万人避灾。

由表 5-15 可知，步行 5min 内能到达避灾绿地的人口仅为 10.21 万人，这一结果表明，在灾害发生时，能够在第一时间安全到达避灾绿地避灾的群众占主城区总人口数的 22.54%，这与城市防灾减灾的要求还有一定的差距。步行 5～10min 到达避灾绿地的人口数为 8.83 万人；步行 10～15min 的人口数 7.81 万人，步行 15min 内能够到达避灾绿地的人口总数为 26.85 万人，此时间段内能安全到达避灾绿地避灾的群众占主城区总人口数的 59.28%。步行 15～20min 能够到达避灾绿地的人口数为 5.04 万人。步行 20min 内能够到达避灾绿地的人口总数为 31.89 万人。步行 20～30min 能够到达避灾绿地的人口数为 5.37 万人。由于普洱市主城区规划避灾绿地的人口承载量为 41.26 万人，因此，普洱市主城区规划避灾绿地能够满足步行 30min 内的 37.26 万人进入避灾绿地避灾。与此同时，普洱市主城区有 4.02 万人在灾害发生后无法进入避灾绿地避灾，约占主城区人口总数的 8.87%。

普洱市主城区规划避灾绿地的可达性服务人口分析结果表明(表 5-15、图 5-14)，步行 30～60min 有 4.02 万人到达避灾绿地避灾，普洱市主城区的北部区域、中部区域和南部区域，东部区域、西部区域和南部区域西南侧依旧存在面积较大的服务盲区，北部区域北侧呈点状分布避灾绿地可达面服务盲区。由此可见，普洱市主城区规划避灾绿地布局体系较为合理，较大程度地提高了普洱市主城区避灾绿地的可利用率。

表 5-15　普洱市主城区规划避灾绿地可达性服务人口分析表

时间/min	人口/万人	百分比/%
0～5	10.21	22.54
5～10	8.83	19.49
10～15	7.81	17.25
15～20	5.04	11.14
20～30	5.37	11.86
>30	8.04	17.72
合计	45.3	100

5.4.5　普洱市主城区现有与规划避灾绿地可达性对比分析

1. 普洱市主城区避灾绿地现有与规划可达性服务面积对比分析

通过对普洱市主城区现有避灾绿地可达性的分析(图 5-8)，普洱市主城区现有避灾绿地步行 0～30min 的可达服务面积仅为中部区域南侧、北部区域西北侧和南部区域的部分位置，主城区东部区域、西部区域、南部区域南侧和北部区域东侧的群众在灾害发生时均无法在 30min 内步行到达避灾绿地避灾。由此可见，普洱市主城区已建避灾绿地的布局体系并不合理，无法在灾害发生时充分发挥其作用。

通过对普洱市主城区规划避灾绿地可达性的分析(图 5-13)，普洱市主城区规划避灾绿地集中在主城区北部、西部和南部区域，主要考虑灾害发生时，为这些区域中的群众提供紧急避灾绿地进行避灾。普洱市主城区规划绿地步行大于 30min 的可达区域为服务盲区，即为避灾绿地的可达性服务盲区。这一规划方案填补了现有避灾绿地空间布局中的不足。

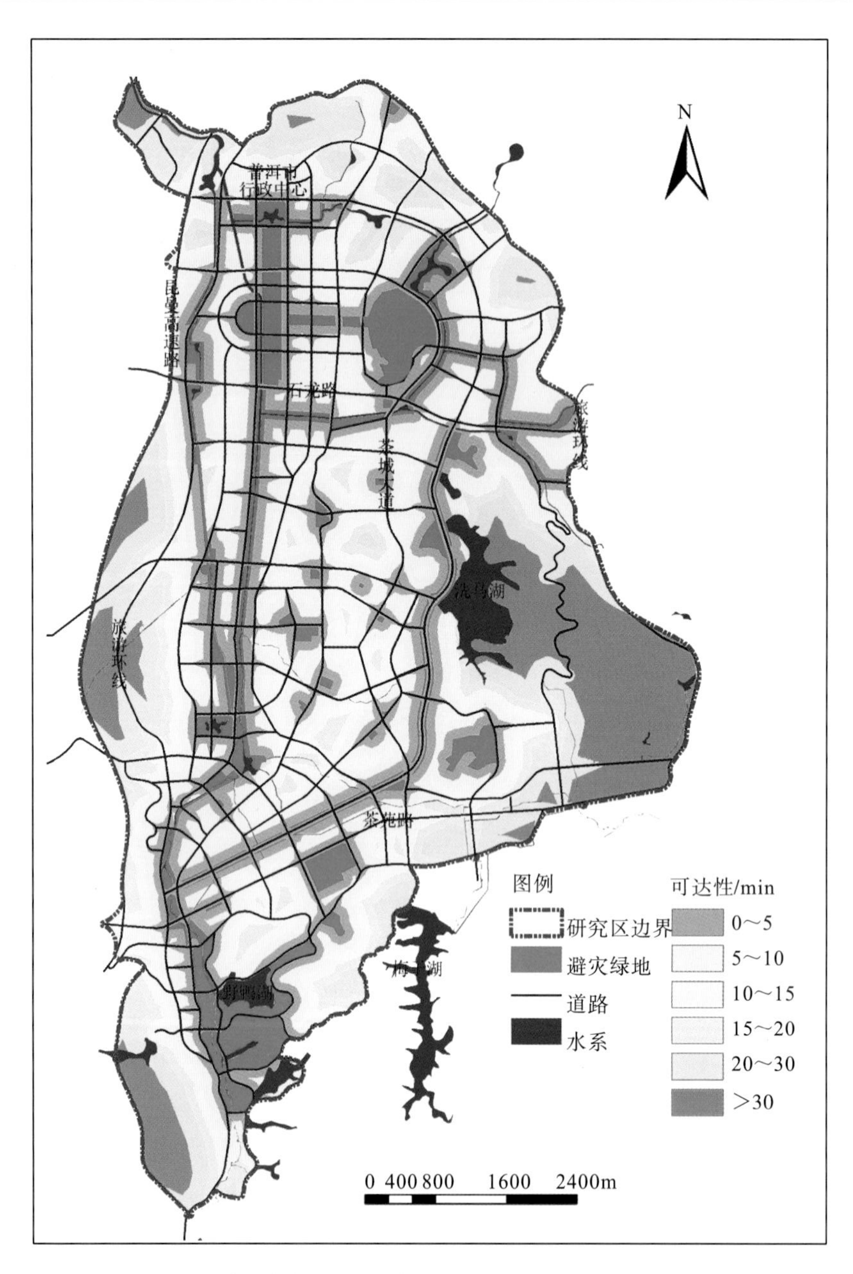

图 5-14 普洱市主城区规划避灾绿地可达性服务人口分析图

由表 5-16 可以看出，普洱市主城区规划避灾绿地的可达性服务面积得到了较大的改善：步行 5min 内，普洱市主城区规划避灾绿地的可达性服务面积提高至 1617.01hm^2，占主城区面积的 33.21%，与现有避灾绿地的服务面积相比，可达性服务面积占比提高了 24.78 个百分点；步行 5～10min，普洱市主城区规划避灾绿地的可达性服务面积提高至 1213.61hm^2，占主城区面积的 24.92%，与现有避灾绿地的服务面积相比，可达性服务面积占比提高了 13.78 个百分点；步行 10～15min，普洱市主城区规划避灾绿地的可达性服务面积提高至 694.01hm^2，占主城区面积的 14.25%，与现有避灾绿地的服务面积相比，可达性服务面积占比提高了 1.21 个百分点；步行 15～20min，普洱市主城区规划避灾绿地的可达性服务面积降低至 375.78hm^2，占主城区面积的 7.71%，与现有避灾绿地的服务面积相比，可达性服务面积占比降低了 5.55 个百分点；步行 20～30min，普洱市主城区规划避灾绿地的可达性服务面积降低至 418.22hm^2，占主城区面积的 8.58%，与现有避灾绿地的服务面积相比，可达性服务面积占比降低了 13.11 个百分点；步行 30min 后，普洱市主城区规划避灾绿地的可达性服务面积降低至 550.17hm^2，占主城区面积的 11.33%，与现有避灾绿地的服务面积相比，可达性服务面积占比降低了 21.02 个百分点。

步行 0～15min 内，规划避灾绿地的可达性服务面积高于现有避灾绿地的可达性服务面积，由 1021.83hm^2 增加至 3524.63hm^2；步行 15min 后到达避灾绿地的服务面积均呈降低趋势，由 2104.02hm^2 降低至 1344.17hm^2，这说明规划避灾绿地大幅提高了短时间内能够到达其位置的服务面积。显露出普洱市主城区规划避灾绿地虽然很好地填补了现有避灾绿地空间布局的不足，但是各级别避灾绿地的可达性服务范围有重复的区域，需对其布局进行适当调整。

表 5-16　普洱市主城区现有和规划避灾绿地可达性服务面积对比分析表

时间/min	普洱市主城区现有避灾绿地可达性面积分析结果		普洱市主城区规划避灾绿地可达性面积分析结果	
	可达性面积/hm^2	百分比/%	可达性面积/hm^2	百分比/%
0～5	263.36	8.43	1617.01	33.21
5～10	348.08	11.14	1213.61	24.92
10～15	410.39	13.13	694.01	14.25
15～20	414.54	13.26	375.78	7.71
20～30	677.99	21.69	418.22	8.58
>30	1011.49	32.35	550.17	11.33
合计	3125.85	100	4868.8	100

2. 普洱市主城区现有与规划避灾绿地可达性服务人口数对比分析

通过对普洱市主城区规划避灾绿地可达性服务人口的分析，处于服务盲区人口占比从现有的 46.31%下降到 17.72%。

由表 5-17 可以看出，普洱市主城区规划避灾绿地的可达性服务人口得到了较大的改善：步行 5min 内，普洱市主城区规划避灾绿地的可达性服务人口由 1.25 万人增加到 10.21 万人，由占总人口数的 5.19%上升至 22.54%；步行 5～10min，普洱市主城区规划避灾绿地可达性服务人口由 1.62 万人增加到 8.83 万人，由占总人口数的 6.47%上升至 19.49%；步行 10～15min，普洱市主城区规划避灾绿地可达性服务人口由 2.41 万人增加到 7.81 万人，由占总人口数的 10.04%上升至 17.25%；步行 15～20min，普洱市主城区规划避灾绿地可达性服务人口由 2.83 万人增加到 5.04 万人，由占总人口数的 11.81%下降至 11.14%；步行 20～30min，普洱市主城区规划避灾绿地可达性服务人口由 4.78 万人增加到 5.37 万人，由占总人口数的 19.91%下降至 11.86%；步行 30min 后，普洱市主城区规划避灾绿地可达性服务人口由11.11万人下降到8.04万人，由占总人口数的46.31%下降至17.72%。

步行30min内服务人口数由12.89万人增加到37.26万人，占人口总数的比例由53.69%上升至82.28%；30min后服务人口总数降低了3.07万人，占人口总数的比例减小到17.72%。这说明规划的避灾绿地较大程度地提高了其功能的发挥，但其比例仍不到普洱市主城区人口总数的90%。此外，规划避灾绿地的可达性等级重叠，说明了按照传统方法规划的避灾绿地空间分布不合理，虽然绿地数量足够多，但其功能并未充分发挥。

表5-17 普洱市主城区现有与规划避灾绿地可达性服务人口对比分析表

时间/min	普洱市主城区现有避灾绿地可达性服务人口分析结果		普洱市主城区规划避灾绿地可达性服务人口分析结果	
	人口/万人	百分比/%	人口/万人	百分比/%
0～5	1.25	5.19	10.21	22.54
5～10	1.62	6.74	8.83	19.49
10～15	2.41	10.04	7.81	17.25
15～20	2.83	11.81	5.04	11.14
20～30	4.78	19.91	5.37	11.86
>30	11.11	46.31	8.04	17.72
合计	24	100	45.3	100

3. 规划避灾绿地存在的问题

普洱市主城区规划避灾绿地可达性评价表明，目前普洱市主城区规划避灾绿地虽然数量多，但整体分布过于集中在城市中心区域，城市外围依旧存在避灾绿地可达性服务盲区，避灾绿地容量过饱和现象依旧存在。这虽然在很大程度上满足了普洱市主城区群众的避灾需求，但是却并未达到城市防灾减灾规划的要求。

1) 城市避灾绿地布局不均衡

普洱市主城区规划公园绿地中符合避灾绿地筛选标准的有30个，总面积为399.1hm^2，各级避灾绿地的人口承载量为41.26万人，而普洱市主城区2030年预测有人口45.3万人，无法满足普洱市主城区所有群众的避灾需求。另外，规划避灾绿地集中分布在主城区北部区域的西北侧、中部区域和南部区域南侧，而东部区域和西部区域存在大面积的避灾绿地服务盲区。人口、建筑密集的中部区域，绿地面积小且分布零散，无功能完备的综合性公园，仅有极少数的街旁绿地，分布极不均衡。已新建的大型避灾绿地多分布于北部区域和城市周边地带，但园内缺乏救灾应急安置场所及相应的避灾配套设施和物资储备。普洱市主城区规划避灾绿地规模相差较大，布局不均衡，难与城市人口密度的分布形成合理配比，中心区域的避灾绿地主要以小面积街旁绿地为主，外围区域均是面积较大的综合型公园或专类公园。避灾绿地面积的不足和空间分布的极不均衡极大地削弱了其避灾功能，尤其是可达性服务面积和服务人口。

2) 避灾绿地的功能不足

可达性分析表明普洱市主城区规划避灾绿地在灾害发生的第一时间(步行 5min 内)可达的服务面积占主城区总面积的 33.21%，在灾害发生后步行 30min 内能到达的服务面积占主城区总面积的 88.67%，这说明普洱市主城区规划避灾绿地服务面积已经得到很好的改善。

普洱市主城区规划灾害发生第一时间(步行 5min 内)能够到达避灾绿地的人口为 10.21 万，步行 30min 内能够到达的人口为 37.26 万人，而普洱市主城区规划避灾绿地的人口承载量仅为 41.26 万人，2030 年普洱市主城区的预测人口数为 45.3 万人，这意味着步行 30min 之后到达的 4.02 万人无法进入避灾绿地避灾。

5.4.6　普洱市主城区规划避灾绿地布局的优化

1. 普洱市主城区规划避灾绿地布局优化调整

根据上述分析结果，以步行 20min 内能够到达避灾绿地的可达性服务面积和人口数为时间节点，对现行的普洱市避灾绿地规划进行调整，主要对步行 20min 内避灾绿地可达面积交汇区域过大的避灾绿地或公园地块进行删减，在服务盲区或附近寻找合适的避灾资源。

根据普洱市主城区规划居住用地的分布情况，对普洱市主城区规划的避灾绿地块和部分紧急避灾绿地块进行了删减(图 5-15～图 5-17)。删除石屏河滨河公园 10.33hm^2、普洱人家南公园 2.49hm^2、世界茶文化名人园 0.32hm^2、茶苑路北侧街旁绿地 0.81hm^2、茶城大道与洗马河岔口街旁绿地 0.23hm^2 和永平路街旁绿地 0.34hm^2，合计共减去占地面积 14.52hm^2；局部删减石龙河滨河公园 6.60hm^2、思茅河滨河公园 4.90hm^2、架龙山公园(含架龙广场)2.76hm^2 和西区公园与机场河滨河公园 4.72hm^2，合计共减去占地面积 18.98hm^2。

2. 普洱市主城区避灾绿地承载量分析

避灾绿地中，并不是所有的区域都适宜避灾。避灾绿地的有效避灾面积应扣除无法作为避灾区域的水体、陡峭地形区和建筑物的面积。对普洱市避灾绿地可避灾的有效面积进行分析，能够得出每个避灾绿地实际可容纳的人数。

不同类型避灾绿地的人均避灾面积标准不同，对普洱市主城区避灾绿地进行分类，并将现有的和规划的避灾绿地进行列举，计算得出每个避灾绿地的实际服务人口数。并把得出的实际人口数，用于可达性分析。

紧急避灾绿地的人均有效避灾面积为 2m^2，仅需满足人员站立及疏散的基本空间，服务半径为 500m 内、到达时间为步行 5min 内，灾害发生时，以群众能够第一时间到达避灾绿地避灾为首要要求。

普洱市紧急避灾绿地经过调整后，共规划 18 个紧急避灾绿地，分别是：人民公园、石龙公园、石龙河滨河公园、思茅河滨河公园、倒生根公园、旅游环线小游园、茶城大道街旁绿地、思亭小游园、振兴广场、民航小游园、建设小游园、世纪广场、红旗广场、中国茶文化名人园、茶花园、林源路与茶城大道岔口街旁绿地、老海关小游园、规划紧急避灾绿地。紧急避灾绿地总占地面积 118.50hm^2，有效避灾面积 35.45hm^2，可容纳人口总数 17.75 万人(表 5-18)。

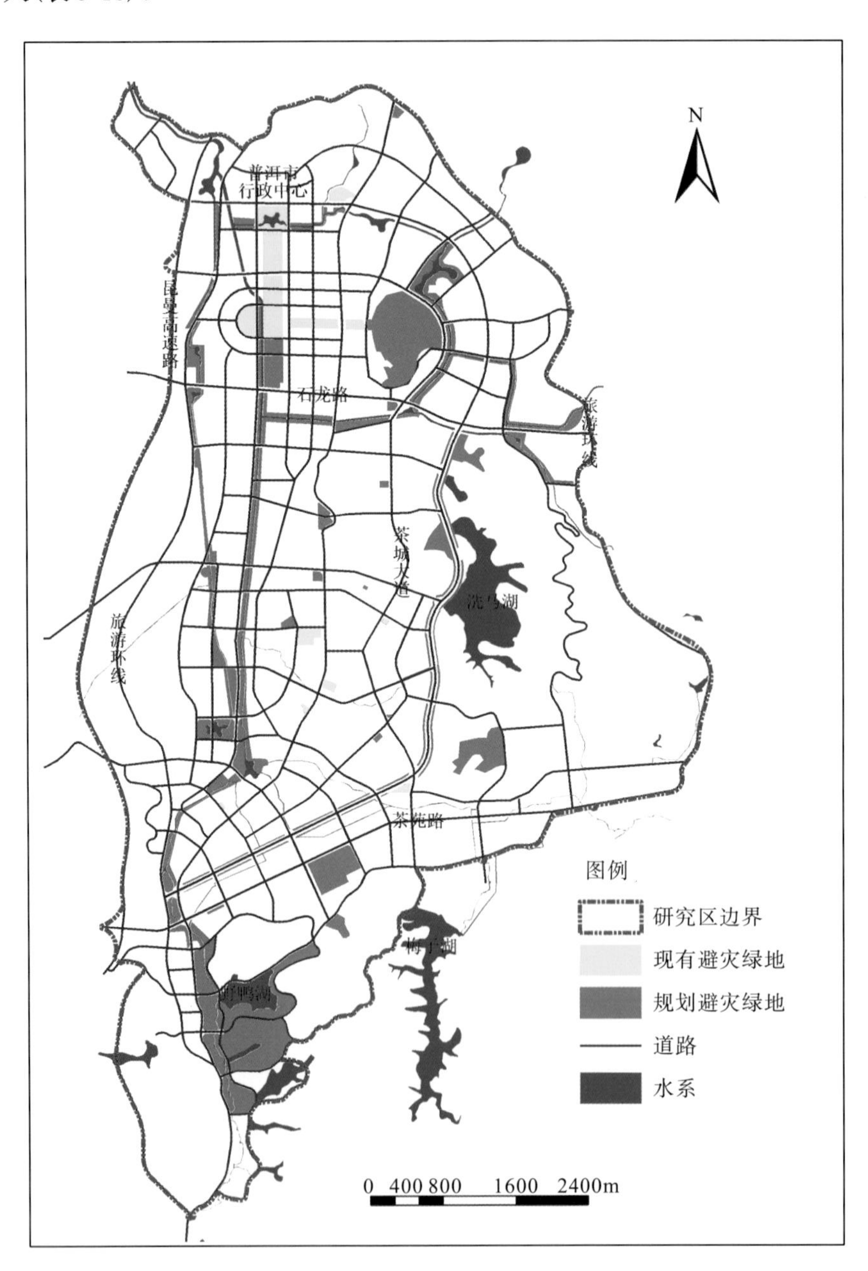

图 5-15 普洱市主城区按 500m 服务半径规划的避灾绿地布局图

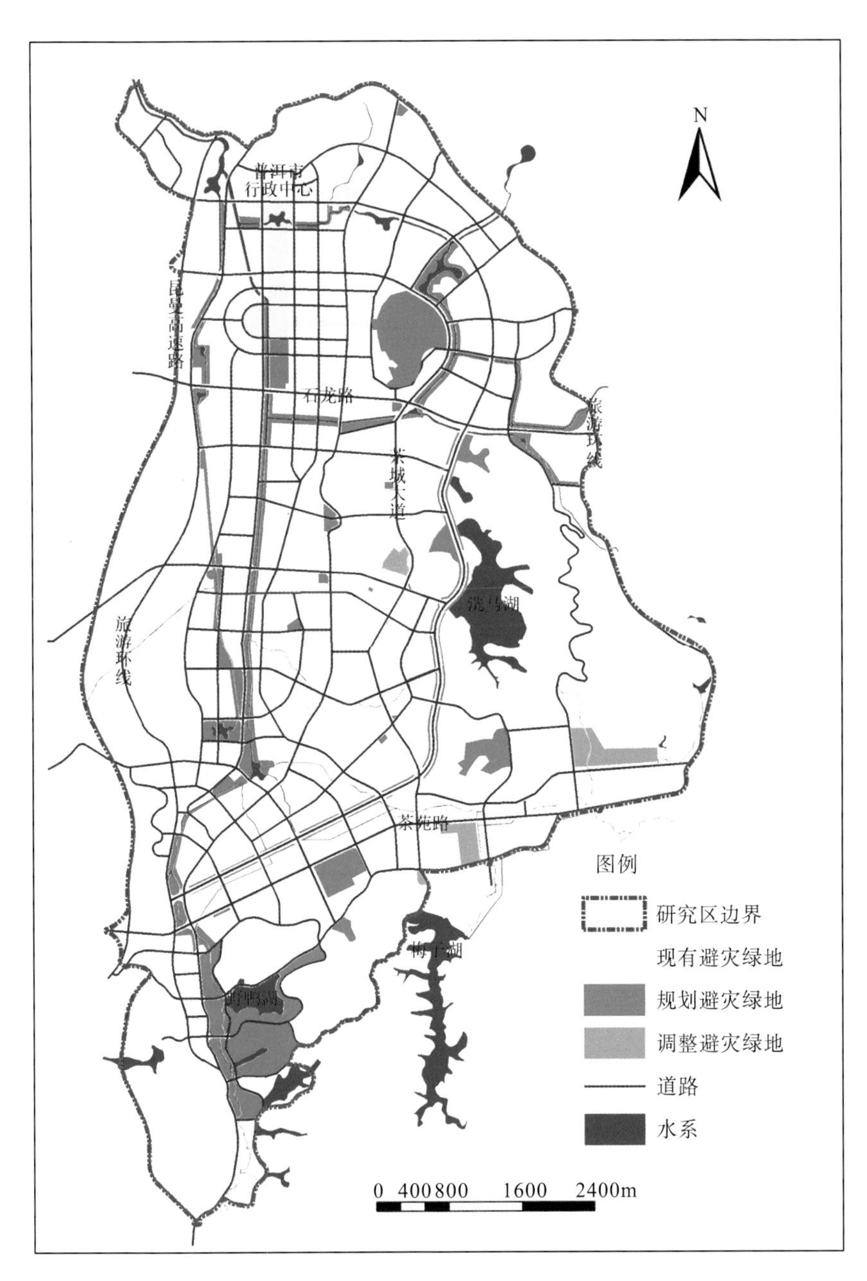

图 5-16　普洱市主城区按 500m 服务半径规划避灾绿地的调整地块图

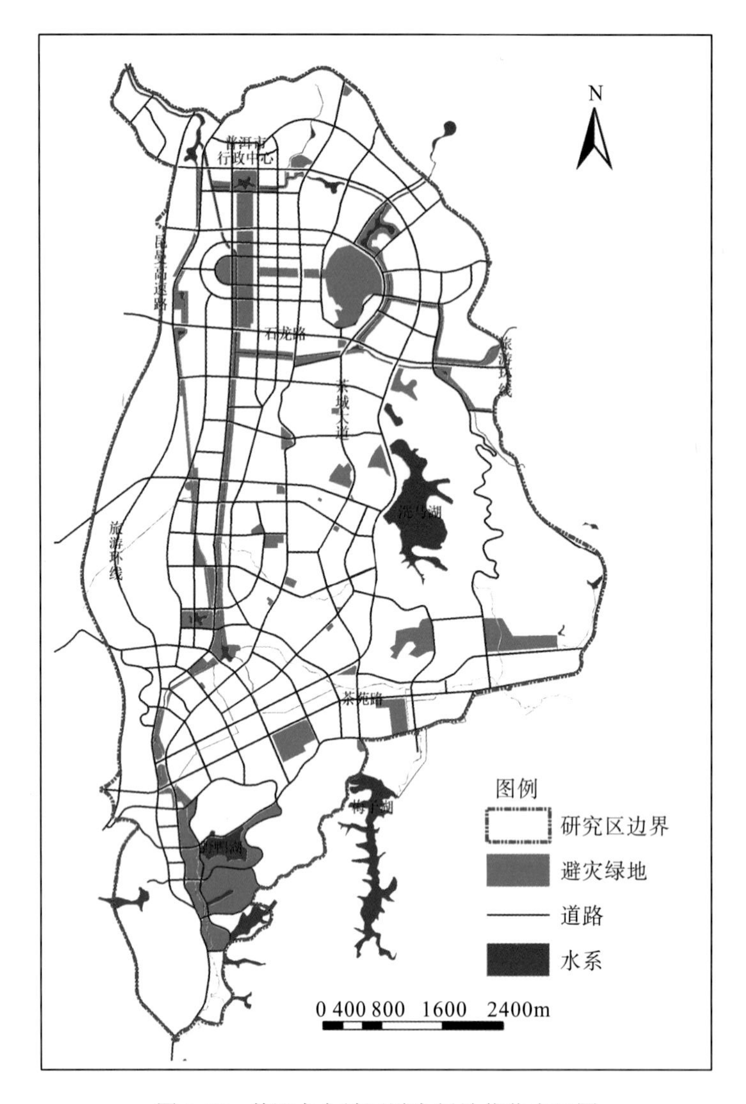

图 5-17 普洱市主城区避灾绿地优化布局图

表 5-18 普洱市主城区紧急避灾绿地规划优化统计表

序号	公园名称	占地面积/hm^2	有效避灾面积/hm^2	人均有效避灾面积/m^2	可容纳人数/万人
1	人民公园	5.35	1.61	2	0.81
2	石龙公园	5.98	1.79	2	0.90
3	石龙河滨河公园	23.06	6.92	2	3.46
4	思茅河滨河公园	65.75	19.73	2	9.87
5	倒生根公园	0.68	0.20	2	0.10
6	旅游环线小游园	1.08	0.32	2	0.16
7	茶城大道街旁绿地	0.78	0.23	2	0.12
8	思亭小游园	2.81	0.84	2	0.42

续表

序号	公园名称	占地面积/hm^2	有效避灾面积/hm^2	人均有效避灾面积/m^2	可容纳人数/万人
9	振兴广场	0.71	0.21	2	0.11
10	民航小游园	1.32	0.36	2	0.18
11	建设小游园	1.21	0.31	2	0.16
12	世纪广场	2.31	0.69	2	0.35
13	红旗广场	3.89	1.17	2	0.56
14	中国茶文化名人园	0.41	0.12	2	0.06
15	茶花园	1.57	0.47	2	0.24
16	林源路与茶城大道岔口街旁绿地	0.11	0.03	2	0.02
17	老海关小游园	0.49	0.15	2	0.08
18	规划紧急避灾绿地	0.99	0.3	2	0.15
	合计	118.50	35.45	—	17.75

固定避灾绿地的规模应不小于 8hm^2，人均有效避灾面积为 3m^2 以上，需要有能够搭建简易帐篷及人员疏散的空间，灾害发生时群众步行到达时间为 30min 以内。应具备应急指挥中心、救援部队的营地、运输车辆基地、应急供水供电、应急棚宿、应急医疗、应急物资、应急厕所等基本设施。

普洱市主城区避灾绿地经过调整后，固定避灾绿地总占地面积 198.04hm^2，有效避灾面积 59.41hm^2，固定避灾绿地可容纳人口总数 19.80 万人(表 5-19)。

表 5-19　普洱市主城区规划固定避灾绿地优化统计表

序号	绿地名称	公园占地面积/hm^2	有效避难面积/hm^2	人均有效避灾面积/m^2	可容纳人数/万人
1	野鸭湖公园	51.04	15.31	3	5.10
2	架龙山公园(含架龙广场)	67.01	20.10	3	6.70
3	万人体育馆	16.46	4.94	3	1.65
4	西区公园与机场河滨河公园	40.30	12.09	3	4.03
5	茶苑公园	23.23	6.97	3	2.32
	合计	198.04	59.41	—	19.80

中心避灾绿地的规模以 50hm^2 最佳，服务半径为 2000～3000m，步行到达时间 30～60min。其作为进行急救、恢复重建等救灾活动的场地，应该将容量较大的公园绿地规划为中心避灾绿地，为多个居住区的受灾市民服务(表 5-20)。中心避灾绿地不但具有固定避灾绿地的功能，还具抗震救灾指挥中心、医疗抢救中心、抢险救灾部队营地、外援人员休息地等功能。

表 5-20 普洱市主城区规划中心避灾绿地优化统计表

绿地名称	公园总面积/hm^2	有效避灾面积/hm^2	人均有效避灾面积/m^2	可容纳人数/万人
北部湿地公园（含文体中心）	48.25	19.30	4	4.83

除公园绿地资源外，充分挖掘和利用其他避灾资源，如利用面积较大的学校、体育场、住宅和单位附属绿地等用地，经改造规划，也可作为紧急避灾用地，以增加城市避灾场所面积。

普洱市主城区避灾绿地经过调整后，其他避灾资源总占地面积 39.93hm^2，有效避灾面积 7.98hm^2，固定避灾绿地可容纳人口总数 4.00 万人(表 5-21)。

表 5-21 其他避灾资源规划优化统计表

序号	单位名称	总面积/hm^2	有效避灾面积/hm^2	人均有效避灾面积/m^2	可容纳人数/万人
1	普洱学院	22.77	4.55	2	2.28
2	普洱一中（茶城大道西侧）	6.14	1.23	2	0.62
3	规划医院	11.02	2.20	2	1.10
	总计	39.93	7.98	—	4.00

为了实现避灾资源的优化配置，对普洱市主城区按 500m 服务半径规划的避灾绿地进行优化布局后，普洱市主城区避灾绿地的个数由原规划的 30 个减少为 27 个，而避灾绿地的可容纳人数由原规划的 41.28 万人上升至 46.38 万人，可满足 2030 年普洱市主城区 45.3 万预测人口的避灾。

3. 普洱市主城区规划布局优化后的避灾绿地可达性对比分析

1)避灾绿地可达性服务面积对比分析

通过对普洱市主城区现行规划避灾绿地的可达性服务面积分析，普洱市主城区规划避灾绿地集中在主城区北部、西部和南部区域，主要考虑灾害发生时，为这些区域中的群众提供紧急避灾绿地进行避灾。此规划方案很大程度上改善了普洱市主城区现有避灾绿地不足的情况，基本能满足普洱市主城区绝大多数群众的避灾需求，但老城区出现点状的服务盲区，需在老城区的点状服务盲区内或附近适当增加紧急避灾绿地，以期老城区的群众能够在灾害发生后在较短的时间内到达避灾绿地避灾。普洱市主城区避灾绿地及其他避灾资源的空间布局情况，以步行 30min 为界，对普洱市主城区规划的避灾绿地布局进行优化(图 5-18)，其可达性服务范围基本覆盖整个普洱市主城区，除了普洱市主城区外的少数居住区以及区内最东侧和最西侧的少数居住区中的少数群众在灾害发生时，无法在较短时间内到达避灾绿地避灾外，普洱市主城区绝大多数群众均能在较短时间内到达避灾绿地避灾。

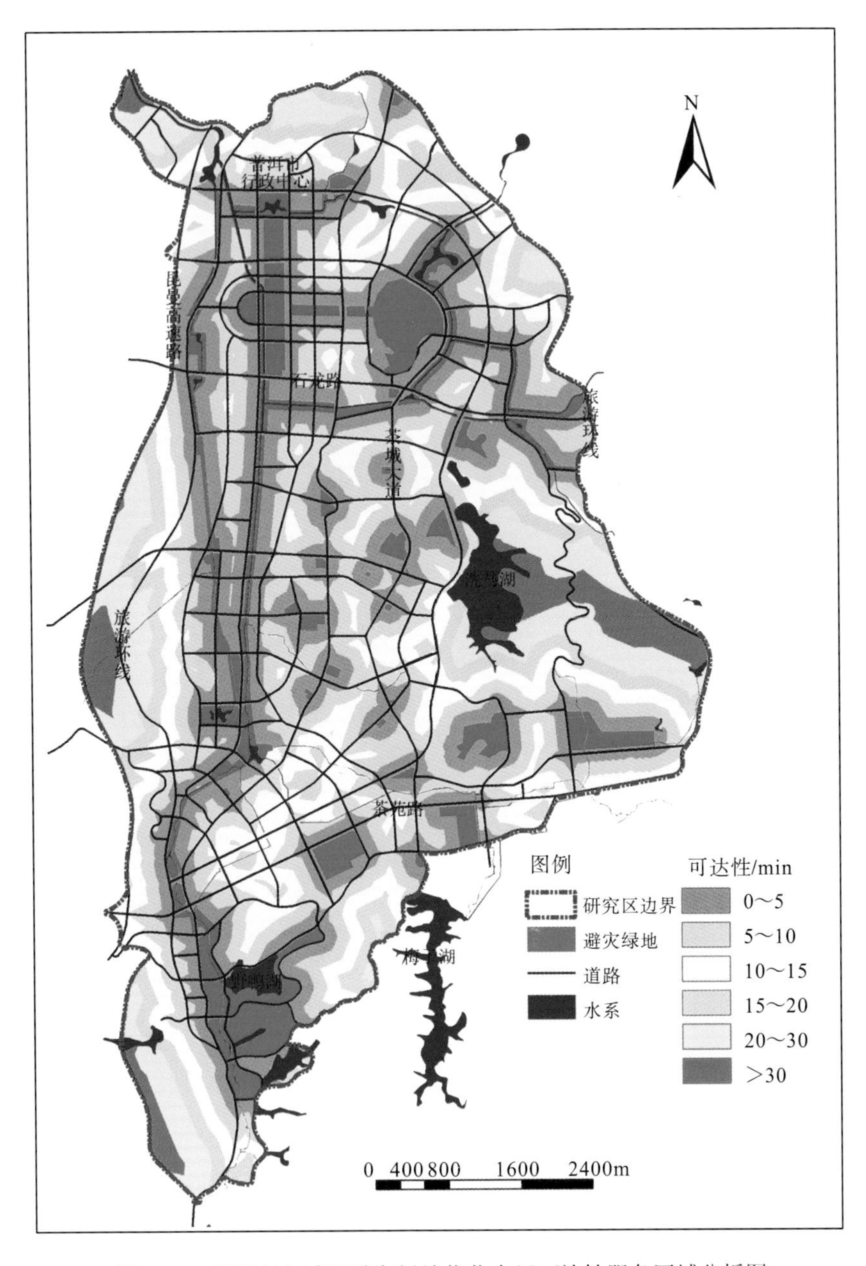

图 5-18　普洱市主城区避灾绿地优化布局可达性服务区域分析图

由表 5-22 可以看出，普洱市主城区规划与优化布局后避灾绿地的可达性服务面积得到了一定改善：步行 5min 内，普洱市主城区避灾绿地优化布局后的可达性服务面积提高至 1630.23hm^2，占普洱市主城区面积的 33.48%，与原规划避灾绿地的服务面积相比，可达性服务面积占比提高了 0.27 个百分点；步行 5～10min，普洱市主城区避灾绿地优化布局后的可达性服务面积提高至 1284.62hm^2，占普洱市主城区面积的 26.38%，与原规划避灾绿地的服务面积相比，可达性服务面积占比提高了 1.46 个百分点；步行 10～15min，普洱市主城区避灾绿地优化布局后的可达性服务面积提高至 741.50hm^2，占普洱市主城区面积的 15.22%，与原规划避灾绿地的服务面积相比，可达性服务面积占比提高了 0.97 个百分点；步行 15～20min，普洱市主城区避灾绿地优化布局后的可达性服务面积提高至 409.75hm^2，占普洱市主城区面积的 8.41%，与原规划避灾绿地的服务面积相比，可达性服务面积提高了 0.7%；步行 20～30min，普洱市主城区避灾绿地优化布局后的可达性服务面积降低至 412.93hm^2，占普洱市主城区面积的 8.48%，与原规划避灾绿地的服务面积相比，可达性服务面积占比降低了 0.1 个百分点；步行 30min 后，普洱市主城区避灾绿地优化布局后的可达性服务面积降低至 389.77hm^2，占普洱市主城区面积的 8.03%，与原规划避灾绿地的服务面积相比，可达性服务面积占比降低了 3.3 个百分点。

步行 0～20min，优化布局后的避灾绿地的可达性服务面积高于原规划避灾绿地的可达性服务面积，由 3900.41hm^2 增加至 4066.1hm^2；步行 20min 后达到避灾绿地的服务面积均呈降低趋势，由 968.39hm^2 降低至 802.7hm^2。这说明优化布局后的避灾绿地改善了短时间内能够到其位置的服务面积。显露出普洱市主城区优化布局后的避灾绿地很好地填补了原规划避灾绿地空间布局的不足，填补了主城区东侧的大面积服务盲区，使其避灾绿地布局较为合理。

表 5-22　普洱市主城区规划与优化布局后的避灾绿地可达性服务面积对比分析表

时间/min	普洱市主城区规划避灾绿地可达性服务面积分析结果		普洱市主城区规划避灾绿地优化布局可达性服务面积分析结果	
	可达性面积/hm^2	百分比/%	可达性面积/hm^2	百分比/%
0～5	1617.01	33.21	1630.23	33.48
5～10	1213.61	24.92	1284.62	26.38
10～15	694.01	14.25	741.50	15.22
15～20	375.78	7.71	409.75	8.41
20～30	418.22	8.58	412.93	8.48
>30	550.17	11.33	389.77	8.03
合计	4868.8	100	4868.8	100

2) 避灾绿地可达性服务人口对比分析

由表 5-23 和图 5-19 可以看出，对普洱市主城区的避灾绿地进行优化布局后，其可达性服务人口得到了一定改善：步行 5min 内，普洱市主城区规划避灾绿地优化布局后的可达性服务人口由 10.21 万人减少到 10.17 万人，由占总人口数的 22.54%下降至 22.45%，优化布局后可达性服务人口有所微减，是由于对普洱市主城区规划避灾绿地可达性服务面积的分析过程中发现步行 5min 内避灾绿地的可达性服务区域重复的较多，因此，在优化布局过程中主要针对处于这一区域或附近的避灾绿地和公园地块进行了删减；步行 5～10min，普洱市主城区规划避灾绿地优化布局后的可达性服务人口由 8.83 万人增加到 9.22 万人，由占总人口数的 19.49%上升至 20.34%；步行 10～15min，普洱市主城区规划避灾绿地优化布局后的可达性服务人口由 7.81 万人增加到 8.34 万人，由占总人口数的 17.25%上升至 18.42%；步行 15～20min，普洱市主城区规划避灾绿地优化布局后的可达性服务人口由 5.04 万人增加到 5.44 万人，由占总人口数的 11.14%上升至 12.01%；步行 20～30min，普洱市主城区规划避灾绿地优化布局后的可达性服务人口由 5.37 万人减少到 5.32 万人，由占总人口数的 11.86%降低至 11.73%；步行 30min 后，普洱市主城区规划避灾绿地优化布局后的可达性服务人口由 8.04 万人下降到 6.81 万人，由占总人口数的 17.72%下降至 15.05%。

普洱市主城区规划避灾绿地优化布局后步行 30min 内的服务人口数由 37.26 万人增加到 38.49 万人，占人口总数的比例由 82.28%上升至 84.97%，步行 30min 后的服务人口总数减少了 1.23 万人，比例减小到 15.05%。这说明优化布局后的避灾绿地不仅数量上足够多，而且在较大程度上提高了其功能的发挥。

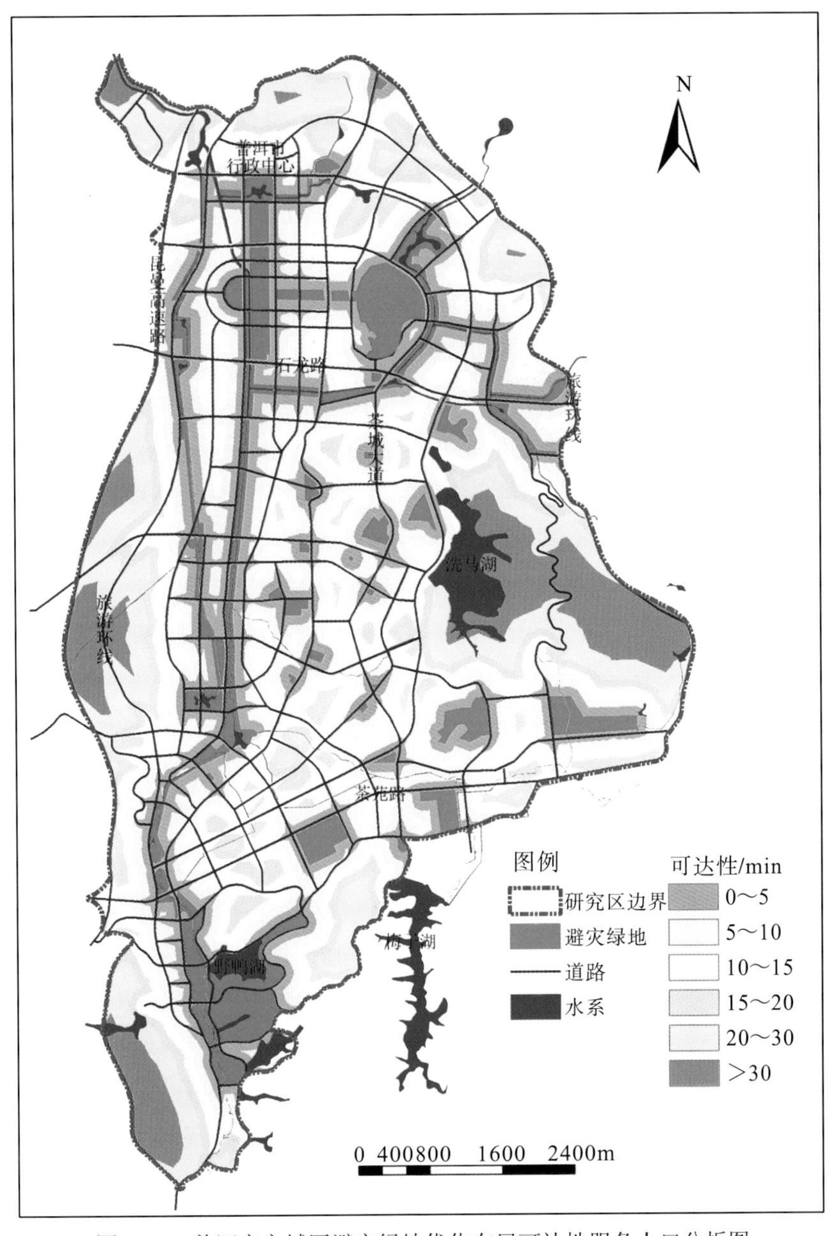

图 5-19　普洱市主城区避灾绿地优化布局可达性服务人口分析图

表 5-28 普洱市主城区规划避灾绿地可达性服务人口对比分析表

时间/min	普洱市主城区规划避灾绿地可达性服务人口分析结果		普洱市主城区规划避灾绿地优化布局后可达性服务人口分析结果	
	人口/万人	百分比/%	人口/万人	百分比/%
0～5	10.21	22.54	10.17	22.45
5～10	8.83	19.49	9.22	20.34
10～15	7.81	17.25	8.34	18.42
15～20	5.04	11.14	5.44	12.01
20～30	5.37	11.86	5.32	11.73
>30	8.04	17.72	6.81	15.05
合计	45.3	100	45.3	100

3）结论

对普洱市主城区按500m服务半径规划和优化布局后的避灾绿地的可达性进行对比分析，步行 30min 内，规划避灾绿地及其优化布局后的可达性服务面积与服务人口数分别为 4318.63hm^2、4479.03hm^2 和 37.26 万人、38.49 万人，分别占普洱市主城区总面积的 88.70%、91.99%和人口总数的 82.28%、84.95%。此项研究结果表明，规划避灾绿地优化布局后步行时间在 30min 内，可以满足的服务人口数在 80%以上，服务面积在 90%以上，优化后避灾绿地布局较为合理。

第6章　避灾绿地分类规划及避灾设施规划

避灾绿地分类规划按紧急避灾绿地、固定避灾绿地、中心避灾绿地、疏散通道、隔离缓冲绿带五大类进行，规划应达到能指导详细规划和各类避灾绿地具体的规划设计，形成分类引导、指标约束、结构控制、可操作性强的各类避灾绿地规划。避灾绿地设施规划从硬件设施和软件设施两方面展开，规划能满足不同避灾人口承载量、不同避灾时限的各类设施。

6.1　避灾绿地分类规划

6.1.1　紧急避灾绿地规划

紧急避灾绿地是分布最均衡、数量最多、形式最广的一类绿地。

灾害突发时，紧急避灾绿地作为附近居民自救的第一安全场所和转移至固定或中心避灾绿地的中转地，由居民生活中使用最频繁的居住区公园、小区游园、街旁绿地、市政广场以及其他避灾空间，如停车场、体育场、学校操场、开敞的单位附属绿地等共同构成，可考虑和周边的公共设施及其他设施共用。紧急避灾绿地的避灾人员容量以人均有效避灾面积 $2m^2$，服务半径 300～500m，每个紧急避灾绿地至少容纳 500 人，步行 5min 内到达。除重点规划的紧急避灾绿地外，其他不具备主动避灾能力的绿地，内部不再设置避灾设施，仅作为避灾据点，该类避灾据点面积一般不小于 $2000m^2$。选择规模不小于 $10\ 000m^2$ 的绿地作为重点紧急避灾场所，应设有应急供电、应急供水、消防、应急物资、指示标识等设施。

场地要求：紧急避灾绿地所处位置应交通便利，与两条以上避灾通道相连；至少有一个双向交通出入口，出入口及场地内部设置无障碍通道，场地内应设置环形通道，通道的宽度不宜小于 4m。保持绿地的开敞性，不得修建任何形式的围墙。绿地周边若存在潜在火灾源，应设置宽度不小于 10m 的防火隔离带。

6.1.2　固定避灾绿地规划

灾害发生时，固定避灾绿地为人们提供较长时间避难和进行集中救援的场地，结合中心避灾绿地同时使用，配备消防、广播通信、储备仓库、抗震贮水槽、地下电线等防灾设施。公园规模宜在 $100\ 000m^2$ 以上，最低不应小于 $50\ 000m^2$，人均有效避灾面积 $3m^2$ 最佳，服务半径 1000～2000m，步行 30min 内可以到达。若总面积为 $100\ 000m^2$ 以上，公园外围两侧发生严重火灾，避难者受到火灾威胁时，向无火灾的区域转移，仍有安全保障；若总面积为 $50\ 000m^2$，公园一侧发生严重火灾，避难者也有安全保障。园内应规划灾时搭建帐篷的开阔场地、应急水电、厕所、医疗救护场所、救灾物资贮存场所等，有畅通的周边交通环境和配套设施。

固定避灾绿地为开敞式，应与两条以上的避灾通道连接，应有不少于两个双向交通出入口，其中，至少有一个进出口设置无障碍通道。场地内应设置环形通道，通道的宽度不小于 7m。绿地周边须设置防火隔离带，避灾绿地与周围易燃建筑等一般地震次生火灾源之间应设置不小于 30m 宽的防火安全隔离带；距易燃易爆工厂仓库、供气厂、储气站等重大次生火灾或爆炸危险源距离应不小于 1000m。

根据防灾避难的需要，固定避灾绿地的避灾设施为一般设施配置，主要包括应急引导、标识设施，应急供水设施，应急供电设施，应急指挥管理设施，应急医疗救护与卫生防疫设施，应急厕所，应急物资储备设施，应急消防设施，应急排污系统，应急垃圾收集转运系统设施。

6.1.3 中心避灾绿地规划

中心避灾绿地作为救灾和恢复重建期间的指挥中心，同时也是人员急救、重建家园和复兴城市等各种减灾活动的场地，提供灾后城市恢复重建期人们避难生活所需的设施，包括应急指挥管理、医疗救护与卫生防疫、应急消防、应急棚宿区、应急物资储备、应急标识、应急直升机停机坪等，平时则作为学习有关防灾知识的宣传基地等。中心避灾绿地一个城市设置一个，规模以 500 000m^2 最佳，至少不低于 100 000m^2。云南山地城市可根据城市或县城的规模、地形条件将规模降低到不小于 50 000m^2，服务半径为 1000～3000m，步行到达时间 30～60min。以容量较大的市级公园绿地为主构成，为一个片区的受灾市民提供棚宿服务。中心避灾绿地除了具有固定避灾绿地的功能外，还具有抗震救灾指挥中心、医疗抢救中心、抢险救灾部队营地、外援人员休息地等功能。此类绿地规划的目的是提供大面积的开敞空间，作为安全生活的场所，也是当地避灾人员获得灾情信息的场所。因此，必须有较完善的“生命线”工程要求的配套设施，如应急监控(含通信、广播)、应急供电(自备发电机或太阳能供电)、消防器材、厕所、应急垃圾及污水处理设施、应急供水(如自备井、封闭式储水池、瓶装矿泉水等)。另外，还应预留安排救灾指挥房、卫生急救站及食品等物资储备库、棚宿区、直升机停机坪等的用地。用地面积越大，内外交通越方便，距离居住区越近，相对就越安全，越有利于政府集中开展救助工作，使用时间为灾后数月或更长。

中心避灾绿地须与两条及以上救援疏散通道相连，保障入口开敞，无障碍物，地势平坦，无较大坡度，具备便捷的集散、停车等交通功能；场地内道路系统应完善，一级园路作为紧急通道、消防通道和物资运输通道，二级园路保障居民到达指定的棚宿区；有效避灾面积一般按总面积的 50%～60%规划。中心避灾绿地与周围易燃建筑等一般地震次生火灾源之间应设置不小于 30m 宽的防火安全带；距易燃易爆工厂仓库、供气厂、储气站等重大次生火灾或爆炸危险源的距离应不小于 1000m，以保证绿地四周发生严重火灾时，位于绿地中心避难区的避灾人群依然安全。

出入口设置：不少于两个双向快速交通出入口，并设置应急备用出入口，出入口至少有一个无障碍通道。

避灾功能分区：避灾绿地应至少具备救灾指挥区、物资储备与装卸区、避灾与灾后重建生活营地、临时医疗区、对外交通区(含停车场与直升机临时停机坪)五个功能区。

6.1.4　疏散通道规划

疏散通道是连接居住区和避灾绿地、各避灾绿地之间以及城市外部救援的道路。该通道不仅要引导避难者尽快到达避灾绿地，而且能为立即开展功能性的救援活动提供方便。疏散通道作为灾时进入各类避灾绿地以及救灾工作开始后进入城市内部的安全线性空间，包括救灾通道和避灾通道两类。

1. 救灾通道规划

救灾通道是救援物资运送至灾区及受伤人员转移的保证，也是城市自身救灾的主要路线。为保证灾后救灾道路的通畅，救灾道路宽度可按道路两侧建筑高度的 1 / 2～2 / 3 计算，在其道路红线两侧，规划宽度 10m 以上的绿化带，同时应严格控制建设用地的建筑红线距离。

2. 避灾通道规划

在避难过程中，道路的通行能力与人口密度、连接紧急避灾绿地的道路条数、建筑高度有关，其中步行流量与步行速度和人流密度的关系为

$$q = V \times \varDelta \tag{6-1}$$

式中，q 为步行流量，人/(min·m)；V 为步行速度，m/min；$\varDelta$ 为人流密度，人 / m^2。在拥挤状态下可以达到最大量。居民以徒步疏散，避难弱势者夹在人群中，老人步行速度只有正常人的 50%，行动不便或需他人扶持者，步行速度可能降至正常人的 10%，影响整体人流的移动。

根据在规划的时间内应到达紧急避灾绿地的人数，可计算出应该具备的避灾通道数量。

6.1.5　隔离缓冲绿带规划

在易发火源点、易燃易爆危险设施周围合理规划缓冲隔离绿带，以防止火灾、水灾等灾害的蔓延。易发火源点有加油站、燃气储备站、易燃物仓库等。在加油站周围宜规划 30m 宽的隔离带，在燃气储备站周围规划 50m 宽的隔离带。城市外围、功能区之间可以充分利用景观生态林、经济林等作为天然生态缓冲隔离带，对规划区内有严重干扰、污染和安全隐患的工业用地，周边有农田或自然植被的可适当降低隔离带宽度。

6.2　避灾绿地设施规划

6.2.1　避灾绿地硬件设施规划

1. 应急引导、标识设施

避灾绿地的应急引导、标识设施主要是指避灾标识系统，在特定的非常规时期起到引

导和识别作用。为了做到“平灾结合”，不影响公园日常的景观效果，将避灾设施与公园内的日常公共设施结合设计，并根据需要隐藏某些设备。当灾害发生时，在秩序混乱、心理紧张的情况下，如果没有明确的指引和提示信息，避难者可能无法及时进入安全的避灾空间，各种避灾设施也不能迅速发挥作用。因此，避灾绿地中的引导、标识设施尤为重要。标识系统通过标明场所的名称、具体位置和前往的方向等，在灾时能够提示避灾者应急避灾功能及场所的位置，能有效地提高应急避难行动的引导性以及救灾的效率，有助于灾时引导避难者更快地进入安全空间并利用应急设施。标识设施根据其功能可分为引导标识、名称标识、位置标识、说明标识以及预警标识等。其中，引导标识是指通过箭头等指示通往特定场所或设施等的路线标识，可以对方向加以引导，提高防救效率；名称标识主要标明设施的名称和有别于其他设施的功能，使用者能够迅速发现并明确该设施的功能；位置标识应标明设施所在位置与整个街区相互的位置关系，使用者可快速明确区位及方向，有利于对环境陌生的非本地区人员利用避灾设施；说明标识主要标明管理者的意图和设施的功能，使用者可以快速获得相关信息，并包含科普教育的功能；预警标识主要为依托现代信息技术的电子动态显示标识，如气象预警塔、各类显示牌等，可以及时提供灾情信息，加强预防能力。由于避灾标识系统要在特定的非常规时期起到引导和识别作用，其规划应符合以下原则。

(1)警示性。利用视觉刺激、发光形式、声音、形状等来提高标识的警示性。

(2)易识别性，包括内容的可识别性和视觉的醒目性。标识要向各层次的避灾者传达简明易懂的信息。视觉的醒目性依靠标识的尺度、颜色、安装的位置和高度体现。

(3)系统性。对于较大型的设施，要注意整个设施标识体系的完整性。

(4)适应性。标识要具有广泛的适应性。如白天和夜间、晴天与雨雪天都适宜，平时与灾时的转换。如装有太阳能电池的标识，平时可以满足夜间的亮度，一旦受灾常规用电被破坏，仍可以正常使用。

(5)安全性。标识的固定应牢固可靠，防止标识本身受到破坏或阻碍，或伤害避灾者。

(6)美观性。作为景观环境的一个重要因素，标识应具有一定的美观性，并带有城市特色以及人文情趣。

(7)无障碍性。灾时尤其要注重老幼病残等弱者等对防灾设施信息的获取，因此要标识无障碍设施。如对于盲人，可充分考虑视觉以外的听觉、触觉、嗅觉等标识方式。

(8)规范性。应遵循国际和国家对引导牌标识牌的相关规范标准，如《防灾避难场所设计规范》(GB 51143—2015)。

目前应用的主要有将避灾者引到避灾场所的周边道路引导指示牌、避灾绿地内各功能区及设施引导指示牌、各类避灾设施及位置的标识牌。

标识系统使用国际统一规范的标识和颜色，起到在灾时提示应急避难者应避难场所的位置，标明场所的名称、具体位置和前往的方向等作用。

应急避灾标识系统应包括区域位置指示、警告标志场所引导性标识、场所功能及设施标识等类别。

(1)避灾场所引导指示牌：放置于避灾绿地周边道路以及各类避灾绿地的总入口处，指明各类避灾绿地位置、方向和距离以及与整个街道的相互关系(图 6-1)。

(2) 避灾场所内场所及设施引导指示牌：放置于避灾绿地内的交通要口，通过箭头指示通往特定场所或设施的位置和方向(图 6-2)。

(3) 避灾场所设施及功能说明标识牌：放置于应急设施周边，指明管理者的意图和设施功能(图 6-3)。

图 6-1　避灾场所引导指示牌　　　　图 6-2　避灾功能及设施引导指示牌

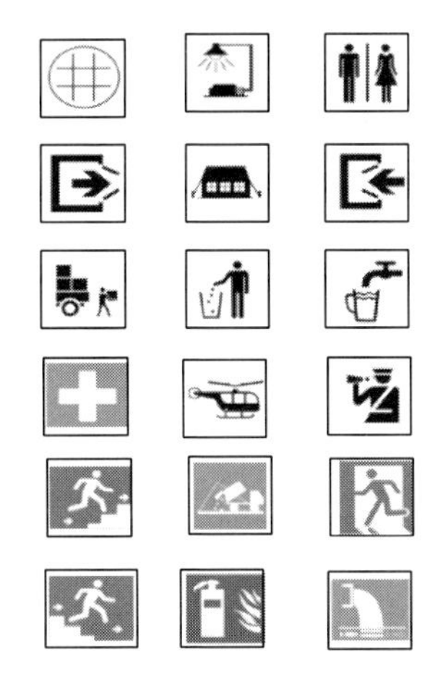

图 6-3　设施及功能说明标识牌

2. 应急指挥管理设施

避灾绿地的应急指挥管理设施主要有指挥管理所处的建筑、广播系统、通信设备、监控系统等，以确保避难疏散和避难生活期间有关部门能利用现代化手段组织、指挥灾民进行有序的应急避难、救灾和恢复重建。

指挥管理所在建筑利用公园内建筑，建设专门的办公用房和会议室，平时负责公园的管理工作并兼作有关业务培训和安全文化教育活动的基地，灾时作为应急指挥场所。建筑面积宜大于 $200m^2$，抗震等级须在《建筑工程抗震设防分类标准》(GB 50223—2008) 的基础上提高一个等级，室外空地(供搭建帐篷)面积不小于 $500m^2$。

广播设施平时为休闲者和游人提供与公园及绿地有关的各种信息，灾时向避灾者提供实时灾情和救援情况。广播设施系统由平时广播线路和灾时广播线路组成。在避灾绿地进出口和灾时的避难疏散场所用地配置扬声器。灾害发生时，按照国家有关规定，及时向灾民发布灾情等有关信息，对灾民开展自救互救宣传教育，制止谣言传播，稳定避难场所内的社会秩序。

通信设施是灾时避灾绿地与外界联系的保障，设置时应充分考虑平灾结合。由于严重灾害发生后平时通用的通信系统有可能因遭受严重破坏而瘫痪。因此，通信设施应包括卫星通信、航空通信等现代通信手段在内的灾时通信设施系统，确保灾时信息畅通。通信设施应具有抗灾性能，并有应急备用电源。在信息网络环境下，充分发挥信息网络的减灾功能。

监控系统的设置是为了确保在灾时混乱的秩序下能够随时掌握避灾绿地的情况。因此，应在避灾绿地主要功能区、道路交叉口、每个地段的广场及出入口等处设立监控点，安装电视监控设备。

3. 应急供水设施

水是生命之源，灾害发生的紧急情况下，一个健康的人只喝水不进食至少能存活一周，但如果只吃饭不喝水则只能存活三天。应急供水直接维系着灾民生命之根本。灾害发生时，应急供水应最快启动，集中分发瓶装矿泉水，开放净水池、储水槽和清水池等水源为灾民供给饮用水以维持生命。同时，为灾民提供清洗和卫生用水，这部分水可来源于临时水井、多功能调蓄池、消防车或供水车。此外，水池及池塘可作为应急消防用水水源。

根据实际需求情况，应急供水设施按照直接饮用、间接饮用和非饮用三级进行设计。直接饮用水水质要求严格，以集中分发瓶装水作为主要应急供水措施，应急水井须按照《生活饮用水卫生标准》（GB 5749—2006）、《取水许可和水资源费征收管理条例》等规范进行设计，虽然工序较复杂、工程量较大，但储水量较大，平时可用作景观水景；间接饮用水水源来自蓄水构筑物，蓄水构筑物分为地下坑槽、地上库房两类，应设围栏隔离防止人为污染。为保证非饮用水抽取利用的顺畅，其水质应保持清澈、无杂质，周边应尽量空旷，减少污染。

固定及中心避灾绿地的应急供水设施主要设置抗震贮水池、临时水井、散水装置、水池与水流以及水质净化处理装置等。抗震贮水池是应急避难生命线系统的一部分，贮备避灾初期供避难居民使用的饮用水、生活用水。灾时城市给水系统瘫痪时，启用抗震贮水池。抗震贮水池与城市供水系统相通，使之成为系统的一个组成部分。灾时，关闭抗震贮水池的出水口，槽内贮存的水量能够满足避难者的应急需求，至少应贮存避灾者 1 天的饮用水。储水槽大多是地下埋设型，材料一般选择不锈钢钢材、铸铁、陶瓷、混凝土等耐震材料。绿地内的水井平时提供生活用水，灾时作为饮用水，也可以设置手压井作为饮用水，根据水质条件安装水井灭菌装置。靠水泵扬水的水井，必须设置平时不常用的电源，使用手压泵的水井深度一般在 2m 左右。同时考虑安装耐震性散水装置，安装散水装置的目的是强化防灾隔离带的防火功能，减轻火灾产生的热辐射和热气流对树木以及避难者的危害，提高避灾绿地的安全性。散水装置使用的水源可以是绿地的景观用水，也可以使用抗震贮水池内的水。水池与水流平时是绿地景观，并提供消防、生活和浇灌植物用水；灾时作为消防、散水装置用水。

(1)供水指标：保证饮用水不低于3L/(人·d)。

(2)应急供水站：主要用作饮用水发放，占地面积为30～50m^2。

(3)饮水点：应设于上风口和棚宿区的下方位位置，宜按100人设置一个水龙头，200人设置一处饮水点。饮水点之间的距离不宜大于500m。

4. 应急供电设施

固定避灾绿地和中心避灾绿地的应急供电设施是指公园内的电力设施，主要包括发电设施和照明设施。

防灾设施中不可缺少的能源就是电能，避灾绿地指挥设施、应急医疗设施等绝大部分避灾设施的正常运行均需电能。发电设施的设置是为保证灾时公园的应急供电，在公园电力系统的规划中重点考虑发电设施的设置，应尽量采用保障照明、医疗、通信用电的多路电网供电系统，或太阳能、风能等自然能源发电的供电系统，或配置可移动发电应急供电设施。保证灾害发生后，不会因为城市供电系统瘫痪而中断公园电源和照明用电。

5. 医疗救护与卫生防疫设施

应急医疗救护与卫生防疫设施是灾后的生命线保障设施。在城市灾难发生时，往往会造成大量的人员伤亡，而灾后也容易爆发各种疫情，严重威胁到人们的健康与生命安全。一旦不幸在灾害中受伤，在全民避难的紧急情况下，到原来固定的医院进行治疗极为不便，就近寻找应急医疗救护站寻求救治是最妥当的选择。应急医疗中心承担整个避灾绿地服务半径范围内的现场治疗、重症转运、环境消毒、资源调度、伤员康复等工作。避灾绿地中开展应急医疗救助设施建设，不仅要满足治病救人的社会功能，还需满足人文关怀的功能。同时也是灾后疫情控制的指挥中心，灾后避灾人员密集，地震灾害后往往出现暴雨等不良天气，容易产生流行性病害。

为能在紧急情况下为灾民提供应急医疗，进行医疗救护及防疫工作，固定及中心避灾绿地中应设置应急医疗卫生救助中心。应急医疗卫生救助中心的位置应紧邻应急棚宿区，以便能及时对需要救护的受灾人员实施治疗和转移。医疗卫生救护站分为临时性的和长期性的，以便更全面地对受灾人员进行救护。临时性医疗卫生救护站可以临时搭建帐篷，或利用避灾绿地中的亭、廊、花架等园林建筑，通过在结构外围铺设帆布、篷盖布和硅胶布等织物形成能防止日晒雨淋的临时性应急医疗操作空间；长期性医疗卫生救护站可以利用现有的防震建筑进行临时改造。

应急医疗卫生救护站内的医护人员应统一着装，并配有明显的标志，便于身份确认。

设施指标：按我国现行的《防灾避难场所设计规范》(GB 51143—2015)，每个固定或中心避灾绿地应设置至少30个床位，占地面积不得小于1200m^2。

6. 应急棚宿区设施

应急棚宿区是灾后避灾人群中长期停留的主要疏散区，担负着固定避灾绿地、中心避灾绿地疏散、安置和暂居灾民的重要职责，是灾时人员最集中、停留时间最长的地方，也是整个避灾绿地内占地面积、承载量最大的应急设施。同时，应急棚宿设施还能兼作伤病人员的收容设施。

应急棚宿区以人们的生命安全及基本的生活保障出发，还应保证设施交通便利，易于辨认及到达，一般规划在避灾绿地中心区或远离主出入口，地势平坦的开阔区域，坡度宜控制在7°（约13%）以下，灾后周边居民可进入棚宿区域指定位置搭建帐篷或活动简易房临时居住。应考虑不同季节的防晒、防虫、防雨雪和防寒措施，选择透水性铺装材料，或以嵌草砖、植草格和纯草坪形式建设，最好以单元的形式整齐排列布置，分居住安置、伤病治疗两部分，之间设置简易隔断进行分隔。应急棚宿区应根据避灾绿地实际情况进行分区，每个应急棚宿区面积不宜超过 1000m^2，棚宿区之间应至少有 2m 宽的人行通道；应与应急指挥中心、应急厕所、应急医疗中心和应急物资供应点等设施保持较近的路程距离，一旦有紧急情况、信息传达和物质发放，确保灾民能第一时间获得。

总之，应急棚宿区设施最佳规划位置为开敞草坪、休闲广场、运动场空地等大型宽阔场地，因地制宜，节约资源，充分体现“平灾结合”的设计理念。

7. 应急厕所

排泄是人类最基本的生理需求，厕所作为满足该需求的场所，是避灾绿地建设中必不可少的设施。由于人们的排泄行为在紧急情况下并无准确的规律可循，甚至情绪上过分紧张还会通过神经—内分泌等一系列生理作用，促使人们的如厕需求增加。

避灾绿地的应急厕所是指平时不使用，仅在灾时应急使用的厕所。应急厕所可分为暗坑式、组装式和移动式三类。暗坑式应急厕所简易方便，利用深井作为坑槽，平时坑位上被盖板、覆土，并种植草本地被，成为整体绿地的一部分，应急时只需将坑位上的覆土铲除，并增加围挡即可使用；组装式应急厕所有帐篷、隔间等形式，设置在通透的疏林草地中，排泄物一般采用干式打包、泡沫封堵、生物降解等技术进行无害化处理；移动式应急厕所主要包括吊装-搬运型、动力-拖挂型两类，对场地要求较低，只需将其设置在交通便利的空地上即可使用，需注意周边空气流通。

避灾绿地应依据具体情况选择合适类型的应急厕所，并确定好排泄物的处理方法。若下水系统有排水功能，排泄物可直接排入下水系统。

应急厕所的设置应注意以下几点：首先，要处理好应急厕所与避难场所的位置关系，配置在灾害时容易利用和管理的位置，尽量设置在避难所下风向，距离棚宿区 30～50m，并注重与其他设施的兼用，做到平灾结合，不影响公园的日常景观；其次，尽量设置在紧急避难时能够集中大量使用的厕所类型，根据公园设计规范，每千人 2 个坑位、1 个坐便器为最基本的保障，同时，蹲位和便槽宜采用新式坐便器，利用可移动免冲生态型厕所，可以解决老年人及伤病人员的如厕难题；除了给排水系统，还应考虑周边的照明系统，保证应急厕所在夜间能正常使用。此外，在设置女厕所时，应考虑其私密性，尽量避免采用室内光源下透露人影的设计。

8. 应急物资储备及供应设施

除了水之外，食物、药品及生活用品等物资是应急情况下人们得以生存的重要保障。

避灾绿地内的应急物资供应设施应涵盖贮存、调运、发放等功能，储存灾时急需的食品、衣物、医疗药品、发电设备、照明设备、帐篷、搭建资材、炉具等救灾物资以及一些平灾时都能使用的物品，如锹镐、手推车、手电、雨衣、绳子等。根据灾时动态的供需情况，紧张有序地把应急物资分发给每个避难灾民，并协调其他外部应急物资仓库进行调运。

要保障应急物资的质量安全，大型物资仓库建筑需采用抗震结构，物品一般具有保质期和时效性，如食品的发霉、腐烂，工具的锈蚀、断裂，寝具的受潮等。故应急物资供应仓库应保持较好的通风、采光条件。库存的应急物资应当处于动静结合的状态，安排专人定期进行查验、更换，提前将临近保质期的应急物资统一捐赠给慈善机构及希望工程，以免造成浪费。

避灾绿地的应急物资储备设施是指救灾物资储备仓库。为了保障在紧急情况下避难场所内抢险物资及灾民生活必需品的供应，避灾绿地中储备物资的种类和数量应依据可能的灾害地点、灾害范围、死亡人数、受伤人数、无家可归人数、倒塌房屋数以及主要道路破坏程度等信息计算各类救灾物资的实际最小需求量，并设储备仓库储藏。救灾物资储备仓库可以设在避灾绿地内，也可以设在城市救灾物资储备仓库及其分库，或者使用大型商场的仓库储备等。如果设于其他地方则必须保证储备仓库与避灾绿地之间交通顺畅，距固定或中心避灾绿地的距离最好小于 500m。

此外，储备仓库应设有管理用房及配套设施，可作为食品、救灾物品储备和发放管理的办公用房。

9. 应急消防设施

避灾绿地的应急消防设施主要是指各类消防设备。为减少因破坏性地震等引发的次生火灾对避灾人员和设施造成的损失，应在避灾道路两边、应急棚宿区等人流集中的地方以及应急物资储备库区域规划十分明显的应急消防设施。在避灾绿地地下仓库中也应储存消防备用器材，包括工作用具、破坏用具、工作材料、灭火器械、搬运工具以及通信装置，如无线电收发机等，平时要注意定期检修，保证在灾害发生时可立即投入使用。

10. 应急排污系统

避灾绿地的应急排污系统是指满足人们应急生活需求和避免造成环境污染的排放管线和简易污水处理设施。应急排污系统应与市政管网相连或设置独立的排污系统。

11. 应急垃圾收集储运设施

避灾绿地的应急垃圾收集储运设施是指满足人们应急生活需要的各类垃圾分类储运场。规划时以每人每天 200g 垃圾制造量的标准来设置垃圾分类储运设施，同时，其距应急棚宿区的距离应大于 5m，且位于避灾绿地下风向的位置。

12. 应急停机坪

直升机不需跑道便能够起降，允许在点与点之间精确飞行。在灾害发生时，与陆地交通相比，直升机的机动便捷对于物资运输、医疗救护、电力工程、消防救援等应急工作都极为重要。直升机主要活动区域是停机坪，其承担着直升机起降和停留的作用，是不可替代的部分。

应急停机坪应与主体布局充分协调，按照有关飞行空域的基准，结合直升机预定的着陆距离，确保着陆空间。按照《民用直升机场飞行场地技术标准》(MH 5013—1999)、《军用永备直升机场场道工程建设标准》(GJB 3502—1998)和《中国民用航空飞行规则》第三章第 25 条规定，直升机的起飞着陆地带应根据具体情况划定，飞机的起飞着陆面积应根据具体机型而定，其长宽均不得小于机翼直径的两倍，各起飞着陆点之间的间隔应大于旋翼直径的两倍，机体之间的距离通常应大于机身长度的四倍。可利用公园绿地中现有的符合条件的广场或草坪地中坚硬的地面建造应急停机坪，如果在干燥土的地面上建造的话，要设置洒水设施，防止直升机起降时产生的灰尘和风沙。应急停机坪规格至少为 40m×50m，地面应平坦、坚硬，周边植物以草坪及低矮灌木为主，不得有高大乔木，周围应无高大建(构)筑物，保证直升机有升空平行安全角度。通常宜设于集散场地内。

另外，应急停机坪的标识一般以目前国际通用的标识——圆圈内标注“H”字形。避灾绿地的草坪一般要耐压 $4t/m^2$，以供直升机或重型车停留。目前日本研发了一种新型的网状材料，这种坚固而耐久的网多层次掺拌在土中就能达到强度要求，而这种网会随着时间的推移转化为土壤物质成分，不产生污染。

13. 救灾指挥中心

救灾指挥中心作为灾时的应急指挥场所，需要对各种信息进行收集、传达、处理和分析，协调园内各避难空间的使用，并按照与防灾规划相协调的应急预案有序展开救灾工作。由于地震的突发性和毁灭性，使应急指挥需要具备强时效性与高效性，及时进行统筹安排有助于拯救生命和减轻财产损失。地震一旦发生，救灾指挥中心开展包括作为与外界联络与收取救援物资据点、动态获取地震应急现场的灾害信息数据、应急决策、应急部署等工作。

救灾指挥中心的规划要充分考虑各种防灾信息及操作系统管线的预先布置，利用公园内建筑，建设专门的办公用房和会议室，平时负责公园的管理工作并兼作有关业务培训和安全、文化教育活动的基地，建筑面积宜大于 $200m^2$。为保障救灾指挥中心顺利发挥职能，应满足安全性、稳固性，抗震等级须在《建筑工程抗震设防分类标准》(GB 50233—2008)的基础上提高一个等级，供搭建帐篷的室外空地面积不小于 $500m^2$。

为便于指挥和救援车辆出入，救灾指挥中心应布局在道路畅通的干路旁，且有明显的标志性建筑；为确保与其他功能设施间能及时沟通联络，宜设置在避灾绿地中部位置；为保证通信信号的正常收发，应确保其周边具有开敞、宽阔的环境条件。

一般利用公园内原有管理用房兼作救灾指挥中心，借助公园内的建筑进行规划、设计，内部建设包括办公室、会议厅和展览室等，平时作为公园综合管理、灾害科普宣传教育基地。

6.2.2 避灾绿地软件设施规划

1. 应急法规

避灾绿地规划应有一定的法规依据，应对紧急避灾绿地、固定避灾绿地和中心避灾绿地的定义、规模、功能、设置标准、相关设施及各级部门的相关行政管理工作等做出明确规定。在发生灾害时，有组织、有秩序地进行救援工作，并且在整个灾害过程中，所有部门在一定的约束和规定下进行防灾救灾工作。

2. 应急预案

根据防灾法规的相关规定和主要灾害类型，建立和完善各项防灾预案，加强预案的演练和宣传，不断提高预案的科学性和可操作性。此外，还需建立统一指挥、上下联动的机制，保证防灾救灾工作的协调运转，提高防御灾害的综合能力。

3. 宣传教育

按照“主动、慎重、科学、有效”的原则，充分利用各种宣传媒体和手段及国家或省市的防灾减灾宣传日等载体，深入持久地开展避灾绿地及避灾的宣传教育。扩大宣传覆盖面和普及率，让居民知晓可去的避灾绿地、安全的避灾疏散路线、各类避灾绿地的主要功能、相关的规章制度等。

4. 培训演练

确定“防灾日”或“防灾周”，举行宣传教育和综合防灾训练，精心组织实施防灾应急转移安置演习活动，确保演练活动安全、有序、高效。通过反复训练，让每位居民、各级政府以及各有关公益团体人员提高防灾意识，熟悉防灾业务，提高对灾害的应对能力。平时，由所在社区组织防灾训练、普及防灾知识、检查安全隐患，一旦发生灾情，能及时承担疏散居民、抢救伤员等工作，这样就能对灾情扩大和二次灾害的发生起到有效的控制作用。此外，可以对一些分散在各地，有经验、有技术、有组织、有知识的专业人员进行登记，形成网络，平时组织检查安全隐患，诊断险情，一旦灾情发生，即能应战。

5. 运营与维护管理

平时能对避灾绿地进行较好的管理和维护，那么灾时绿地利用效率就会高。实践证明比较可行的做法是，政府防灾管理与公众参与管理相结合。政府相关部门除对防灾设施进行直接管理外，还可以委托公园管理处、投资城建的开发公司等进行管理，或由居民参加管理。各个管理主体都必须对避灾绿地利用的内容、方法非常熟悉。

第7章　避灾绿地植物规划

云南省是典型的山地省份，特殊的气候、地理条件，有利于自然灾害的发生和发展。因云南位于印度洋板块与亚欧板块碰撞带，区域内地壳抬升迅速，从而造成区域内地质构造运动强烈，形成频繁的地震灾害，同时由于省内气候类型复杂多样，干湿季分明、雨季多伴有局部暴雨和点暴雨情况、地表岩层结构面差异较大、流水的侵蚀作用及搬运作用强烈，形成了泥石流、滑坡灾害频发的情况[157]。受印度洋西南暖湿气流及纬度高原山地季风气候的影响，云南省内气候条件具有日照长、霜期短、立体气候明显、干湿季节分明、旱季时间长、降雨量少等特点，使得云南省成为森林火灾多发区和重灾区[158]。因此，筛选具有避灾功能的植物运用到避灾绿地的布局中，对云南山地城市避灾绿地建设具有实际指导意义，可在灾害中减少次生灾害，降低灾害破坏程度和人民群众生命财产损失。

植物是城市设施中唯一具有生命特征的组成部分，其起到的作用对改善和维护城市生态安全是不可替代的，灾时及灾后，可为减灾、救灾工作的开展发挥积极作用。因此，城市绿地及其植物是组成城市人防体系的重要部分，同时植物本身具有的净化空气、滞尘、降低噪声、食用、药用等功能更使得其在城市避灾场所中具有不可替代的作用。因此，科学选择与合理应用植物，在城市避灾绿地体系的创建中具有重要意义。

充分利用云南省丰富的植物资源条件，结合植物的防火性能、固土护坡性能、食用和药用价值以及植物挥发物质和植物色彩等特性，根据云南山地城市避灾绿地特殊功能、灾害类型及自然环境的要求，建立合理的植物防灾、减灾、安抚功能体系，筛选培植适宜的避灾绿地植物，以完善避灾绿地利用植物发挥防灾、减灾等功能。

7.1　避灾绿地功能植物分类

避灾绿地功能植物是指具有观赏价值，能够适应城市环境，并发挥特定的防火、防风、防洪，或降低建筑物倒塌坠落物造成的伤害，起标识作用并辅助避灾人群进行避难活动的植物。

灾害发生时，避灾绿地植物可对灾害及其次生灾害产生一定的延缓和预防作用。根据避灾绿地植物发挥的避灾功能将其划分为五大类：防火植物、固土护坡植物、可食用植物、心理安抚植物、药用观赏植物。

1. 防火植物

通过植物的遮蔽作用，提供安全空间，抑制火势蔓延，依靠植物自身供给的水分，降低温度，阻隔火势，有效地抑制火势蔓延。

防火植物应选择具有较高遮蔽率、较低含油率、较高含水率的植物。

2. 固土护坡植物

随着植被护坡技术的不断推广应用以及护坡理论研究的不断深入，植被在防治土壤侵蚀、稳固坡体等方面的作用已被广泛认可。其扩张、抗压和抗曲折性能，起坚固和支持的功能主要通过植物根系中的纤维素、半纤维素、木质素、蛋白质和果胶等物质实现[159]。

3. 可食用植物

灾时或出现紧急情况时，避灾绿地内的可食用植物能暂时为避难人员提供应急能量补给，保证避难人员身体能量需求，延长生存时间，等待救援。

可食用植物应选择叶片、嫩尖、果实可食用的树种，避免选用有毒、有刺的树种。

4. 心理安抚植物

心理安抚植物是指具有特定的色彩或能散发芳香气味的植物，通过对人视觉、嗅觉的刺激，能对人产生安顿抚慰作用。

5. 药用观赏植物

药用观赏植物是指适于避灾绿地中栽植、具有特定药用价值的观赏植物。药用价值必须是植物可直接应急使用，或经搓揉、水煮等简单加工后可以使用，多选择用于伤口止血，治疗痢疾、发热等灾后常见疾病治疗或预防的植物。

7.2　避灾绿地功能植物选择原则

植物是城市避灾绿地的重要组成部分，可有效地防灾减灾。避灾绿地植物的选择应贯彻“适地适树、平灾结合、适当引进”的原则，以城市绿地系统规划中的树种为依据，不仅要注重平时的景观和生态功能，也要充分发挥植物的避灾功能。根据避灾绿地的不同类型和功能，如紧急避灾绿地、固定避灾绿地、疏散通道、隔离缓冲绿带等，有针对性地选择具有避灾功能的植物种类。避灾绿地植物选择主要遵循以下原则。

(1) 避灾绿地功能植物的选择必须以具有观赏价值、适于城市绿地应用为前提。

(2) 选择树冠宽大、浓密、树皮纤维坚韧、根系深广的树种，可形成垂直的缓冲区域，以阻止地震或火灾发生时建筑坠落物。

(3) 选择具有厚实叶片、较高遮蔽率、较低含油率、较高含水率、不易燃烧的植物，以达到阻止火势蔓延的效果；避免选用过多落叶的树种，以免枯枝落叶在灾时易燃烧，造成安全隐患。

(4) 尽量选择叶片、嫩梢、花、果实、根以及其他部位可食用的植物。

(5) 尽量避免选择带刺、散发臭味的植物种类；宜选择适应性强、长势好、抗逆性强的乡土树种。

7.3 云南山地城市避灾绿地防火植物选择

7.3.1 防火植物选择依据

通常开阔空间中的植物能够对火势蔓延起到抑制作用，其效力比人工灭火高。城市避灾绿地的避灾、减灾功能能够通过植物实现。植物的防火功能可以通过其遮蔽率、含水率、含油率、长势与燃烧方式等指标来评价[160]。

选取部分常用同时兼顾防火功能和景观功能的常绿树种作为研究对象，通过查阅资料确定备选防火植物的含水率、粗脂肪含量、粗灰分含量、燃点、引燃时间及灰化速度6个指标后，利用SPSS 18.0统计软件对云南栽培较普遍的22种乡土防火植物：木荷(*Schima superba*)、油茶(*Camellia oleifera*)、马蹄荷(*Exbucklandia populnea*)、火力楠(*Michelia macclurei*)、珊瑚树(*Viburnum odoratissimum*)、旱冬瓜(*Alnus nepalensis*)、杨梅(*Myrica rubra*)、细柄阿丁枫(*Altingia gracilipes*)、楠木(*Phoebe zhennan*)、阿丁枫(*Altingia chinensis*)、椤木石楠(*Photinia davidsoniae*)、棕榈(*Trachycarpus fortunei*)、甜槠(*Castanopsis eyrei*)、毛竹(*Phyllostachys heterocycla*)、台湾相思(*Acacia confusa*)、灰木莲(*Manglietia glauca*)、交让木(*Daphniphyllum macropodum*)、米老排(*Mytilaria laosensis*)、杜英(*Elaeocarpus decipiens*)、红楠(*Machilus thunbergii*)、金叶含笑(*Michelia foveolata*)、女贞(*Ligustrum lucidum*)进行防火性能排序。

通过对前人在防火植物性能、防火指标体系构建以及防火指标方面测试结果的分析，得到本研究用于计算分析的植物防火指标在因子分析法运用中的数据：含水率(%)、粗脂肪含量(%)、粗灰分含量(%)、燃点(℃)、引燃时间(s)、灰化速度(s)。由于植物在发生火情时最易被引燃的部分为其枝叶部分，因而用于测试的均为带叶活枝。以下为目前国内关于测定植物防火性能的几个评价指标及其计算、试验方法。

(1)含水率的测定：含水率(%)=(样品鲜重-样品干重)/样品鲜重×100%(105℃烘干恒重法)。

(2)粗脂肪含量的测定：粗脂肪含量(%)=油脂含量/样品绝干重×100%(索氏提取法，提取时间为8h)。

(3)粗灰分含量：粗灰分含量越高，代表可燃物质越少，表示其抗火性能越强。采用干灰分法测定[161]。

(4)燃点：燃点温度低，表明容易燃烧[162]。

(5)引燃时间：引燃时间短，则易燃。

本研究从云南省28个城市(县城)绿地现状植物名录中选取有关学者已测定过的带叶活枝含水率(%)、粗脂肪含量(%)、粗灰分含量(%)、燃点(℃)、引燃时间(s)、灰化速度(s)等数据的植物种类的测定结果，用因子分析法对备选的22种常用防火植物进行防火性能排序，为云南地区避灾绿地中防火植物的选择提供依据。因子分析法能够结合植物各项防火指标数据，通过科学的数学方法对其防火性能进行排序，能够筛选出防火性能更好的避灾绿地植物，使植物防火能力优劣的判断更加符合客观实际。

7.3.2　防火树种选择实证分析

以植物的防火性能为研究对象，对植物活枝叶的含水率、粗脂肪含量、粗灰分含量、燃点、引燃时间、灰化速度 6 个指标进行防火性能排序，运用 SPSS 18.0 统计软件进行分析。防火备选植物各项指标统计见表 7-1[163, 164]。

表 7-1　防火备选植物各项指标统计表

序号	植物名称	拉丁名	含水率/%	粗脂肪含量/%	粗灰分含量/%	燃点/℃	引燃时间/s	灰化速度/s
1	木荷	*Schima superba*	60.62	2.28	6.78	285	23.4	55.3
2	金叶含笑	*Michelia foveolata*	62.66	2.88	10.30	255	19.8	39.8
3	马蹄荷	*Exbucklandia populnea*	58.44	2.79	6.21	237	22.2	43.1
4	火力楠	*Michelia macclurei*	52.93	2.77	5.95	280	20.5	58.8
5	红楠	*Machilus thunbergii*	52.52	3.41	7.17	257	26.0	49.0
6	旱冬瓜	*Alnus nepalensis*	52.10	2.81	6.20	279	21.2	45.8
7	杜英	*Elaeocarpus decipiens*	62.80	6.45	7.54	263	13.0	21.0
8	楠木	*Phoebe bonrnei*	45.45	2.28	5.82	282	15.8	49.9
9	细柄阿丁枫	*Altingia gracilipes*	49.78	2.88	5.48	286	21.9	43.8
10	阿丁枫	*Altingia chinensis*	50.21	2.42	6.84	250	18.0	47.3
11	椤木石楠	*Photinia davidsoniae*	55.77	2.12	10.47	284	19.0	58.1
12	甜槠	*Castanopsis eyrei*	46.22	2.66	4.20	270	15.3	47.2
13	台湾相思	*Acacia confuse*	60.54	3.21	7.57	275	21.1	33.2
14	灰木莲	*Manglietia glauca*	65.47	3.50	10.57	265	24.3	59.3
15	交让木	*Daphniphyllum macropodum*	66.07	2.45	5.60	261	15.2	36.4
16	米老排	*Mytilaria laosensis*	57.80	6.80	5.05	283	16.3	33.4
17	棕榈	*Trachycarpus fortunei*	50.09	2.14	3.23	265	18.7	56.5
18	女贞	*Ligustrum lucidum*	62.02	6.27	9.56	259	29.4	51.2
19	油茶	*Camellia oleifera*	56.04	5.35	6.12	275	22.3	62.5
20	珊瑚树	*Viburnum odoratissimun*	63.76	3.81	6.27	286	22.7	48.6
21	杨梅	*Myrica rubra*	50.77	4.51	3.93	285	17.0	43.6
22	毛竹	*Phyllostachys pubescens*	50.50	3.35	5.95	286	9.6	14.6

依据以上测定指标，得到公因子方差分析表 7-2。

表 7-2 公因子方差分析表

共同度		
指标	初始	提取比
含水率/%	1.000	0.760
粗脂肪含量/%	1.000	0.472
粗灰分含量/%	1.000	0.631
燃点/℃	1.000	0.228
引燃时间/s	1.000	0.788
灰化速度/s	1.000	0.845

表 7-2 中第二列为根据因子分析的初始解计算出的变量共同度数据，反映了 6 个因子提取每个原始指标变量信息的百分比。进行因子分析的因子提取和旋转结果见表 7-3。

表 7-3 因子提取和旋转结果

主成分	特征值	贡献率/%	累计贡献率/%	特征值	贡献率/%	累计贡献率/%
1	2.147	35.776	35.776	2.147	35.776	35.776
2	1.577	26.285	62.062	1.577	26.285	62.062
3	0.965	16.076	78.138			
4	0.719	11.983	90.121			
5	0.373	6.210	96.331			
6	0.220	3.669	100.000			

通过以上方差分解主成分提取分析表，根据特征值大于 1 的原则，提取了 2 个公共因子，它们的累积方差贡献率为 62.062%，说明这 2 个公因子提取了原始指标数据 62.062% 的信息，可以用这 2 个公因子来分析 x_1～x_6 的指标，之后对 22 组植物进行防火性能的分析，因子系数见表 7-4。

表 7-4 因子系数表

主成分载荷矩阵		
指标	主成分	
	1	2
含水率/%	0.329	0.324
粗脂肪含量/%	0.077	0.423
粗灰分含量/%	0.361	0.110
燃点/℃	−0.215	−0.075
引燃时间/s	0.370	−0.253
灰化速度/s	0.196	−0.518

通过因子系数表得到前两个主成分 F_1、F_2，用原始变量表示的表达式为

$$F_1=0.329x_1+0.077x_2+\cdots+0.196x_6 \tag{7-1}$$

$$F_2=0.324x_1+0.423x_2+\cdots-0.518x_6 \tag{7-2}$$

针对不同植物的综合防火能力所选取的变量有 6 个，通过相关分析得到两两指标之间的相关性都较大，说明 6 个指标之间具有很强的依赖性。通过以上操作，并根据实际情况和要求选择了 2 个合理的主成分。这 2 个主成分具有明显的研究意义，第一个主成分主要由含水率、粗灰分含量以及引燃时间构成，第二个主成分主要由含水率、粗脂肪含量、灰化速度构成。

根据上述公因子的得分情况，可以从某一侧面对不同植物的综合防火能力进行比较，但不能全面地反映其防火能力的综合状况。为对 22 种植物进行更全面地评价与分析，需计算各植物综合得分，确定单因子得分权重，以旋转后各防火性能公因子方差贡献率占总累计方差贡献率的比重作为权重，即得到综合评分(表 7-5)。

$$F=0.576\times F_1+0.424\times F_2 \tag{7-3}$$

表 7-5　综合评分表

植物名称	F(综合评分)	排名
马蹄荷	−17.83	1
杜英	−17.91	2
金叶含笑	−18.09	3
女贞	−18.55	4
交让木	−19.33	5
灰木莲	−20.13	6
台湾相思	−21.68	7
红楠	−22.72	8
阿丁枫	−23.36	9
珊瑚树	−24.01	10
米老排	−24.19	11
木荷	−25.73	12
油茶	−26.04	13
毛竹	−26.28	14
旱冬瓜	−26.83	15
椤木石楠	−27.02	16
棕榈	−27.62	17
火力楠	−28.25	18
细柄阿丁枫	−28.56	19
杨梅	−28.61	20
甜槠	−28.67	21
楠木	−30.70	22

7.3.3　结论

通过综合因子得分对不同植物排序，相对防火性能最好的植物是马蹄荷、杜英，这两种植物的综合因子得分均大于-18。其中，马蹄荷的得分最高，为-17.83，其含水率、引燃时间指标相对较高，防火性能较好。而楠木从含水率、引燃时间等防火性能指标上显示其防火能力相对较低，防火性能综合得分最低，为-30.70。

植物的防火性能不仅由含水率、含脂率、燃点、引燃时间等指标决定，同时植物的树形大小、长势等也与其防火性能高低密切相关。由于植物实验材料受地域、立地条件和取样部位的影响，燃烧实验的重复性较差，但大致有相同的趋势。因此，避灾绿地在日常的管理维护中也应注意对防火植物的管理，保持其枝干、叶片有较高的含水率，及时修剪枯死枝叶以及清理易燃的植物落叶，从而保证植物防止火势蔓延的功能得以正常发挥。

综合云南省内自然环境条件、绿化植物应用情况以及兼顾景观、防火功能，推荐适宜云南山地城市避灾绿地用的防火植物20种，详见表7-6。

表7-6 云南山地城市避灾绿地防火植物推荐表

序号	植物名称	拉丁名	科	属	是否本地	形态	特征	适用地区
1	马蹄荷	*Exbucklandia populnea*	金缕梅科	马蹄荷属	是	常绿乔木	喜光，树形优美	云南东南、南部、中部、西南部至西北部
2	杜英	*Elaeocarpus decipiens*	杜英科	杜英属	是	常绿乔木	二氧化硫抗性强，叶绯红色	耿马、金平、屏边、西畴、广南
3	金叶含笑	*Michelia foveolata*	木兰科	含笑属	是	常绿乔木	耐寒，吸收有毒气体，金色叶	金平、屏边、西畴、麻栗坡、富宁、马关
4	女贞	*Ligustrum lucidum*	木樨科	女贞属	是	常绿乔木	对二氧化硫、氯气、氟化氢及铅蒸气抗性较强	除西双版纳及德宏州外，大部分地区
5	交让木	*Daphniphyllum macropodum*	虎皮楠科	虎皮楠属	是	常绿乔木	树皮有毒	盐津、彝良
6	灰木莲	*Manglietia glauca*	木兰科	木莲属	否	常绿乔木	树姿优美	云南西部、南部：马关、广南、屏边、西畴、文山、绿春、富宁、景东
7	台湾相思	*Acacia confusa*	含羞草科	金合欢属	是	常绿乔木	耐干旱，固氮	云南南部热带地区或河谷
8	红楠	*Machilus thunbergii*	樟科	润楠属	否	常绿乔木	较强的耐盐性及抗风能力，彩叶	云南中部地区
9	阿丁枫	*Altingia chinensis*	金缕梅科	蕈树属	否	常绿乔木	园林观赏	云南东南部：富宁
10	珊瑚树	*Viburnum odoratissimum*	忍冬科	荚蒾属	否	常绿乔木	吸收煤烟和有毒气体	云南南部
11	米老排	*Mytilaria laosensis*	金缕梅科	壳菜果属	是	常绿乔木	萌蘖力强	云南东南部
12	木荷	*Schima superba*	山茶科	木荷属	否	常绿乔木	耐火先锋树种，白花、芳香	云南西南部
13	毛竹	*Phyllostachys pubescens*	禾本科	刚竹属	否	竹类	园林观赏	云南中部地区
14	旱冬瓜	*Alnus nepalensis*	桦木科	桤木属	是	常绿乔木	园林观赏	全省各地

续表

序号	植物名称	拉丁名	科	属	是否本地	形态	特征	适用地区
15	椤木石楠	*Photinia davidsoniae*	蔷薇科	石楠属	是	常绿乔木	早春嫩叶绛红	丽江、昆明、马龙、龙陵、思茅、勐海、勐马、富宁
16	棕榈	*Trachycarpus fortunei*	棕榈科	棕榈属	是	常绿乔木状	园林观赏	云南西北部、西部、中部至东南部的中海拔(2000m 以下)地区
17	火力楠	*Michelia macclurei*	木兰科	含笑属	否	常绿乔木	耐旱，耐瘠，耐寒，观花	云南中部
18	细柄阿丁枫	*Altingia gracilipes*	金缕梅科	蕈树属	否	常绿乔木	园林观赏	云南南部
19	杨梅	*Myrica rubra*	杨梅科	杨梅属	是	常绿乔木	园林观赏，果可食	勐海、马关、麻栗坡、广南、富宁、泸水
20	甜槠	*Castanopsis eyrei*	壳斗科	锥属	否	常绿乔木	抗污染，寿命长，果可食	—

7.4　云南山地城市避灾绿地固土护坡植物选择

植物护坡技术在世界范围内得到广泛的使用和认可。植物提高土壤的稳定性是通过根系影响土壤水分下渗与根系固定土壤的作用来实现的。

7.4.1　固土护坡植物选择依据

树木根系分布于地下，水平分布可达几米到十几米，垂直分布因土壤的不同可深达几米，且根系具有复杂形态，与土壤形成根土复合系统。目前，主要是通过野外原位拉拔试验和室内单根拉拔试验来确定不同树种根系拉伸特性的影响因素[165]。

通常依据根系类型、根的直径及根系力学实验等来确定植物根系的抗拉伸力强度。国内有关学者在室内土工试验中，以含根土和素土在剪切力作用过程中的变形以及破坏时的抗拉力得出各类植物的各项固土、护坡评价指标。部分植物根系力学的研究见表 7-7[166-172]。

表 7-7　部分植物根系力学的研究

序号	植物名称	拉丁名	抗拉力/N	抗拉强度	抗拉力范围/N	抗剪切力强度/MPa	根径/mm	研究方法	文献
1	柳杉	*Cryptomeria fortunei*	—	8.43～30.30MPa	5～485	—	—	根系的形态特征及分布情况，单根的抗拉力学特性、抗拉强度、最大抗拉力和应	宋恒川[167]
2	桤木	*Alnus cremastogyne*	—	4.17～16.05MPa	15～322	—	—		
3	厚朴	*Magnolia officinalis*	—	3.64～25.57MPa	11～540	—	—		

续表

序号	植物名称	拉丁名	抗拉力/N	抗拉强度	抗拉力范围/N	抗剪切力强度/MPa	根径/mm	研究方法	文献
4	南竹	*Phyllostachys heterocycla* (Carr.) Mitford cv.	—	5.29～13.75MPa	9～44	—	—	力-应变关系的影响	
5	四翅滨藜	*Atriplex canescens*	—	34.19MPa	—	27.88	2.54	单根抗拉特性、抗剪特性、根系解剖结构试验研究	朱海丽等[168]
6	柠条锦鸡儿	*Caragana korshinskii*	—	23.62MPa	—	28.92	1.77		
7	四川山矾	*Symploco setchuensis*	—	72.61MPa	—	—	—	大盒直剪试验与物理模型	朱锦奇等[169]
8	广东山胡椒	*Lindera kwangtungensis*	—	64.05MPa	—	—	—		
9	香樟	*Cinnamomum camphora*	—	61.57MPa	—	—	—		
10	刺槐	*Robinia pseudoacacia*	—	5.5～486.0kg	—	—	1.5～19.6	根抽拉法	杨维西等[170]
11	油松	*Pinus tabuliformis*	—	1.8～160.0kg	—	—	1.2～13.0		
12	柠条锦鸡儿	*Caragana korshinskii*	6.31	5.37MPa	—	—	1.24	根系抗拉强度试验	乔娜等[171]
13	霸王	*Sarcozygophyllum xanthoxylon*	31.59	30.78MPa	—	—	1.15		
14	油松	*Pinus tabuliformis*	—	(76.36±10.12)kg	—	—	2.38±0.15	根系抗拉强度试验	吕春娟等[172]
15	白桦	*Betula platyphylla*	—	(244.21±33.29)kg	—	—	3.34±0.26		
16	落叶松	*Larix gmelinii*	—	(15.29±14.77)kg	—	—	3.89±0.271		
17	榆树	*Ulmus pumila*	—	(179.75±25.77)kg	—	—	2.76±0.24		
18	香根草	*Vetiveria zizanioides*	24.89±1.08	(85.10±31.2)kg	—	—	0.66±0.32	根系抗拉强度试验	程洪和张新全[166]
19	狗牙根	*Cynodon dactylon*	10.49±2.65	(17.45±2.18)kg	—	—	0.99±0.17		
20	白三叶	*Trifolium repens*	12.80±0.59	(24.64±3.36)kg	—	—	0.91±0.11		

7.4.2 固土护坡植物选择实证分析

在选择固土护坡植物时，会有很多植物种类适合山地城市边坡的土壤环境、气候条件、地质状况等。因此，选择最适固土护坡、适应土壤环境、生态景观效果好的植物种类来进行避灾绿地边坡防护尤为重要。以选择最佳固土护坡植物为目标，运用层次分析方法对植物种类进行选择。确定植物防护性能、生态适应性、经济效益和景观生态效果准则为对象，各项影响因素为自变量，对备选植物的固土护坡性能等进行综合排序，得到固土护坡性能佳的避灾绿地植物。

1. 确定各个层次及其相互关系

为解决固土护坡植物的选择问题(乔木、灌木及草本的选择)，将其分解成若干层。其中，上层为目标层、中间层为准则层、下层为因子层。如此，层间各因子紧密联系，对目标层所起的作用有序。各层之间的相互关系如图 7-1 所示。植物固土护坡的影响因子很多，选取其中较关键的因子建模。

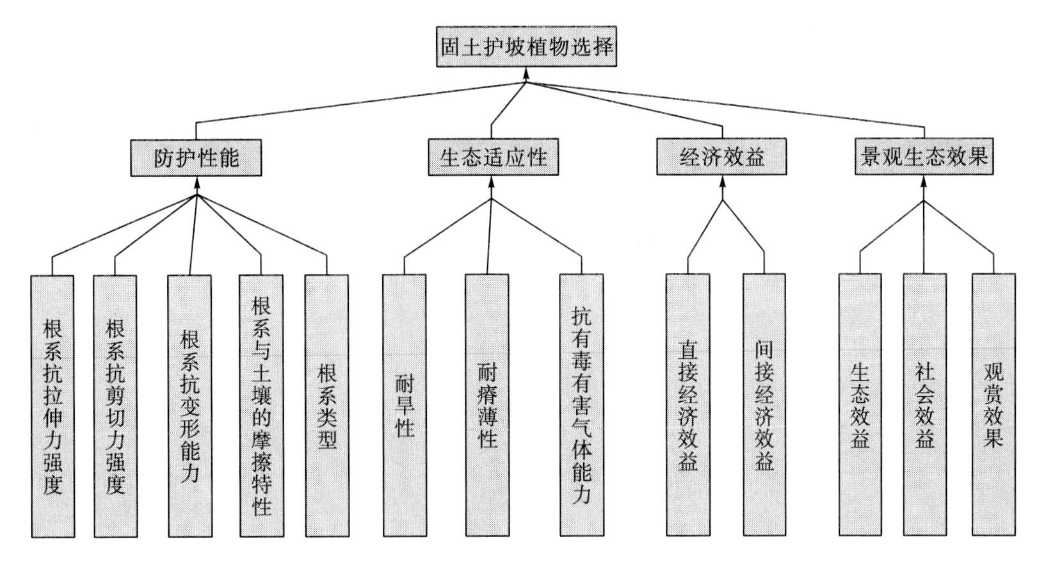

图 7-1　固土护坡植物选择层次分析结构图

2. 构建判断矩阵

根据实验的目的和结果判断矩阵的各个权重，给出的判断虽然带有一定主观性，但在层次分析法中，利用数学方法对这些权重进行修正，最后对权重做出科学定量。在进行定性比较时，用数字 1～9 表示各因子间的相对重要性，横向数字越大表示前者比后者的重要性更大，纵向用该数字的倒数表示后者比前者的重要性。

(1) 固土护坡植物的防护能力。防护性能准则是固土护坡植物的主要功能体现，缺失了防护性能就失去了固土护坡植物栽植的目的。植物防护性能评价因子由根系抗拉伸力强度、根系抗剪切力强度、根系抗变形能力、根系与土壤的摩擦特性及根系类型 5 个因子组成，目前国内外关于植物固土护坡性能的实验研究集中体现在对根系抗拉伸力强度、根系抗剪切力强度、根系抗变形能力、根系与土壤的摩擦特性 4 个指标的力学研究上。而根系的生物特征，如植物根系类型同样是影响根土复合结构稳定的重要因素。因此，把以上 5 项指标作为评价植物固土护坡能力中防护性能的评价因子。

(2) 固土护坡植物的生态适应性。植物在固土护坡中的应用要求其具有较强的生态适应性。如成活率高、对土壤和气候以及城市环境的适应能力强、覆盖率高、能够很快适应城市边坡的生态环境等。如此才能达到迅速适应不同城市环境的要求，成为城市避灾绿地中固土护坡植物的首选。

(3) 固土护坡植物的经济效益。经济效益的体现分为直接经济效益和间接经济效益：直接经济效益体现在工程造价、养护管理成本以及使用时间等方面；间接经济效益体现于对环境质量的改善、灾时对人民生命财产的保护等方面。

(4) 固土护坡植物的景观生态效果。由于城市是人类聚集区域，植物的选择应考虑其对生态环境的效益以及人们的审美情趣，使其在发挥避灾减灾功能的同时兼顾到城市绿化的生态、美观功能。景观生态效果具体表现在植物的生态效益、社会效益以及观赏效果方面。

由以上因子建立准则层因素的正互反矩阵，得到各项准则的权重。利用固土护坡植物能力指标体系，尝试建立层次结构判断矩阵，并利用 MATALB 软件求解。经过多次验证，检验同时满足各层的指标 *CR*，最终得到有效的层次分析结构比较权重。

构造判断矩阵将结构模型向数量模型转换，应用专家调查法，对元素间的相对重要性给出判断尺度，构成判断矩阵。针对上一层某因素在本层中与之有关的因素的相对重要性由判断矩阵表示。根据 Satty 的研究，将判断元素间重要程度的衡量尺度分为 9 个等级[173]。判断矩阵各类元素对比标度标准见表 7-8。

表 7-8 判断矩阵各类元素对比标度标准

标度	含义
1	表示两个因素相比，两者重要性相同
3	表示两个因素相比，前者比后者稍重要
5	表示两个因素相比，前者比后者明显重要
7	表示两个因素相比，前者比后者强烈重要
9	表示两个因素相比，前者比后者极端重要
2,4,6,8	表示以上两相邻判断之间的中间值
倒数	因素 i 与因素 j 相比较得出判断 b_{ij}，则因素 j 与因素 i 相比较得出判断 $b_{ij}=1/b_{ji}$

3. 一致性判断

若特征向量为 $\boldsymbol{W}=(W_1, \cdots, W_n)$，则有

$$a_{ij}=W_i / W_j \tag{7-4}$$

a_{ij} 表示 W_i 与 W_j 之间的比值，是这两者重要性之间的一个判断，$\boldsymbol{W}$ 就是各对象之间的一个排序，即：各列均表示被判断元素之间的排序。

4. 一致性检验

在一般决策问题中，构造两两判断矩阵时，往往不可能给出精确的度量，只能对它们进行判断估计，会出现元素之间比较结果互相矛盾的情况。这说明实际给出的判断矩阵有偏差，不能保证判断矩阵具有完全的一致性。只有判断矩阵满足完全一致性条件时，所求得的各指标权重才合理。因此，还需要对构造的判断矩阵进行一致性检验，步骤如下。

(1) 求出一致性检验指标 CI

$$CI = \frac{\lambda_{\max} - n}{n-1} \tag{7-5}$$

式中，$\lambda_{\max}$ 为最大特征值；n 为判断矩阵的阶数。

(2) 求平均随机一致性指标 RI。可根据表 7-9 随机一致性指标 RI 取值。

表 7-9　随机一致性指标 RI

矩阵阶数	RI	矩阵阶数	RI
3	0.58	7	1.32
4	0.90	8	1.41
5	1.12	9	1.45
6	0.90	10	1.49

(3) 求出一致性比率 CR

$$CR=CI/RI \tag{7-6}$$

式中，CR 越小，判断矩阵的一致性越好。当 $CR<0.1$ 时，可以认为判断矩阵基本符合完全一致性条件，权重分配合理。若 $CR \geqslant 0.1$，则需要对矩阵进行修正，直至通过检验为止。

5. 判断矩阵及其计算结果

建立层次结构判断矩阵，并利用 MATALB 软件求解。经过多次验证，检验同时满足各层的指标 CR，最终得到有效的层次分析结构比较权重。

参考评分标度表(表 7-8)，通过 yaahp 软件，根据元素之间重要度给予赋分。图 7-2 为固土护坡植物指标(防护性能、生态适应性、经济效益、景观生态效果)赋分示例图，其他与之类似。

(1) 固土护坡植物指标：防护性能、生态适应性、经济效益、景观生态效果分别对应 C_1、C_2、C_3、C_4，得到一致性比例为 0.0172。对“固土护坡植物选择”的权重为 1.0000；$\lambda_{\max}$ 为 4.0458。具体数据见表 7-10。

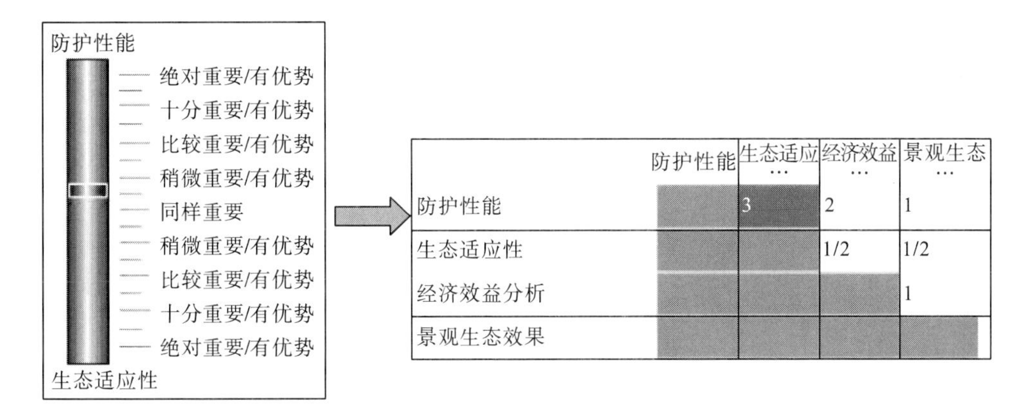

图 7-2　固土护坡植物指标赋分示例图

表 7-10 固土护坡植物各项指标数据

固土护坡植物选择	防护性能	生态适应性	经济效益	景观生态效果	W_i
防护性能	1	3	2	1	0.3659
生态适应性	0.3333	1	0.5	0.5	0.1238
经济效益分析	0.5	2	1	1	0.2326
景观生态效果	1	2	1	1	0.2778

(2)防护性能指标根系抗拉伸力强度、根系抗剪切力强度、根系抗变形能力、根系与土壤的摩擦特性、根系类型，分别对应 C_{11}、C_{12}、C_{13}、C_{14}、C_{15}。得到一致性比例为 0.0000；对“固土护坡植物选择”的权重为 0.3659；λ_{max} 为 5.0000。具体数据见表 7-11。

表 7-11 防护性能各项指标数据

防护性能	根系抗变形能力	根系与土壤的摩擦特性	根系抗拉伸力强度	根系类型	根系抗剪切力度	W_i
根系抗变形能力	1	1.4	2.3333	2.3333	3.5	0.35
根系与土壤的摩擦特性	0.7143	1	1.6667	1.6667	2.5	0.25
根系抗拉伸力强度	0.4286	0.6	1	1	1.5	0.15
根系类型	0.4286	0.6	1	1	1.5	0.15
根系抗剪切力度	0.2857	0.4	0.6667	0.6667	1	0.1

(3)生态适应性指标耐旱性、耐瘠薄性、抗有毒有害气体能力分别对应 C_{21}、C_{22}、C_{23}。得到一致性比例为 0.0045；对“固土护坡植物选择”的权重为 0.1238；λ_{max} 为 4.0121。具体数据见表 7-12。

表 7-12 生态适应性各项指标数据

生态适应性	耐旱性	耐瘠薄性	抗有毒有害气体能力	W_i
耐旱性	1	0.3333	2	0.2103
耐瘠薄性	3	1	8	0.6942
抗有毒有害气体能力	0.5	0.125	1	0.0955

(4)经济效益指标直接经济效益、间接经济效益，分别对应 C_{31}、C_{32}。得到一致性比例为 0.0088；对“固土护坡植物选择”的权重为 0.2326；λ_{max} 为 3.0092。具体数据见表 7-13。

表 7-13 经济效益各项指标数据

经济效益	直接经济效益	间接经济效益	W_i
直接经济效益	1	0.25	0.2
间接经济效益	4	1	0.8

(5) 景观生态效果指标生态效益、社会效益、观赏效果，分别对应 C_{41}、C_{42}、C_{43}。得到一致性比例为 0.0000；对“固土护坡植物选择”的权重为 0.2778；λ_{max} 为 3.0000。具体数据见表 7-14。

表 7-14　景观生态效果各项指标数据

景观生态效果	生态效益	社会效益	观赏效果	W_i
生态效益	1	1	7	0.4667
社会效益	1	1	7	0.4667
观赏效果	0.1429	0.1429	1	0.0667

最后汇总各方案的权重得到方案层中要素对决策目标的排序权重(标度类型：1～9)，求和汇总得到中间层要素对决策目标的排序权重，如计算防护性能的权重：

$$防护性能的权重 = \sum_i W_i$$

其中，i 为根系抗拉伸力强度、根系抗剪切力强度、根系抗变形能力、根系与土壤的摩擦特性、根系类型对应的权重。方案层中要素对决策目标的排序权重见表 7-15，中间层要素对决策目标的排序权重见表 7-16。

表 7-15　方案层中要素对决策目标的排序权重

备选方案	权重
间接经济效益	0.1860
生态效益	0.1296
社会效益	0.1296
根系抗变形能力	0.1280
根系与土壤的摩擦特性	0.0915
耐瘠薄性	0.0860
根系类型	0.0549
根系抗拉伸力强强度	0.0549
直接经济效益	0.0465
根系抗剪切力强度	0.0366
耐旱性	0.0260
观赏效果	0.0185
抗有毒有害气体能力	0.0118

表 7-16　中间层要素对决策目标的排序权重

中间层要素	权重
防护性能	0.3659
景观生态效果	0.2778
经济效益	0.2326
生态适应性	0.1238

最终可视化效果如图 7-3 所示。

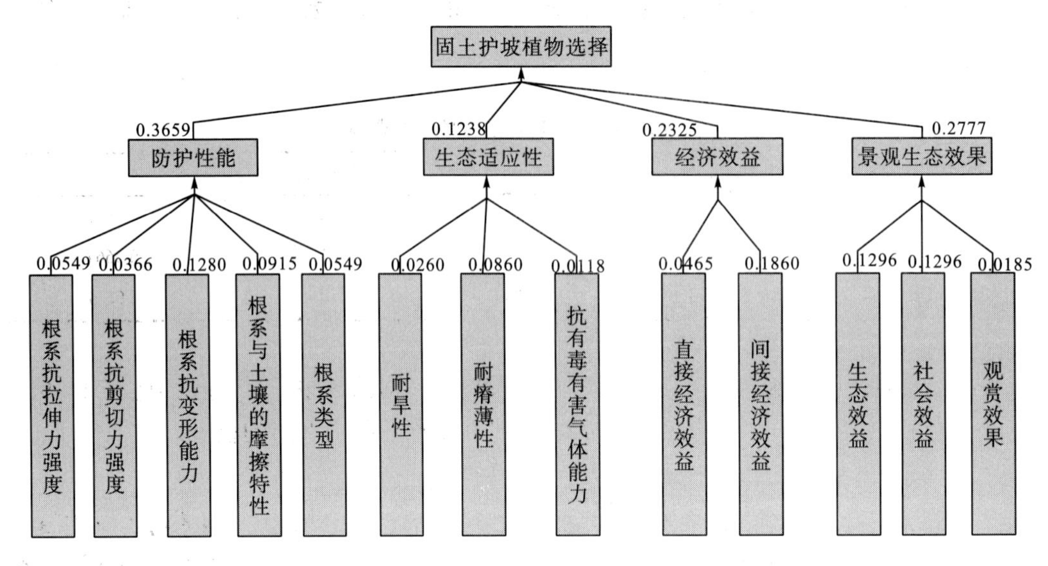

图 7-3 最终可视化效果图

6. 综合评分

结合主要植物特征以及相关因素分析(表 7-17),通过网络收集植物在各个因素领域的评分与 AHP 模型得到的各个因素的影响权重，最终得到各植物固土护坡能力的综合得分(表 7-18)。

表 7-17 主要植物特征表

植物名称	科	属	是否本地	形态	特征
油松	松科	松属	否	常绿乔木	深根型树种，结构较细密，材质较硬
香樟	樟科	樟属	是	常绿乔木	主根发达，深根型，能抗风，有很强的吸烟滞尘、涵养水源、固土防沙和美化环境的能力
四川山矾	山矾科	山矾属	是	常绿乔木	根系抗拉强度较大
四翅滨藜	藜科	滨藜属	否	常绿灌木	抗盐碱能力很强，在治理土地沙化、防风固沙方面是首选树种
柠条锦鸡儿	蝶形花科	锦鸡儿属	否	常绿灌木	优良固沙植物和水土保持植物
狗牙根	禾本科	狗牙根属	是	多年生草本	根茎蔓延力很强，广铺地面，为良好的固堤保土植物
结缕草	禾本科	结缕草属	否	多年生草本	优良的固土护坡植物

表 7-18 植物固土护坡能力综合得分表

因素＼植物	油松	香樟	四川山矾	四翅滨藜	柠条锦鸡儿	狗牙根	结缕草
间接经济效益	9	10	6	3	3	5	5
生态效益	10	10	6	5	5	3	—

续表

因素＼植物	油松	香樟	四川山矾	四翅滨藜	柠条锦鸡儿	狗牙根	结缕草
社会效益	9	10	6	5	4	5	5
根系抗变形能力	8	9	10	—	7	4	3
根系与土壤的摩擦特性	5	5	6	6	6	10	10
根系抗拉伸力强度	5	5	5	6	7	10	10
根系类型	5	6	7	7	7	10	10
耐瘠薄性	6	3	7	7	7	10	9
直接经济效益	8	10	6	6	6	5	5
根系抗剪切力强度	7	8	7	7	8	9	8
观赏效果	9	10	5	5	5	7	8
耐旱性	9	3	6	6	6	6	10
抗有毒有害气体能力	7	7	5	5	5	3	2
综合得分	7.7631	8.1415	6.534	4.5228	5.4118	6.2421	5.722

7.4.3 结论

在固土护坡植物选择上，从固土影响状况入手，进行系统、科学的划分，根据最大隶属度原则，将各因子层对准则层的权重及准则层对目标层的权重进行综合，得到各因子对固土性能植物选择的权重。从表7-16可以看出在固土护坡性能方面，防护性能为0.3659，在四个维度中最为重要，其他相对来说较为平均。由表7-18可以看出，香樟的综合得分最高为8.1415，四翅滨藜得分最低为4.5228。固土护坡性能高低排序为香樟＞油松＞四川山矾＞狗牙根＞结缕草＞柠条锦鸡儿＞四翅滨藜。

根据表中的标准化数据以及权重，结合滇中地区自然环境状况，建议选择的固土护坡植物是：香樟（*Cinnamomum glanduliferum* Wall.）、油松（*Pinus tabuliformis* Carr.）、四川山矾（*Symplocos setchuensis* Brand）、狗牙根［*Cynodon dactylon*（L.）Pers.］和结缕草（*Zoysia japonica* Steud.）。

7.5 云南山地城市避灾绿地可食用植物选择

7.5.1 避灾绿地可食用植物功能

在城市避灾绿地中配置可食用植物具有一定的必要性和重要性，不仅能够增强绿地活力、增加场地内使用者的数量，同时能够将可食用功能与绿地日常运营维护结合，起到节约日常运营维护成本的作用；灾难发生后，避灾绿地中的可食用植物能够作为紧急食物来源发挥部分救援功能，同时能够增强灾后人们的生活积极性。

(1)生态效益。除了具有一般植物生态功能外，可食用植物还具有其独特的生态作用。第一，部分可食用植物如银杏、橙、柚、胡桃等的树叶不但绒毛、气孔较多，可有效防治环境污染，还能分泌一些挥发性油脂对抗空气中的有害细菌。第二，可食用植物大多树冠较大、枝繁叶茂，能有效降低风速。第三，由于可食用植物的花和果实能吸引大量的虫类和鸟类物种，因此可食用植物的配置能够丰富城市的生物循环系统，增加生物多样性。

(2)食用功能。果品作为人们生活的必需品，含有丰富的营养成分，如苹果的含糖量为10%～20%，柑橘的含糖量为9%～15%，荔枝、龙眼的含糖量为16%～21%，无花果和枣果实的含糖量达60%以上。另外，许多干果中含有丰富的蛋白质和植物脂肪，其营养价值几乎与肉类相当，如杏仁和榛子的蛋白质含量可达15%～25%。板栗、巴旦木、香蕉等果品是很好的充饥食品。果品营养价值高，在人体健康方面起着重要作用。

(3)景观效益。在避灾绿地配置可食用植物，尤其是可食花、食果植物，不仅能带来自然植物美感，塑造独特的城市绿地风貌，促进城市的可持续健康发展，还能够缓解快节奏生活带来的身体疲劳和精神紧张，为居民提供户外交流和组织丰收果实的场所等。

(4)经济效益。将可食用观赏植物应用于城市避灾绿地，能创造直接或间接的经济价值。一方面可食用植物可以为绿地使用者提供一定的果品需求，以果品创造的价值辅助绿地的维护管理成本，是直接经济效益；另一方面，可充分利用城市的土地资源，美化生态环境，并创造价值，从而创造间接的经济效益。

7.5.2 避灾绿地可食用植物选择

根据现状植物调查情况和前期资料查阅，选取云南栽培较普遍的31种可食用植物：柚(*Citrus maxima*)、火棘(*Pyracantha fortuneana*)、枇杷(*Eriobotrya japonica*)、柑橘(*Citrus reticulata*)、核桃(*Juglans regia*)、苹果(*Malus pumila*)、杨梅(*Myrica rubra*)、石榴(*Punica granatum*)、柿(*Diospyros kaki*)、桃(*Amygdalus persica*)、山楂(*Crataegus pinnatifida*)、梨(*Pyrus pseudopashia*)、李(*Prunus salicina*)、杏(*Armeniaca vulgaris*)、樱桃(*Cerasus pseudocerasus*)、无花果(*Ficus carica*)、猕猴桃(*Actinidia chinensis*)、胡颓子(*Elaeagnus pungens*)、香椿(*Toona sinensis*)、荷花(*Nelumbo nucifera*)、茼蒿(*Chrysanthemum coronarium*)、榆树(*Ulmus pumila*)、芦苇(*Phragmites australis*)、茉莉花(*Jasminum sambac*)、桂花(*Osmanthus fragrans*)、栀子(*Gardenia jasminoides*)、金银花(*Lonicera japonica*)、木槿(*Hibiscus syriacus*)、白玉兰(*Magnolia denudata*)、紫玉兰(*Magnolia liliflora*)、刺槐(*Robinia pseudoacacia*)进行可食用性能综合测评。

1. 评价因子选取

避灾绿地可食用植物选择受多种因素的影响，根据各影响因子的重要程度，将各项评判指标按照类目大小及隶属关系分为目标层、准则层和指标层3个层次。分层结果见表7-19。

2. 构造判断矩阵

对影响避灾绿地可食用植物选择因子的相对重要性进行评估，对各因子重要性进行两两比较并打分。

判断矩阵是比较一个层次内的因素和上一层内某个因素的重要性，用 1～9 个标度进行赋值(表 7-19)。判断矩阵构造结果如下。

(1)针对目标层 A 对准则层 B 构造判断矩阵，赋值结果见表 7-20。

表 7-19 灾绿地可食用植物影响因子表

目标层 A	准则层 B	指标层 C	备注
树种可食用性能综合测评	食用性(B_1)	可食用性(C_1)	植物的叶片、嫩尖、果实或其他部位可食用
		采食便捷性(C_2)	可以即采即食，不需要进行人为加工
		可食用期(C_3)	植物可采食时间长短
	生态学特性(B_2)	物候特性(C_4)	常绿或落叶
		环境适应性(C_5)	环境适应性强弱

表 7-20 目标层 A 对准则层 B 判断矩阵

A	B_1	B_2
B_1	1	5
B_2	1/5	1

(2)针对准则层 B_1 对指标层 C_1、C_2、C_3 分别构造判断矩阵，赋值结果见表 7-21。

表 7-21 准则层 B_1 对指标层 C_1、C_2、C_3 的判断矩阵

B_1	C_1	C_2	C_3
C_1	1	3	5
C_2	1/3	1	2
C_3	1/5	1/2	1

(3)针对准则层 B_2 对指标层 C_4、C_5 分别构造判断矩阵，赋值结果见表 7-22。

表 7-22 准则层 B_2 对指标层 C_4、C_5 的判断矩阵

B_2	C_4	C_5
C_4	1	3
C_5	1/3	1

3. 计算相对权重

1)特征向量计算

第一步：计算判断矩阵 $\boldsymbol{A}$ 每行元素乘积的 n 次方根 W_i，；第二步：将 W_i 归一化，得到 $\boldsymbol{W}$；$\boldsymbol{W}=(W_1, W_2, \cdots, W_n)^{\mathrm{T}}$ 即为 $\boldsymbol{A}$ 的特征向量的近似值。

2）相对权重计算

（1）目标层 A 对准则层 B 相对权重计算结果见表 7-23。

表 7-23 目标层 A 对准则层 B 相对权重计算结果

A	W
B_1	0.8333
B_2	0.1667

（2）准则层 B_1 对指标层 C_1、C_2、C_3 相对权重计算结果见表 7-24。

表 7-24 准则层 B_1 对指标层 C_1、C_2、C_3 相对权重计算结果

B_1	W
C_1	0.6483
C_2	0.2297
C_3	0.1220

（3）准则层 B_2 对指标层 C_4、C_5 相对权重计算结果见表 7-25。

表 7-25 准则层 B_2 对指标层 C_4、C_5 相对权重计算结果

B_2	W
C_4	0.7500
C_5	0.2500

4. 一致性验证

为了保证权重和合理性，对判断矩阵进行一致性检验。

1）一致性验证相关公式

第一步：计算最大特征值 λ_{max}；第二步：计算一致性指标 CI；第三步：计算一致性比例 CR；其中 RI 是指平均随机一致性指标数值。

2）一致性验证结果

（1）目标层 A 对准则层 B 一致性验证结果见表 7-26。由计算结果显示 CR=0.0000＜0.10，可知该判断矩阵具有满意一致性。

表 7-26 目标层 A 对准则层 B 一致性验证结果

λ_{max}	CI	RI	CR
2.0000	0.0000	0.00	0.0000

（2）准则层 B_1 对指标层 C_1、C_2、C_3 一致性验证结果见表 7-27。由计算结果显示

$CR=0.0032<0.10$，可知该判断矩阵具有满意一致性。

表 7-27 准则层 B_1 对指标层 C_1、C_2、C_3 一致性验证结果

λ_{max}	CI	RI	CR
3.0037	0.0018	0.58	0.0032

(3) 目标层 B_2 对准则层 C_4、C_5 一致性验证结果见表 7-28。由计算结果显示 $CR=0.0000<0.10$，可知该判断矩阵具有满意一致性。

表 7-28 目标层 B_2 对准则层 C_4、C_5 一致性验证结果

λ_{max}	CI	RI	CR
2.0000	0.0000	0.00	0.0000

5. 因子加权叠加法进行综合评价

对避灾绿地可食用植物选择的影响因子赋予不同的等级值：3 分(应用情况良好)、2 分(应用情况尚可)、1 分(应用情况欠佳)、0 分(不具备该功能)，得到避灾绿地可食用植物各评价指标评价值(表 7-29)。

表 7-29 避灾绿地可食用植物各评价指标评价值

序号	中文名	可食用性	采食便捷性	可食用期	物候特性	环境适应性
1	枇杷	3	3	1	3	3
2	石榴	3	3	1	2	3
3	杨梅	3	3	1	3	2
4	樱桃	3	3	1	2	2
5	无花果	3	3	1	2	2
6	柿	3	3	1	2	3
7	桃	3	3	1	2	3
8	山楂	3	3	1	2	3
9	苹果	3	3	2	2	3
10	梨	3	3	1	2	3
11	柚	3	3	2	3	3
12	柑橘	3	3	1	3	3
13	核桃	3	3	1	3	3
14	猕猴桃	3	3	1	2	2
15	李	3	3	1	2	3
16	杏	3	3	1	2	3
17	火棘	3	3	2	3	3

续表

序号	中文名	可食用性	采食便捷性	可食用期	物候特性	环境适应性
18	胡颓子	3	2	1	3	3
19	香椿	2	3	2	2	3
20	荷花	2	2	3	2	3
21	榆树	2	2	2	2	3
22	芦苇	2	2	2	2	3
23	白玉兰	2	1	1	3	2
24	紫玉兰	2	1	1	2	2
25	桂花	2	1	1	3	3
26	栀子	2	1	1	3	3
27	刺槐	2	1	1	2	2
28	金银花	2	1	1	3	3
29	茉莉花	2	1	2	3	2
30	茼蒿	2	1	3	3	3
31	木槿	2	1	2	2	3

采用多因子加权叠加分析法公式对植物分别进行计算，得到避灾绿地可食用植物综合评价结果（表7-30）。

表7-30 避灾绿地可食用植物综合评价结果排序表

序号	中文名	食用性		生态学特性		综合评价值	
		分值	排序	分值	排序	分值	排序
1	柚	2.3982	1	0.5001	1	2.8983	1
2	火棘	2.3982	1	0.5001	1	2.8983	1
3	枇杷	2.2965	2	0.5001	1	2.7966	2
4	柑橘	2.2965	2	0.5001	1	2.7966	2
5	核桃	2.2965	2	0.5001	1	2.7966	2
6	苹果	2.3982	1	0.3751	3	2.7733	3
7	杨梅	2.2965	2	0.4584	2	2.7549	4
8	石榴	2.2965	2	0.3751	3	2.6716	5
9	柿	2.2965	2	0.3751	3	2.6716	5
10	桃	2.2965	2	0.3751	3	2.6716	5
11	山楂	2.2965	2	0.3751	3	2.6716	5
12	梨	2.2965	2	0.3751	3	2.6716	5
13	李	2.2965	2	0.3751	3	2.6716	5
14	杏	2.2965	2	0.3751	3	2.6716	5
15	樱桃	2.2965	2	0.3334	4	2.6299	6

续表

序号	中文名	食用性		生态学特性		综合评价值	
		分值	排序	分值	排序	分值	排序
16	无花果	2.2965	2	0.3334	4	2.6299	6
17	猕猴桃	2.2965	2	0.3334	4	2.6299	6
18	胡颓子	2.1051	3	0.5001	1	2.6052	7
19	香椿	1.8580	4	0.3751	3	2.2331	8
20	荷花	1.7683	5	0.3751	3	2.1434	9
21	茼蒿	1.5769	7	0.5001	1	2.0770	10
22	榆树	1.6666	6	0.3751	3	2.0417	11
23	芦苇	1.6666	6	0.3751	3	2.0417	11
24	茉莉花	1.4752	8	0.4584	2	1.9336	12
25	桂花	1.3735	9	0.5001	1	1.8736	13
26	栀子	1.3735	9	0.5001	1	1.8736	13
27	金银花	1.3735	9	0.5001	1	1.8736	13
28	木槿	1.4752	8	0.3751	3	1.8503	14
29	白玉兰	1.3735	9	0.4584	2	1.8319	15
30	紫玉兰	1.3735	9	0.3334	4	1.7069	16
31	刺槐	1.3735	9	0.3334	4	1.7069	16

6. 结论

通过层次分析法和多因子加权叠加法计算，从乡土植物中选择样本，从可食用性、采食便捷性、可食用期、物候特性以及环境适应性 5 个方面对其进行试验及评价，最终确定 31 种适宜滇中避灾绿地的可食用植物(表 7-31)。

表 7-31　避灾绿地可食用植物一览表

序号	中文名	拉丁名	科名	属名	可食用部位	采食季节
1	柚	*Citrus maxima*	芸香科	柑橘属	果实	9～12 月
2	火棘	*Pyracantha fortuneana*	蔷薇科	火棘属	果实	8～11 月
3	枇杷	*Eriobotrya japonica*	蔷薇科	枇杷属	果实	3～4 月
4	柑橘	*Citrus reticulata*	芸香科	柑橘属	果实	10～12 月
5	核桃	*Juglans regia*	胡桃科	胡桃属	核仁	8～9 月
6	苹果	*Malus pumila*	蔷薇科	苹果属	果实	7～11 月
7	杨梅	*Myrica rubra*	杨梅科	杨梅属	果实	6～7 月
8	石榴	*Punica granatum*	石榴科	石榴属	果实	9～10 月
9	柿	*Diospyros kaki*	柿科	柿属	果实	9～10 月
10	桃	*Amygdalus persica*	蔷薇科	桃属	果实、核仁	8～9 月
11	山楂	*Crataegus pinnatifida*	蔷薇科	山楂属	果实	9～10 月

续表

序号	中文名	拉丁名	科名	属名	可食用部位	采食季节
12	梨	*Pyrus pseudopashia*	蔷薇科	梨属	果实	7～9月
13	李	*Prunus salicina*	蔷薇科	李属	果实	7～8月
14	杏	*Armeniaca vulgaris*	蔷薇科	杏属	果实、核仁	6～7月
15	樱桃	*Cerasus pseudocerasus*	蔷薇科	樱属	果实	5～6月
16	无花果	*Ficus carica*	桑科	榕属	果实	5～7月
17	猕猴桃	*Actinidia chinensis*	猕猴桃科	猕猴桃属	果实	8～10月
18	胡颓子	*Elaeagnus pungens*	胡颓子科	胡颓子属	果实、叶、根	4～6月
19	香椿	*Toona sinensis*	楝科	香椿属	嫩梢、叶	春季
20	荷花	*Nelumbo nucifera*	睡莲科	莲属	花、果实、根茎	夏季、秋季
21	茼蒿	*Chrysanthemum coronarium*	菊科	茼蒿属	嫩叶、茎	冬春季
22	榆树	*Ulmus pumila*	榆科	榆属	嫩果、叶	3～6月
23	芦苇	*Phragmites australis*	禾本科	芦苇属	地下茎	秋季
24	茉莉花	*Jasminum sambac*	木樨科	素馨属	花、叶	6～10月
25	桂花	*Osmanthus fragrans*	木樨科	木樨属	花	9～10月
26	栀子	*Gardenia jasminoides*	茜草科	栀子属	花	5～7月
27	金银花	*Lonicera japonica*	忍冬科	忍冬属	花	4～6月
28	木槿	*Hibiscus syriacus*	锦葵科	木槿属	花	6～9月
29	白玉兰	*Magnolia denudata*	木兰科	木兰属	花	3～5月
30	紫玉兰	*Magnolia liliflora*	木兰科	木兰属	花	3～4月
31	刺槐	*Robinia pseudoacacia*	豆科	刺槐属	花	4～6月

7.6 云南山地城市避灾绿地心理安抚植物选择

避灾绿地中充分应用具有安抚功能的园林植物对突发灾害发生后的避灾人群具有减缓恐惧、悲伤、绝望情绪，抚平心理创伤的作用。植物的色彩和芳香气味是决定安抚功能的两大因素。

7.6.1 植物色彩与安抚功能

1. 植物色彩对心理的影响

(1) 观花植物。粉色系、白色系、蓝色系花能够有效辅助放松身体，并降低焦虑、愤怒情绪和疲劳感；黄色系、红色系花能够增加活力。

(2) 观叶植物。单色叶植物比彩叶植物能更有效辅助放松身体，降低焦虑、愤怒及疲劳感。

(3) 植物色块。绿色系和紫色系植物色块能有效辅助放松身体，降低焦虑、愤怒及疲劳感。

(4) 秋色叶植物。黄色叶植物能有效辅助放松身体，降低焦虑、愤怒及疲劳感。

当前对植物色彩的分类在我国还没有统一标准，现有植物色彩分类方法大部分是基于植物色彩进行的分类。表 7-32 基本对我国园林植物色彩分类做出了概括。

表 7-32　园林植物色彩分类

叶色	花色	果色	枝干色
绿	红	红	红
红	黄	黄	绿
黄	蓝	黑	黄褐
银(白)	白	褐	黑
蓝	橙	紫	白
橙	紫	蓝	杂
蓝	粉	白	—
花叶	黑	—	—

2. 结合色彩的安抚植物选择

结合色彩心理学理论，筛选出景观效果较好、具有心理安抚功能的彩色植物，详见表 7-33 和表 7-34。

表 7-33　云南常见彩叶植物一览表

序号	植物名称	拉丁名	形态	是否本地	色系	彩叶展现时间
1	枫香树	*Liquidambar formosana*	落叶乔木	是	红	秋
2	香椿	*Toona sinensis*	落叶乔木	是	红	春、秋
3	红枫	*Acer palmatum* 'Atropurpureum'	落叶乔木	否	红	春、秋
4	红叶石楠	*Photinia×fraseri*	常绿乔木	是	红	春、秋
5	红背桂花	*Excoecaria cochinchinensis*	常绿灌木	否	红	全年
6	乌桕	*Sapium sebiferum*	落叶乔木	是	红	秋
7	三角枫	*Acer buergerianum*	落叶乔木	否	红	秋
8	鸡爪槭	*Acer palmatum*	落叶乔木	是	红	秋
9	南天竹	*Nandina domestica*	常绿灌木	是	红	秋、冬
10	红枝蒲桃	*Syzygium rehderianum*	常绿灌木	是	红	全年
11	翘黄栌	*Euphorbia cotinifolia*	半常绿灌木	是	红	全年
12	重阳木	*Bischofia polycarpa*	落叶乔木	是	黄	秋
13	黄连木	*Pistacia chinensis*	落叶乔木	是	黄	秋
14	水杉	*Metasequoia glyptostroboides*	落叶乔木	是	黄	秋

续表

序号	植物名称	拉丁名	形态	是否本地	色系	彩叶展现时间
15	无患子	*Sapindus mukorossi*	落叶乔木	是	黄	秋
16	黄金榕	*Ficus microcarpa 'GoldenLeaves'*	常绿乔木	是	黄	全年
17	黄金香柳	*Melaleuca bracteata 'Revolution Gold'*	常绿乔木	否	黄	全年
18	黄葛榕	*Ficus virens* var. *sublanceolata*	落叶乔木	是	黄	秋
19	金叶女贞	*Ligustrum japonicum 'Howardii'*	常绿灌木	否	黄	全年
20	银杏	*Ginkgo biloba*	落叶乔木	是	黄	秋
21	鹅掌楸	*Liriodendron chinense*	落叶乔木	是	黄	秋
22	金边黄杨	*Euonymus japonicus*	常绿灌木	否	黄	全年
23	花叶橡皮榕	*Ficus binnendijkii*	常绿乔木	否	花叶	全年
24	花叶鹅掌柴	*Schefflera octophylla 'Variegata'*	常绿灌木	是	花叶	全年
25	花叶青木	*Aucuba japonica*	常绿灌木	是	花叶	全年
26	红桑	*Acalypha wilkesiana*	常绿灌木	否	花叶	全年
27	变叶木	*Codiaeum variegatum*	常绿灌木	是	花叶	全年
28	花叶常春藤	*Hedera helix* cv. *Variegata*	藤本	否	花叶	全年

表 7-34 云南常见彩花植物一览表

序号	植物名称	拉丁名	形态	是否本地	花期	果期	色系
1	梅	*Armeniaca mume*	落叶乔木	是	1～4 月	5～6 月	红
2	海棠	*Malus spectabilis*	落叶乔木	是	4 月	9～10 月	红
3	日本晚樱	*Cerasus serrulata* var. *lannesiana*	落叶乔木	否	4～5 月	6～7 月	红
4	山茶	*Camellia japonica*	常绿灌木	是	1～4 月	——	红
5	扶桑	*Hibiscus rosa-sinensis*	常绿灌木	是	终年	——	红
6	月季	*Rosa chinensis*	常绿灌木	是	4～9 月	6～11 月	红
7	紫荆	*Cercis chinensis*	落叶灌木	是	3～4 月	8～10 月	红
8	凌霄	*Campsis grandiflora*	藤本	是	5～8 月	——	红
9	郁金香	*Tulipa gesneriana*	多年生草本	——	4-5 月	——	红
10	黄缅桂	*Michelia champaca*	常绿乔木	是	——	——	黄
11	迎春花	*Jasminum nudiflorum*	落叶乔木	是	6 月	——	黄
12	蜡梅	*Chimonanthus praecox*	常绿灌木	是	11～3 月	4～11 月	黄
13	云南黄素馨	*Jasminum mesnyi*	常绿灌木	否	11～8 月	3～5 月	黄
14	黄花夹竹桃	*Thevetia peruviana*	常绿灌木	是	5～12 月	8～2 月	黄
15	连翘	*Forsythia suspensa*	落叶灌木	是	2～3 月	——	黄
16	紫丁香	*Syringa oblate*	常绿乔木	是	4～5 月	6～10 月	蓝紫
17	蓝花楹	*Jacaranda mimosifolia*	落叶乔木	否	5～6 月	——	蓝紫

续表

序号	植物名称	拉丁名	形态	是否本地	花期	果期	色系
18	紫藤	*Wisteria sinensis*	藤本	是	4～5 月	5～8 月	蓝紫
19	鸢尾	*Iris tectorum*	多年生草本	——	4～5 月	6～8 月	蓝紫
20	薰衣草	*Lavandula angustifolia*	多年生草本	——	6 月	——	蓝紫
21	三色堇	*Viola tricolor*	多年生草本	——	——	——	蓝紫
22	广玉兰	*Magnolia grandiflora*	常绿乔木	是	5～6 月	9～10 月	白
23	白兰	*Michelia alba*	常绿乔木	是	4～9 月	——	白
24	木荷	*Schima superba*	常绿乔木	否	6～8 月	——	白
25	玉兰	*Magnolia denudata*	落叶乔木	否	2～3 月	8～9 月	白
26	含笑	*Michelia figo*	常绿灌木	是	3～5 月	7～8 月	白
27	茉莉花	*Jasminum sambac*	常绿灌木	是	5～8 月	7～9 月	白
28	木香	*Rosa banksiae*	常绿灌木	否	4～5 月	——	白

7.6.2　芳香植物与安抚功能

芳香植物多具观赏价值高，能吸附灰尘、净化空气等特征。作为观赏和绿化的芳香植物有很多，如菊花、含笑、桂花等，其花朵具有强烈芳香；广玉兰、雪松等对 SO_2 有抗性。

通过对云南省内 28 个城市公园、道路、单位、居住区的绿地现状调查以及对区域内城市现有绿地植物进行的实地调查统计，结合王羽梅主编的《中国芳香植物》，筛选出云南常见的具有安抚功能的芳香植物见表 7-35。

表 7-35　云南常见芳香植物一览表

序号	植物名称	拉丁名	形态	是否本地	主含成分
1	柏木	*Cupressus funebris*	常绿乔木	是	雪松脑
2	墨西哥柏木	*Cupressus lusitanica*	常绿乔木	是	芳香油
3	侧柏	*Platycladus orientalis*	常绿乔木	是	罗汉柏烯
4	刺柏	*Juniperus formosana*	常绿乔木	是	雪松脑
5	圆柏	*Sabina chinensis*	常绿乔木	是	柏木油、柏木脑
6	麦冬	*Ophiopogon japonicus*	多年生草本	—	—
7	郁金香	*Tulipa gesneriana*	多年生草本	—	—
8	迷迭香	*Rosmarinus officinalis*	常绿灌木	否	8-桉油素
9	薰衣草	*Lavandula angustifolia*	常绿灌木	否	芳樟醇、乙酸芳樟酯
10	紫苏	*Perilla frutescens*	一年生草本	—	紫苏醛
11	红车轴草	*Trifolium pretense*	多年生草本	—	十八烷醇
12	刺槐	*Robinia pseudoacacia*	落叶乔木	否	棕榈酸乙酯、亚油酸乙酯、苯乙醇
13	台湾相思	*Acacia confuse*	常绿乔木	是	鲨油烯、β-香树精
14	紫藤	*Wisteria sinensis*	落叶藤本	是	乙酸乙酯、芳樟醇
15	枫香树	*Liquidambar formosana*	落叶乔木	是	4-甲基乙醇、莰烯

续表

序号	植物名称	拉丁名	形态	是否本地	主含成分
16	蜡梅	*Chimonanthus praecox*	落叶灌木	是	花含芳香油
17	楝	*Melia azedarach*	落叶乔木	是	油酸、棕榈酸
18	白兰	*Michelia alba*	常绿乔木	是	芳樟醇
19	桂花	*Osmanthus fragrans*	常绿乔木	是	芳樟醇
20	清香木	*Pistacia weinmannifolia*	常绿乔木	是	—
21	雪松	*Cedrus deodara*	常绿乔木	是	α-蒎烯、β-蒎烯、β-月桂烯
22	银杏	*Ginkgo biloba*	落叶乔木	是	酯类、醇类、醛类
23	阴香	*Cinnamomum burmanni*	常绿乔木	是	芳樟醇

7.6.3 具有安抚功能的避灾绿地植物筛选

通过对植物各部位不同色彩及植物色彩不同组合方式能降低人的焦虑、愤怒及疲劳程度的分析，结合芳香植物所释放的芳香成分对于芳香疗法实现的积极作用，整理分析云南省内现有园林植物应用状况，筛选出同时兼具色彩及芳香安抚作用的安抚功能植物 36 种，详见表 7-36。

表 7-36 云南具有心理安抚功能的避灾绿地植物推荐表

序号	植物名称	拉丁名	形态	花期	色系	主含成分	适用地区
1	白兰	*Michelia alba*	常绿乔木	4～9 月	白	芳樟醇	昆明、丽江、楚雄、思茅、临沧、保山等
2	刺槐	*Robinia pseudoacacia*	落叶乔木	4～6 月	白	棕榈酸乙酯、亚油酸乙酯、苯乙醇	云南大部分地区
3	广玉兰	*Magnolia grandiflora*	常绿乔木	5～6 月	白	1,8-桉叶油素、芳樟醇、苯乙醇等	云南中部
4	含笑	*Michelia figo*	常绿灌木	3～5 月	白	2-甲基苯酸乙酯、乙酸丁酯等	贡山、丽江、大理、双柏、昆明、禄劝、寻甸、富民、嵩明、安宁、宜良、玉溪、易门、江川、华宁、峨山、元江、石屏、蒙自、金平、屏边、文山、广南、富宁、思茅、西双版纳、临沧、耿马、镇康、永德、龙陵
5	小蜡	*Ligustrum sinense*	落叶灌木	3～5 月	白	反式-桂酸甲酯、反式-桂酸乙酯等	云南大部分地区
6	楝	*Melia azedarach*	落叶乔木	4～5 月	白	油酸、棕榈酸	云南大部分地区
7	茉莉花	*Jasminum sambac*	常绿灌木	5～8 月	白	二丙烯基乙酸酯、芳樟醇、苯甲基乙酸酯等	云南大部分地区
8	木香	*Rosa banksiae*	常绿灌木	4～5 月	白	客素醇、土木香内酯、香柏素等	维西、丽江、昆明、易门、双柏
9	玉兰	*Magnolia denudata*	落叶乔木	2～3 月	白	1,8-桉叶油素、芳樟醇等	景东、丽江、澜沧、大理、思茅、维西

续表

序号	植物名称	拉丁名	形态	花期	色系	主含成分	适用地区
10	梅	*Armeniaca mume*	落叶乔木	1～4 月	红	苯甲醛、异丁香油酚、苯甲酸等	云南各地
11	日本晚樱	*Cerasus serrulata* var. *lannesiana*	落叶乔木	4～5 月	红	—	云南中部
12	山茶	*Camellia japonica*	常绿灌木	1～4 月	红	—	云南省中部至西部
13	月季	*Rosa chinensis*	常绿灌木	4～9 月	红	橙花醇、牻牛儿醇等	云南各地
14	紫荆	*Cercis chinensis*	落叶灌木	3～4 月	红	—	云南中部、东北部至东南部
15	黄缅桂	*Michelia champaca*	常绿乔木	—	黄	1,8-桉叶油素、芳樟醇、苯乙醇等	思茅、西双版纳、临沧、保山、德宏等地
16	蜡梅	*Chimonanthus praecox*	常绿灌木	11 月至次年 3 月	黄	芳樟醇等	丽江、大理、昆明
17	连翘	*Forsythia suspensa*	落叶灌木	2～3 月	黄	二苯甲酮、二十二烷等	文山、屏边、嵩明、东川、镇雄、宾川、泸水、贡山等地
18	台湾相思	*Acacia confuse*	常绿乔木	3～10 月	黄	鲨油烯、*β*-香树精	云南南部热带或河谷地区
19	迎春花	*Jasminum nudiflorum*	落叶乔木	6 月	黄	—	中甸、德钦等地
20	蓝花楹	*Jacaranda mimosifolia*	落叶乔木	5～6 月	蓝紫	—	云南中部、南部
21	迷迭香	*Rosmarinus officinalis*	常绿灌木	11 月	蓝紫	8-桉油素、樟脑、龙脑等	云南中部、南部
22	马鞭草	*Verbena officinalis*	多年生草本	6～8 月	蓝紫	龙脑、橙花醇、柠檬醛等	云南各地
23	三色堇	*Viola tricolor*	多年生草本	—	蓝紫	花含挥发油	云南省各地
24	薰衣草	*Lavandula angustifolia*	多年生草本	6 月	蓝紫	芳樟醇、乙酸芳樟酯	滇中地区
25	鸢尾	*Iris tectorum*	多年生草本	4～5 月	蓝紫	十四酸甲酯、十四酸等	丽江、德钦、维西、漾濞、景东、麻栗坡
26	紫丁香	*Syringa oblate*	常绿乔木	4～5 月	蓝紫	丁子香酚、石竹烯等	云南中部
27	紫藤	*Wisteria sinensis*	藤本	4～5 月	蓝紫	乙酸乙酯、芳樟醇	昆明、大理等地
28	柏木	*Cupressus funebris*	常绿乔木	3～5 月	绿	雪松脑	风庆、昆明、威信、砚山、麻栗坡、西畴、广南等地
29	桂花	*Osmanthus fragrans*	常绿乔木	9～10 月	绿	芳樟醇	云南中部、南部
30	清香木	*Pistacia weinmannifolia*	常绿乔木	—	绿	—	云南各地
31	雪松	*Cedrus deodara*	常绿乔木	—	绿	*α*-蒎烯、*β*-蒎烯、*β*-月桂烯	云南北部、中部
32	阴香	*Cinnamomum burmanni*	常绿乔木	8～12 月	绿	芳樟醇	云南中部
33	枫香树	*Liquidambar formosana*	落叶乔木	—	红	4-甲基乙醇、莰烯	滇东南的富宁、广南、麻栗坡一带
34	鸡爪槭	*Acer palmatum*	落叶乔木	5 月	红	—	云南北部、中部

续表

序号	植物名称	拉丁名	形态	花期	色系	主含成分	适用地区
35	白蜡树	*Fraxinus chinensis*	落叶乔木	4～5 月	黄	—	昆明、江川、西畴、广南、永善、镇雄等地
36	银杏	*Ginkgo biloba*	落叶乔木	3～4 月	黄	烃类、醇类、酸类、酯类、醛类、酮类	丽江、腾冲、昆明、广南等地

7.7 云南山地城市避灾绿地药用观赏植物选择

7.7.1 药用植物在避灾绿地中应用的意义

1. 云南药用植物资源丰富

我国西南和中南地区的药用植物种类占全国总数的 50%～60%。高原和山地药用植物资源多分布于丘陵区、平原区。

我国西南地区药用植物有 4800 种，其中云南有 4758 种，约占全国药用植物总数的 30%，居全国之首，较容易选择适于避灾绿地应用、具有观赏价值的药用植物。

2. 观赏兼药用的植物在避灾绿地中应用的必要性

(1) 作为应急救援药物的辅助。灾害发生时及灾后救援初期，救援物资未必能够及时、足够地供给避灾场地内的救援需求，此时观赏兼药用的植物作为辅助药物的功能就能够起到重要作用，能够暂时性地作为应急处理药品使用。

(2) 给避难人员以心理安抚作用。灾害发生后，幸存下来的群众在心理上会受到巨大创伤，不安、恐惧等情绪影响其心理状况，而场地内种植的药用植物等能够增强避难人员的安全感及求生意识。

(3) 科普作用。在避灾绿地中栽植药用植物后，通过日常的宣传教育能够提高群众对身边药用植物的辨识度、丰富群众的药用植物知识及提高合理运用药用植物的意识，同时有助于灾害发生时群众有效发挥自救机制。

3. 城市避灾绿地药用观赏植物应用存在的问题

(1) 园林功能认识不足。将药用植物用于城市绿地时，没有充分考证植物的药用特性以及药用植物使用的安全性，如使用不当会危害人体健康。选择药用植物种类时应注意根据不同药用植物的生态特点、药用特性、群众认知程度及其辨识度来进行规划设计，或者根据药用植物功能来规划设计。无论是芳香植物还是药用植物的应用，都要注意从城市绿地基本功能出发，主要发挥植物群落改善环境的功能，还要根据当地气候、地形、土质等特点进行科学合理选择。此外，还要考虑四季植物的运用，充分发挥植物的特色。

(2) 没有充分考虑植物自身的适应能力。云南省药用植物种类繁多，但在品种选择上是有要求的，如果不加筛选，不仅不能体现植物的观赏功能，甚至不能保证其栽植后的成活率。因此，必须根据当地气候条件、土质情况以及植物的生态习性来合理选择植物的配置应用。

7.7.2 云南山地城市避灾绿地药用观赏植物选择

1. 云南山地城市避灾绿地药用观赏植物选择方法

结合云南省 28 个城市现有城市绿化植物的调查资料，参考云南省农业科学院药用植物研究所编著的《云南药用植物》1、2 册，筛选出具有观赏价值的药用植物。

2. 云南山地城市避灾绿地药用植物选择及应用原则

(1)安全性。药用植物本身具有药理特性，在使用时需进行简单加工，但因大多数市民对药用植物及其使用的认知度较低，所以在对药用植物的加工使用时就有一定的安全隐患。因此，在对城市避灾绿地药用植物进行选择时，就必须避免选择有毒的药用植物，宜选择相对认知度较高、使用较频繁的药用植物，同时做好植物名牌的设置及植物药理和用法、用量的标识。在日常的避灾教育、演习中也应做好相应的普及工作，从而避免因误食、过量服用导致的安全事故，从而更好地发挥药用植物在城市避灾绿地中的辅助治疗功能。

(2)因地制宜、适地适种。在植物的选择应用中充分考虑当地气候条件、人文背景，才能达到景物与人居统一的效果。因此，在规划配置时需掌握各药用植物自身药理、观赏价值、习性等特征后再进行配置。

(3)综合功能因素。因城市避灾绿地在其景观效果和避灾功能方面有特殊要求，宜选择景观效果好且能耐踩踏、耐旱等适应性较强的植物配置在开阔的避灾、救援地带；选择观赏性强、生长旺盛、植株整齐的植物配置于不易进入的区域；粗放管理的观叶植物配置在林带、树下。

(4)适度配置，四季观赏。药用植物因其辨识度较低，在配置时选择几种功能较为常用的药用植物。此外，不同的药用植物的花期、果期不同，在配置应用时应把植物花期、果期均匀地分布在四季之中，呈现出四季有花可赏、有果可观的效果。

3. 云南山地城市避灾绿地药用观赏植物选择结果

根据云南省的气候条件、人文环境、市民药用植物应用普及度以及《云南药用植物》1、2 册所述药用植物资源的生态特征、观赏价值、药用价值、安全性等因素筛选出适于云南大部分地区城市避灾绿地的 40 种药用观赏植物，见表 7-37。

表 7-37 云南山地城市避灾绿地部分药用观赏植物名录

序号	植物名称	拉丁名	科	属	形态	功效	用法及用量	分布地区
1	山白兰	*Michelia alba*	木兰科	合果木属	常绿乔木	消肿解毒、收敛止血	水煎服 10～15g	滇南
2	木棉	*Bombax malabaricum* DC.	木棉科	木棉属	常绿乔木	清热利湿、祛风除湿、活血消肿	水煎服 10～15g	云南金沙江河谷、云南南部
3	苏木	*Caesalpinia sappan* L.	云实科	云实属	常绿乔木	行血、破淤、消肿、止痛	水煎服 10～15g	滇中、滇南地区

续表

序号	植物名称	拉丁名	科	属	形态	功效	用法及用量	分布地区
4	重阳木	*Bischofia polycarpa* (Levl.) Airy Shaw	大戟科	秋枫属	常绿乔木	祛风除湿、化瘀消积	水煎服 10～15g	除滇西北、滇东北外均有分布
5	清香木	*Pistacia weinmannifolia* J. Poisson ex Franch.	漆树科	黄连木属	常绿乔木	消炎解毒、收敛止涩	水煎服 10～15g	滇中、滇东北
6	阴香	*Cinnamomum burmanni* (Nees et T.Nees) Blume	樟科	樟属	常绿乔木	温中止痛、祛风散寒、解毒消肿、祛风除湿、止泻、止血	煎汤 6～9g	滇中、滇南、滇东南
7	茶梨	*Anneslea fragrans* Wall.	山茶科	茶梨属	常绿乔木	行气止痛、消食止泻	煎汤 10～30g	滇东南、滇南、滇西南
8	三角枫	*Acer buergerianum* Miq.	槭树科	槭属	落叶乔木	理气散寒、止痛	水煎服 10～15g	云南全省各地
9	鸡蛋花	*Plumeria rubra* L. cv. Acutifolia	夹竹桃科	鸡蛋花属	落叶乔木	清热、利湿、解暑	水煎服：花 5～10g、茎皮 10～15g	滇东南、滇西南
10	鹅掌楸	*Liriodendron chinense* (Hemsl.) Sargent.	木兰科	鹅掌楸属	落叶乔木	祛风除湿、止咳	水煎服 10～15g	昆明、金平、麻栗坡、宜良、大关等地
11	青皮槭	*Acer cappadocicum* Gled.	槭树科	槭属	落叶乔木	清热解毒、祛风除湿	煎汤 3～12g	滇西北、滇中
12	十大功劳	*Mahonia fortunei* (Lindl.) Fedde	小檗科	十大功劳属	常绿灌木	清热补虚、燥湿、解毒、消肿	水煎服 10～30g	云南省大部分地区
13	三台花	*Clerodendrum serratum* (L.) Moon var. amplexifolium Moldenke	马鞭草科	大青属	常绿灌木	疟疾、肝炎、黄水疮	水煎服 10～15g	富宁、普洱等地
14	小雀花	*Campylotropis polyantha* (Franch.) Schindl.	蝶形花科	杭子梢属	常绿灌木	清热利湿、解毒	水煎服 15～30g	滇中、滇西及滇东北
15	云南含笑	*Michelia yunnanensis* Franch. ex Finet et Gagn.	木兰科	含笑属	常绿灌木	清热、消炎、解毒	水煎服 10～15g	滇中、滇西、滇南
16	毛枝绣线菊	*Spiraea martinii* Levl.	蔷薇科	绣线菊属	常绿灌木	清热解毒	水煎服 10～15g	云南省大部分地区
17	金丝桃	*Hypericum monogynum* L.	藤黄科	金丝桃属	常绿灌木	清热解毒、散瘀止痛、祛风湿	水煎服 15～30g	云南省大部分地区
18	金合欢	*Acacia farnesiana* (L.) Willd.	含羞草科	金合欢属	常绿灌木	收敛清热	水煎服 10～15g	云南省大部分地区
19	白花杜鹃	*Rhododendron mucronatum* (Blume) G. Don	杜鹃花科	杜鹃属	常绿灌木	和血、散瘀、止咳	水煎服 15～30g	云南省大部分地区
20	槐叶决明	*Cassia sophera* L.	云实科	决明属	常绿灌木	清肝明目、健胃调中、润肠解毒	煎汤 9～15g	滇东北、滇南、滇西南
21	云南山梅花	*Philadelphus delavayi* L. Henry	虎耳草科	山梅花属	落叶灌木	活血、止痛、截疟	水煎服 10～15g	云南省大部分地区

续表

序号	植物名称	拉丁名	科	属	形态	功效	用法及用量	分布地区
22	三裂蛇葡萄	*Ampelopsis delavayana* Planch.	葡萄科	蛇葡萄属	藤本	消肿止痛、舒筋活血、止血	水煎服 10～15g	云南省大部分地区
23	南山藤	*Dregea volubilis*（L. f.）Benth. ex Hook. f.	萝藦科	南山藤属	藤本	清热、消炎、止吐	煎汤 6～30g	滇南
24	滇藏五味子	*Schisandra neglecta*	木兰科	五味子属	藤本	收敛滋补、生津止渴、止汗	煎汤 6～18g	滇中、滇西北、滇南
25	一年蓬	*Erigeron annuus* (L.) Pers.	菊科	飞蓬属	一年生草本	凉热解毒	水煎服 10～15g	云南各地
26	九头狮子草	*Peristrophe japonica*（Thunb.）Bremek.	爵床科	观音草属	多年生草本	发汗解表、解毒消肿、镇痉	水煎服 10～15g	红河、文山等地
27	千里光	*Senecio scandens* Buch.-Ham. ex D. Don	菊科	千里光属	多年生草本	清热解毒、明目退翳、杀虫止痒	水煎服 10～30g	云南各地
28	小白及	*Bletilla formosana*（Hayata）Schltr.	兰科	白及属	多年生草本	舒筋活血、祛瘀生新	水煎服 10～30g	滇东北、滇中及滇南
29	云南地桃花	*Urena lobata* L. var. yunnanensis S. Y. Hu	锦葵科	梵天花属	多年生草本	祛风利湿、清热解毒	水煎服 10～30g	云南省大部分地区
30	长鞭红景天	*Rhodiola fastigiata*（HK. f. et Thoms.）S. H. Fu	景天科	红景天属	多年生草本	活血止血、清肺止咳	水煎服 10～15g	大理、丽江、迪庆等地
31	驴蹄草	*Caltha palustris* L.	毛茛科	驴蹄草属	多年生草本	活血解表	水煎服 10～15g	滇中、滇西南、滇西北
32	板蓝根	*Baphicacanthus cusia*（Nees）Bremek.	爵床科	板蓝属	多年生草本	清热解毒、凉血消肿	水煎服 10～15g	滇中、滇西、滇南
33	臭灵丹	*Laggera pterodonta*（DC.）Benth.	菊科	六棱菊属	多年生草本	清热解毒、消肿拔脓	水煎服 10～15g	迪庆、丽江、大理、滇中、滇南
34	马鞭草	*Verbena officinalis* L.	马鞭草科	马鞭草属	多年生草本	清热解毒、活血通经、利水消肿、截疟	水煎服 15～30g	全省分布
35	竹叶兰	*Arundina graminifolia*（D. Don）Hochr.	兰科	竹叶兰属	多年生草本	调补气血、清火解毒、利湿退黄	水煎服 10～30g	滇中、滇西南、滇东南、滇南
36	鸢尾	*Iris tectorum*	鸢尾科	鸢尾属	多年生草本	消热解毒、消痰利咽	煎汤 6～10g	滇中、滇西北、滇西南、滇南
37	柊叶	*Phrynium capitatum* Willd.	竹芋科	柊叶属	多年生草本	清热解毒、凉血止血、利尿	煎汤 6～15g	滇南
38	美丽紫堇	*Corydalis adrienii* Prain	罂粟科	紫堇属	多年生草本	清热解毒	—	滇西北
39	黄钟花	*Cyananthus flavus* Marq.	桔梗科	蓝钟花属	多年生草本	消食、解毒	—	滇西北
40	藿香	*Agastache rugosa*（Fisch. et Mey.）O. Ktze.	唇形科	藿香属	多年生草本	祛暑解表、化湿和胃	煎汤 6～10g	云南省大部分地区

7.8　云南山地城市避灾绿地植物配置模式构建

7.8.1　不同避灾功能的植物配置模式

避灾绿地的植物配置不仅要考虑公园的生态效益，满足市民的日常需求，也要考虑避灾绿地的避灾要求，注重防火隔离绿带的宽度及种植模式。应从防灾植物的配置形式和种类选择两方面来考虑。

1. 防火植物配置

避灾绿地内的防火植物主要分布在避灾绿地周围和建筑物较为密集等易引发次生灾害的地区，在隔离缓冲绿带中也应规划防火植物，可一定程度上延缓火势蔓延。

防火植物配置形式比较常见的是日本的“FPS”防火林带配置(图 7-4)，一般分段配置在火灾点和避灾绿地之间，构成可以阻挡灾害发展蔓延的隔离空间，并把整个空间分为 3 种区：F 区为火灾危险带；P 区为防火植被带；S 区为避难广场。F 区的植物能够起到阻隔热辐射的作用，应选择不易着火，叶片不易立即燃烧的树种。P 区设置防火隔离绿带，阻隔热辐射，保护公园内的避灾广场，应选择比 F 区更耐燃烧的树种[93]。此种配置形式较为单一，虽然防灾功能较好，但不符合生态性的配置需求。

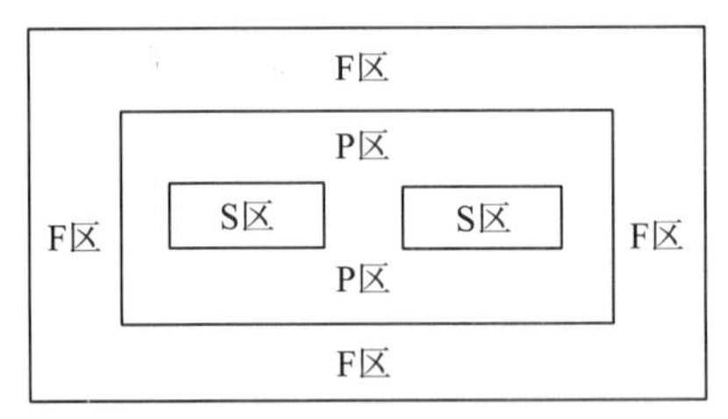

F区：火灾危险区；P区：防火植被带；S区：避灾开敞空间

图 7-4　FPS 栽植模式图

防火植物配置形式在借鉴日本“FPS”模式的基础上进行完善(图 7-5)：在 P 区的防灾植物配置中，适当选择丰富的植物种类，在 P 区周边严重受灾区域及 B 区种植一定宽度的防灾树林带，有效阻止灾害的蔓延；在 C 区周边配置防火林带，搭配具有防火功能的小乔木和灌木，兼顾防灾功能和丰富的观赏效果[81]。S 区的绿地形成开敞空间、半开敞空间以及覆盖空间等空间类型，其中开敞空间可以由草坪、地被、乔木构成；半开敞空间可以由草坪、地被、低矮灌木、小乔木等构成；覆盖空间可由枝下高在 3m 以上，间距 3m 以上的高大乔木及树冠高于视线的小乔木构成，可考虑与广场、草地、道路结合[43]。图 7-6 为利于避灾的绿地断面示意图。

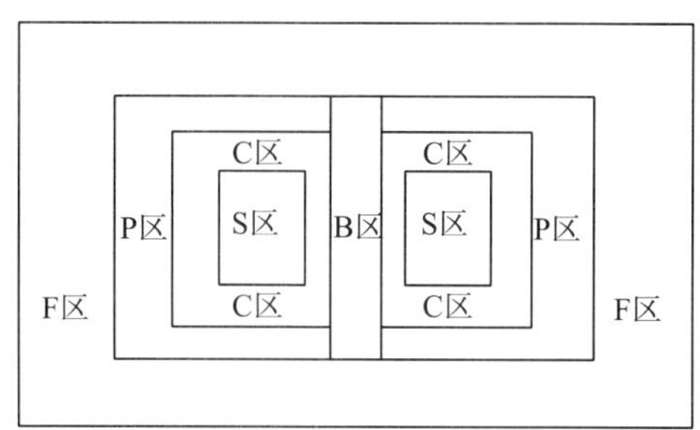

C区：灌木和小乔木带；P区：防火林带；S区：避灾开敞空间；
B区：内部防灾林带；F区：火灾危险区

图 7-5　具有立体模式的 FPS 栽植模式图

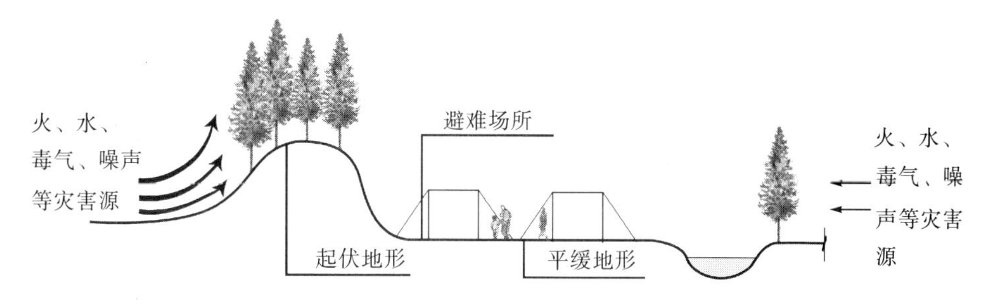

图 7-6　利于避灾的绿地断面示意图

防火植物防火功能的发挥需要形成一定的规模，即防火植物带须形成一定的长度和宽度，并达到一定的高度，采取科学合理的种植方式来提升防火植物的防火功能。在四周具有次生灾害源威胁的避灾公园周边应全部种植防火植物。植物高度 6～10m。植物栽植宽度、栽植行数、树木间距、树木排列方式和遮蔽率见表 7-38。

表 7-38　防火树林带栽植模式与遮蔽率

植物间距	排列方式	排列数及其遮蔽率		
		一列	二列	三列
0	正列	○○○ (73.5%)	○○○ ○○○ (89.2%)	○○○ ○○○ ○○○ (96.4%)
	错列		○○○ ○○ (96.6%)	○○○ ○○ ○○○ (94.6%)
半个树身	正列	○○○ (48.7%)	○○○ ○○○ (67.6%)	○○○ ○○○ ○○○ (78.4%)
	错列		○○○ ○○ (86.5%)	○○○ ○○ ○○○ (94.6%)

续表

植物间距	排列方式	排列数及其遮蔽率		
一个树身	正列	○○○ (24.3%)	○○○ ○○○ (40.6%)	○○○ ○○○ ○○○ (48.7%)
	错列		○○○ ○○ (56.8%)	○○○ ○○ ○○○ (91.9%)

2. 抗震植物的配置

避灾绿地配置的抗震植物应具备枝干抗压、耐踩踏、根系较深以及吸附力强的特性，并符合以下设计要求：应确保车辆道路和直升机起飞场所畅通；具有地标性功能的植物应植于入口等显要处；安抚人们心灵的植物要栽植在临时住所附近；为方便避灾人员快速进入避灾绿地，周边的植物配置须考虑绿地开放性；草坪应选择地形平坦的地方，坡度小于30°，且要保证周边交通便利[174]。

3. 防风植物的配置

防风功能较好的植物的配置：可在上风向种植高度相对中等的植物，在下风向种植较为高大的乔木，同时降低风压减轻灾害，植物主要选择中高等乔木[175]。

4. 抑菌植物的配置

抑菌植物的配置应考虑避灾绿地的通风情况，避免形成过于封闭的空间，尽量满足通透开敞且疏密有致的效果，同时根据不同季节的主导风向，充分利用芳香植物的杀菌作用，将其布置在有利于环境的上风向，有目的性地提高有益气体的浓度，创造杀菌、抑菌、健康的绿色空间。

在植物配置中，为了发挥其抑菌作用，可利用以下几种配制方法：复层林优于单层林，乔木、灌木、草地相结合形成复层植物群落比单一地配置乔木、灌木、草地等形式的除菌、抑菌等能力更强；园林植物的除菌作用会伴随远离植物群落而降低，位于林地内的植物的除菌作用则强于位于林地边缘的植物[175]；绿地内空气的含菌量与避灾绿地覆盖率呈负相关关系，应通过屋顶绿化、垂直绿化来增加绿地覆盖率，进而减少空气含菌量，避免产生有利于细菌滋生的环境[174]。

5. 草坪种植的避难空间

在避灾绿地的植物配置中，还应注意对大草坪的优化，即可在草坪上配置适当的低矮植物或慢生植物树阵，平时树阵可以发挥草坪景观生态方面的功能，灾后这些低矮的树阵可以作为避灾绿地应急棚宿区内帐篷搭建的支撑，更好地发挥其在避灾方面的功能[81]。

6. 植物配置的平灾转换

避灾绿地中植物的配置应用具有其特殊性，因灾害的发生是不确定的，考虑绿地的常态使用，其植物功能需能够进行平灾转换(图 7-7)。在避灾绿地的常态使用中植物照常发挥其景观、生态等功能，充分发挥避灾绿地的平灾兼顾特点。考虑到灾时避灾绿地植物所需具备的避灾功能要求，在进行避灾绿地植物配置时就应充分考虑到所在地区的常发灾种以及绿地周边所处环境可能发生的次生灾害，从而合理地选择避灾植物。在平时应对植物进行良好的日常管养，如保证植物充足的含水率、及时清理树下凋零物、及时修枝等，以备灾时避灾植物能够充分发挥其避灾功能，实现避灾绿地植物常态与避灾功能的迅速转换。

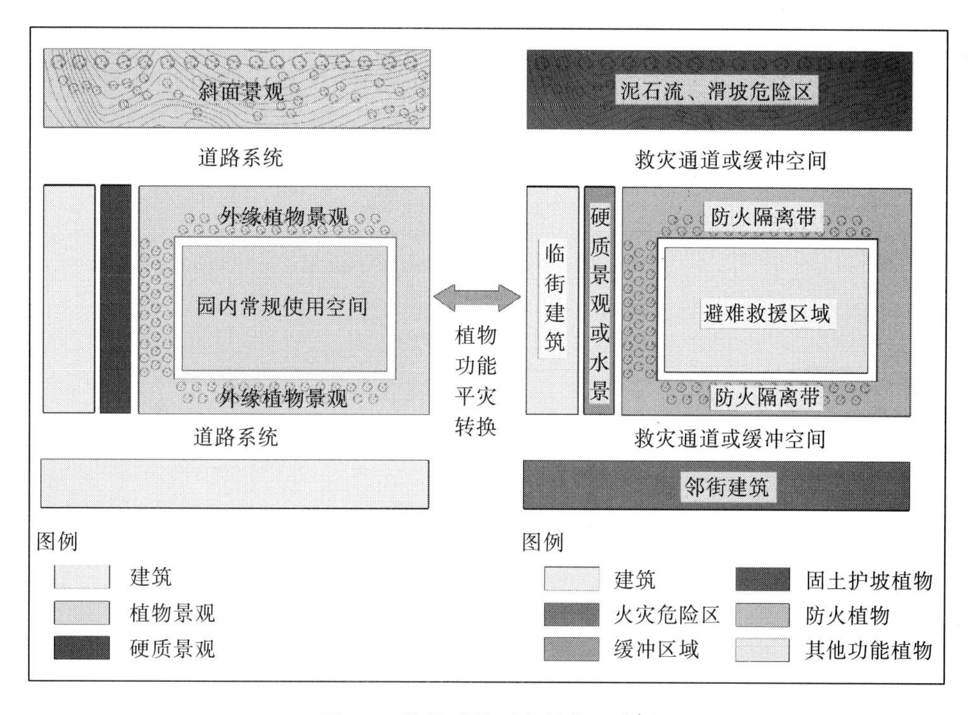

图 7-7　植物功能平灾转换示意图

7.8.2　不同避灾功能区植物配置模式

避灾绿地的植物配置需要功能与景观的统一，通过对具有避灾功能的植物与部分景观植物的搭配，在满足植物配置生态性的基础上充分发挥其减灾避灾作用。

根据避灾绿地不同避灾功能需求，主要划分为以下功能区：应急指挥中心、救援部队驻扎地、应急救援物资分发处、应急医疗救护区、应急直升机停机坪、应急物资储备、紧急疏散口、应急棚宿区、应急停车场和应急厕所。根据不同的避难空间，主要将避灾植物的配置形式分为以灌木层与地被层构成的视线相对较为开阔的开敞空间，以小乔木层、灌木层与地被层组成的一种“疏可跑马，密不透风”的半开敞空间，以及以高大乔木层、地被层形成的处于地面与林冠线之间的覆盖空间，即形成可以在林下进行活动的空间。

1. 应急指挥中心

应急指挥中心一般设立于公园管理处，但同时应选择位于公园内中心区域的一块绿地作为备用应急指挥中心用地，以备地震或火灾后，建筑物因受损不能承担相应作用时，灾后救援指挥可以正常进行。

应急指挥中心植物配置分为指挥中心周边及外围两个区域(图 7-8、图 7-9)。指挥中心周围以开敞空间营造为主，便于搭建临时应急指挥中心，保证灾后应急指挥可以较顺利地进行。植物配置以满铺禾本科草本植物为主，孤植高大乔木，当周围建筑物均倒塌后，高大的乔木可以很好地起到地标的作用。外围配置较密的综合防灾林带，使中心地带形成一个相对安全的空间，外围防灾林带采用乔-灌-地被复层配置，尽量缩小树木之间的间距，乔木采用至少两列的错列式栽植模式，增加植物遮蔽率，以增强防灾效果。综合防灾林带宽度应不小于 6m。

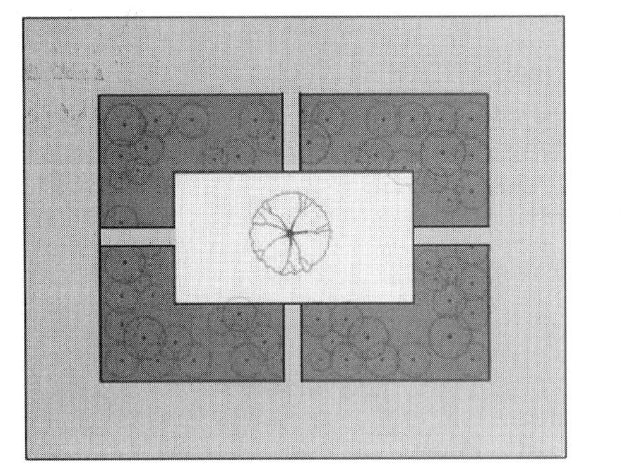

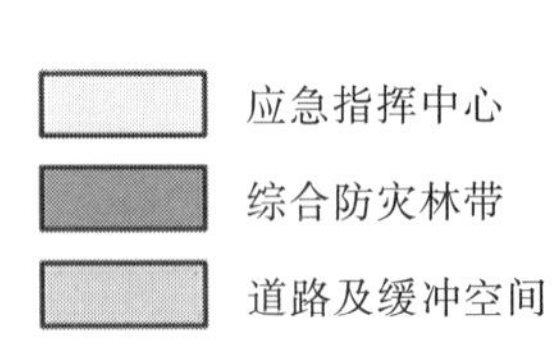

图 7-8　应急指挥中心植物配置模式

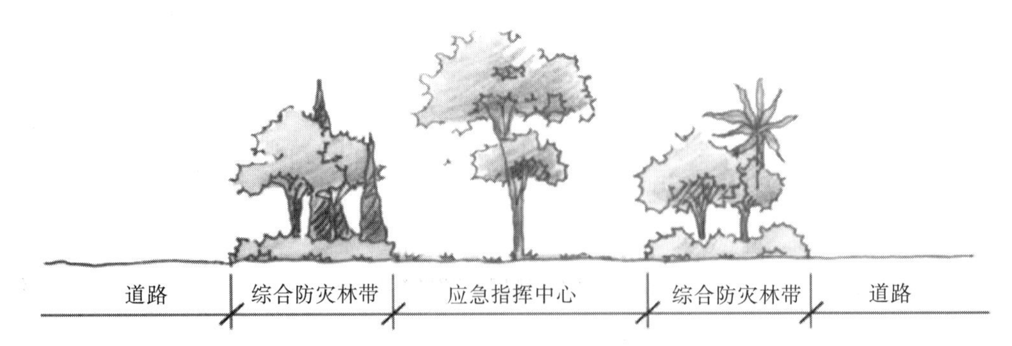

图 7-9　应急指挥中心植物配置示意图

2. 救援部队驻扎营地

救援部队驻扎营地的植物配置分内、外两个区域(图 7-10、图 7-11)，驻地内部采用乔-地被复层模式，配置疏密有致，有一定的林下空间供救援人员搭建帐篷及疏散。乔木选择抗震性能好、深根性、树枝开叉较高、树冠茂密的常绿阔叶树种，保证灾后该区域的相对安全。采用阵列式配置，乔木间距不小于 4m×4m，满足救援部队临时驻扎时的帐篷搭建及人员正常通行。外围防灾林带采用乔-灌-地被的配置形式，内外区域之间设置抑菌抗污植物带，配置与外围防灾林结合并融为一体。抑菌植物林带宽度不低于 3m、综合防灾林带宽度不小于 6m。

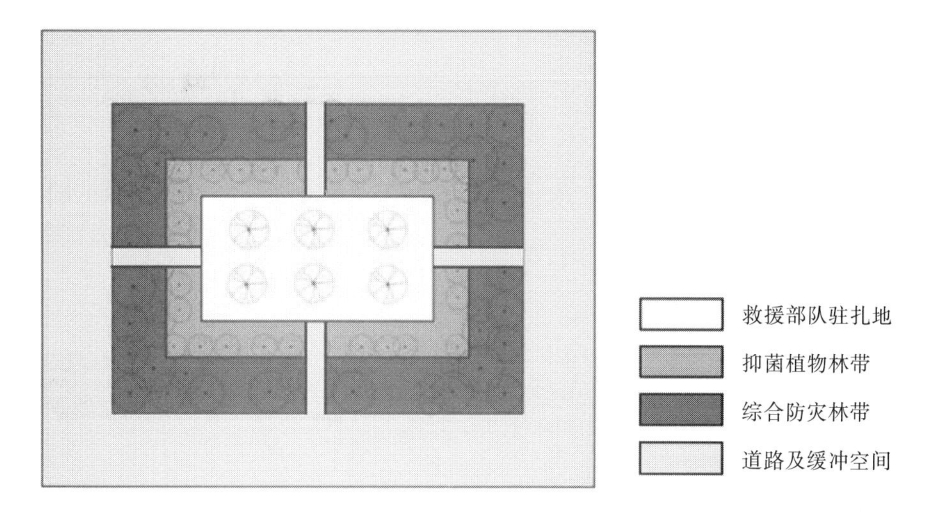

图 7-10　救援部队驻扎地植物配置模式

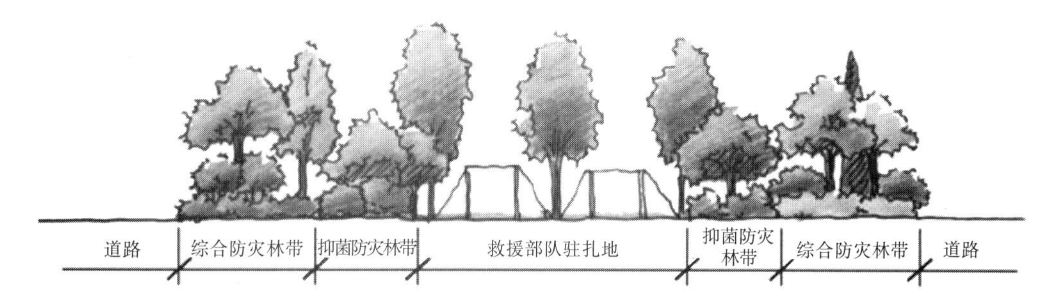

图 7-11　救援部队驻扎地植物配置示意图

3. 应急救援物资分发处

应急救援物资分发处外围配置有一定的综合防灾林带，形成一个防灾屏障，内部工作区为草坪，提供物资堆放场地(图 7-12、图 7-13)。

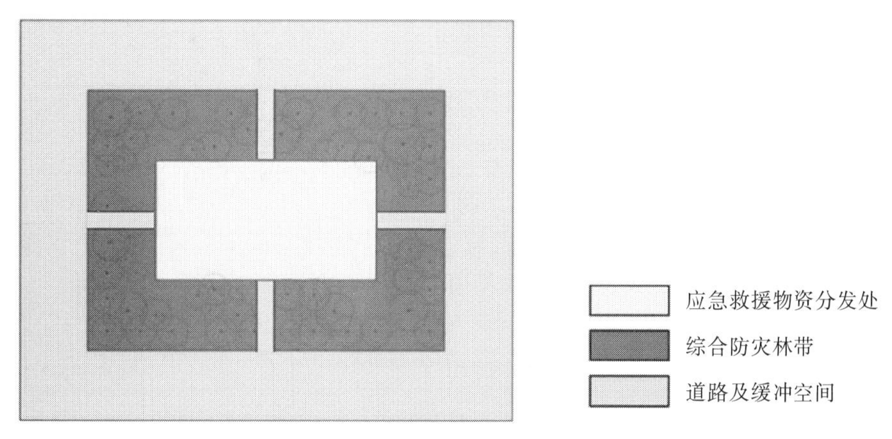

图 7-12　应急救援物资分发处植物配置模式

图 7-13 应急救援物资分发处植物配置示意图

防灾林带采用乔-灌-草复层配置形式，尽量缩小树木之间的间距，乔木采用至少两列的错列式栽植模式，增加植物遮蔽率，以增强防灾效果，降低救援物资受到灾害影响的风险。内部的应急工作区域形成一个安全岛，保证救援物资的顺利分发。综合防灾林带宽度不小于 6m。

4. 应急医疗救护区

应急医疗救护区周围配置一定的综合防灾林带，林带采用乔-灌-地被复层配置形式，内侧配置可吸收有害气体，特别是能够抑菌、抗污染的植物，形成抑菌植物林带，以此降低灾后由细菌等造成的次生灾害；救护区场地应相对开阔，植物配置以草坪为主(图 7-14、图 7-15)。抑菌植物林带宽度不小于 3m，综合防灾林带宽度不小于 6m。

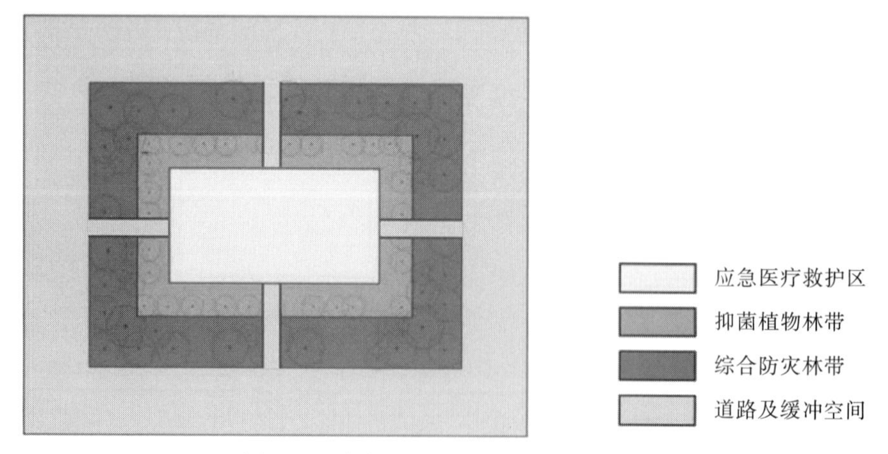

图 7-14 应急医疗救护区植物配置模式

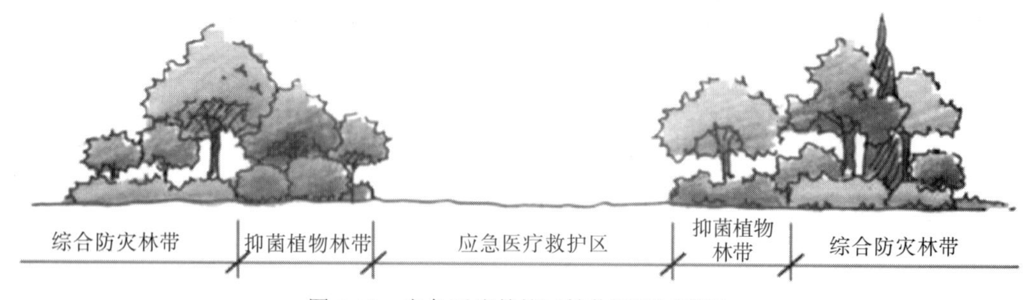

图 7-15 应急医疗救护区植物配置示意图

该区域灾后主要用于救助伤员，伤员身体及心理都受到灾害的创伤，因此区域内宜配置开花植物、彩叶植物以及具有一定芳香气味的植物，通过这些植物，给伤患带来一定的心理安慰，帮助其身心的恢复。

5. 应急直升机停机坪

应急直升机停机坪选择面积较大、周边没有高层建筑、较开阔的区域，周围配置较好的防风林带，防风林带外侧主要由大乔木、小乔木、灌木和地被构成相对较密的空间。内侧布置以灌木和地被植物为主的景观带，保证绿地景观效果(图 7-16、图 7-17)。景观林带宽度不小于 3m，防风林带宽度不小于 6m。

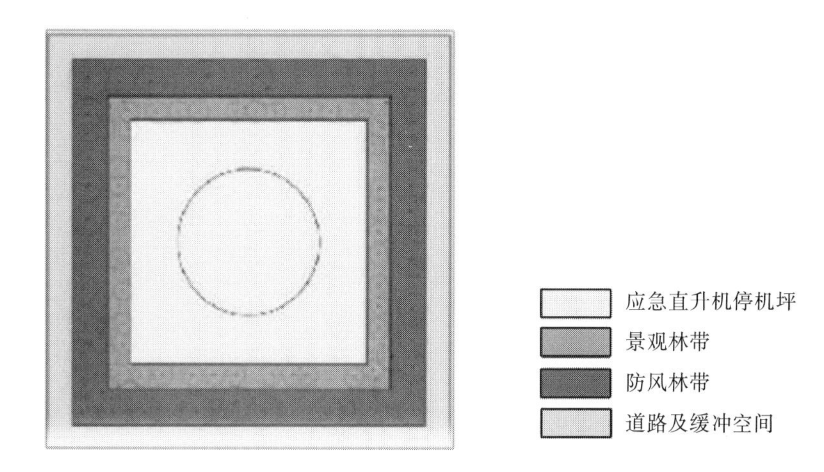

图 7-16　应急直升机停机坪植物配置模式

图 7-17　应急直升机停机坪植物配置示意图

6. 应急物资储备

应急物资储备选择在现有建筑物内，周围配置一定的抗震及防火林带，抗震植物与防火植物穿插形成复层种植模式(图 7-18、图 7-19)，降低救援物资受到灾害影响的风险，同时可以减轻周边建筑物物体坠落所造成的危害，保证道路的畅通。

建筑物外墙面进行一定的垂直绿化，通过攀缘植物的吸附作用，降低建筑物外墙面掉落的可能性，从而保证周围环境的安全。景观林带宽度不小于 3m，抗震防火林带宽度不小于 6m。

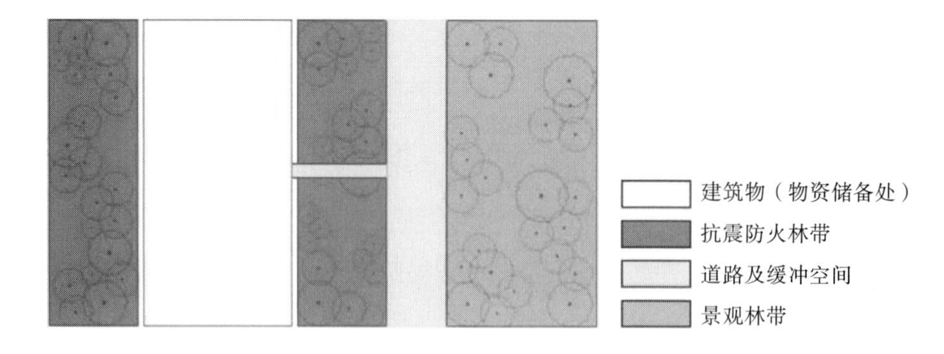

图 7-18 应急物资储备植物配置模式

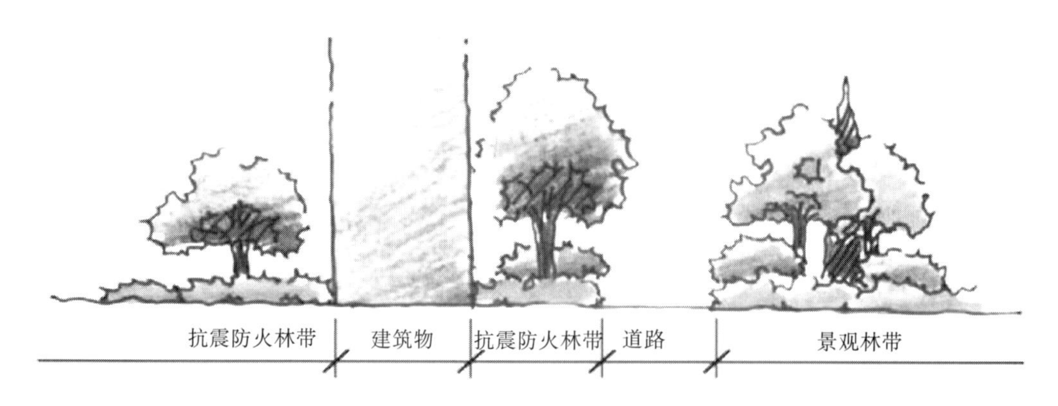

图 7-19 应急物资储备植物配置示意图

7. 紧急疏散口

紧急疏散口就是公园的主要出入口，道路两侧配置综合防灾林带(图 7-20、图 7-21)，确保道路畅通，保证救援人员、避难人员的疏散不受阻碍。

植物配置兼顾功能性与景观性，以深根性、树体纤维长的常绿树种为基调树种。在绿地面积允许的条件下，采用复层配置形式，由内向外依次为地被、灌木、中小乔木、大乔木。综合防灾林带宽度不小于 6m。

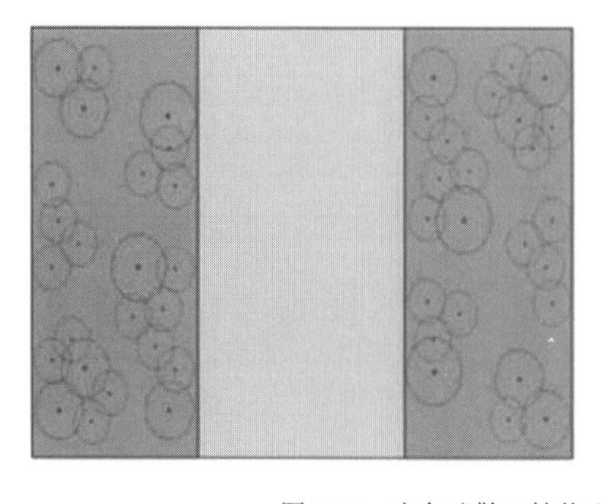

图 7-20 应急疏散口植物配置模式

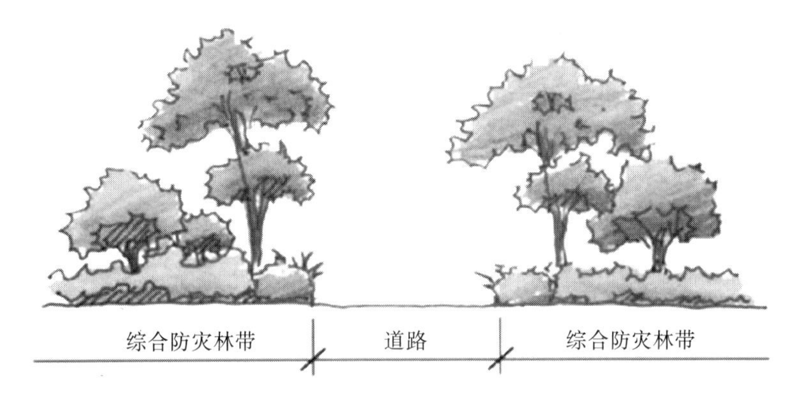

图 7-21　应急疏散口植物配置示意图

8. 应急棚宿区

应急棚宿区应保证有较大的林下空间，区域内植物层次不宜过多，采用乔、草搭配，乔木按常规不小于 4m×4m 的间距配置，保证灾后帐篷搭建和短期内灾民避灾需求，周围配置综合防灾林带和抑菌植物林带(图 7-22、图 7-23)。

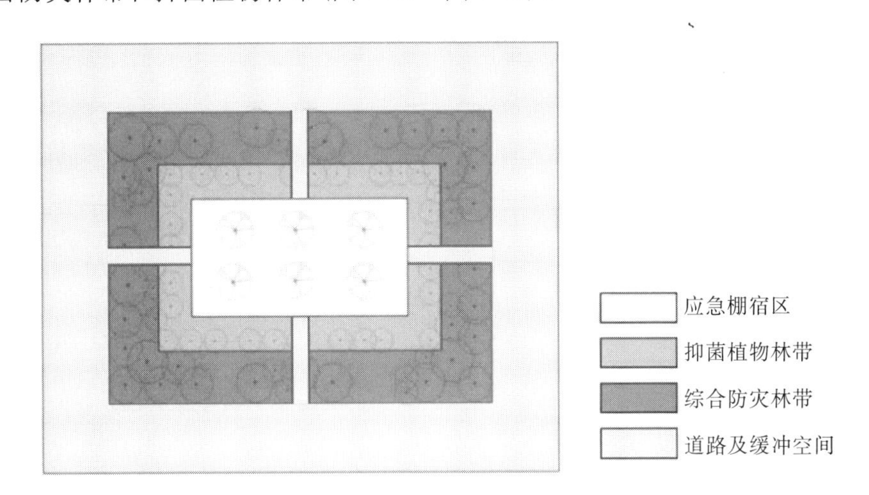

图 7-22　应急棚宿区植物配置模式

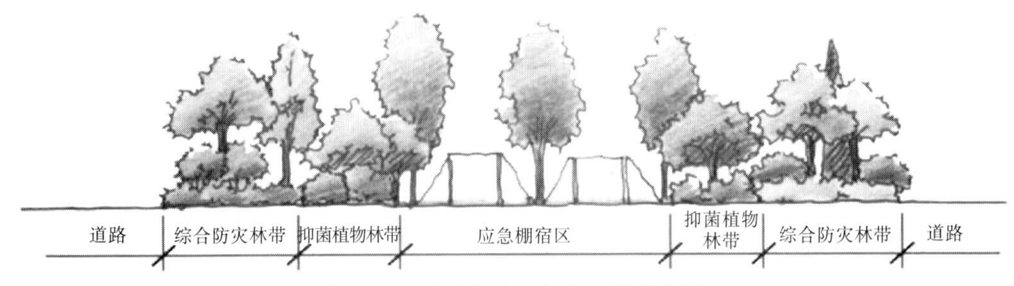

图 7-23　应急棚宿区植物配置示意图

该区域内植物配置应相对较丰富，并选择开花和具有芳香气味的植物，通过这些花草树木，给避灾人员带来一定的心理安慰，植物配置要形成一个相对围合的空间，给避灾人员带来一定的安全感，短时减轻其内心的恐惧。

外围防灾林带采用乔木层、灌木层和地被的配置形式；中间抑菌抗污染植物带，植物自然式搭配；内部帐篷搭建地带，植物由乔木和地被结合，乔木阵列式配置，间距不小于4m×4m，满足帐篷搭建及人员正常通行。

9. 应急停车场

应急停车场，也可称为应急车宿区。该区域需保证车辆停放，同时周围配置一定的综合防灾林带，采用乔-灌-草的三层配置模式(图 7-24、图 7-25)。配置的植物除了具有抗震、防火作用外，还要有较强的滞尘能力，起到防灾屏障的作用，使内部形成一个相对安全的小空间。

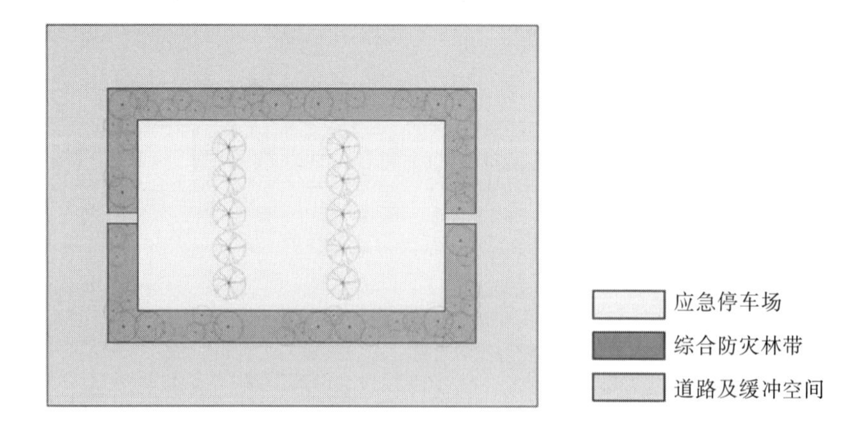

图 7-24 应急停车场植物配置平面示意图

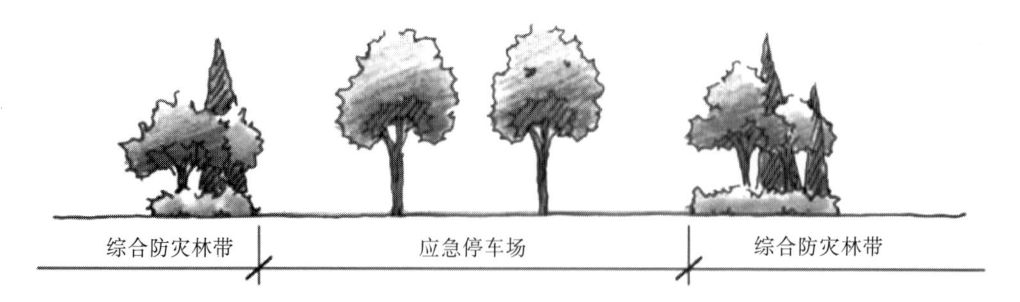

图 7-25 应急停车场植物配置立面示意图

应急停车场植物选择方面，乔木选择深根性、分支点高、冠大荫浓、滞尘能力较强的植物，绿化树池的宽度以 1.5～2.0m 为宜，树池位置及数量根据停车位设计进行一一配置。

10. 应急厕所

应急厕所有两种形式，一种是公园日常所用的厕所，在灾时承担应急厕所的作用(图 7-26)，另一种是专门针对灾后公园日常厕所无法正常使用情况下，可以启用的简易应急厕所(图 7-27)。

针对由公园内日常所用厕所转换的应急厕所，周边采用乔-灌-地被复层配置综合防灾林带，起到抗震、防火、净化空气的作用。抑菌植物林带宽度不小于 3m，抑菌防火植物林带宽度不小于 3m，景观林带宽度不小于 3m，综合防灾林带宽度不小于 6m(图 7-28)。

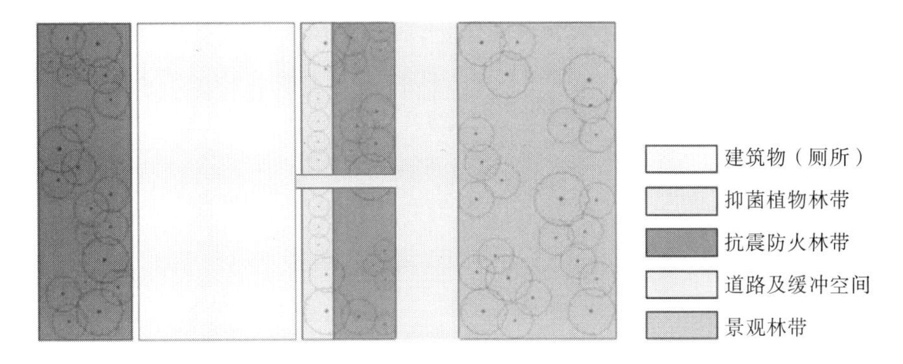

图 7-26　应急厕所植物配置模式平面示意图 1

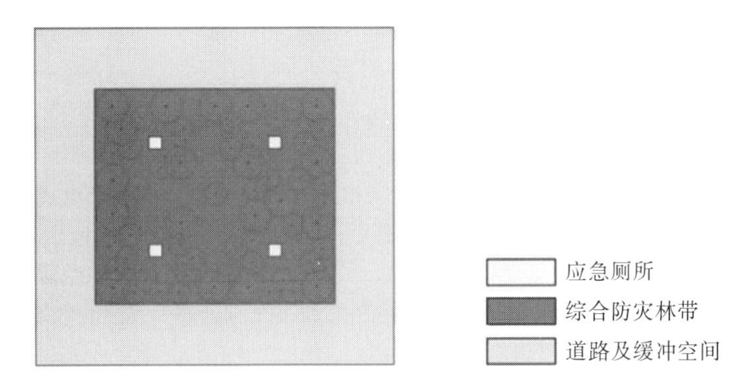

图 7-27　应急厕所植物配置模式平面示意图 2

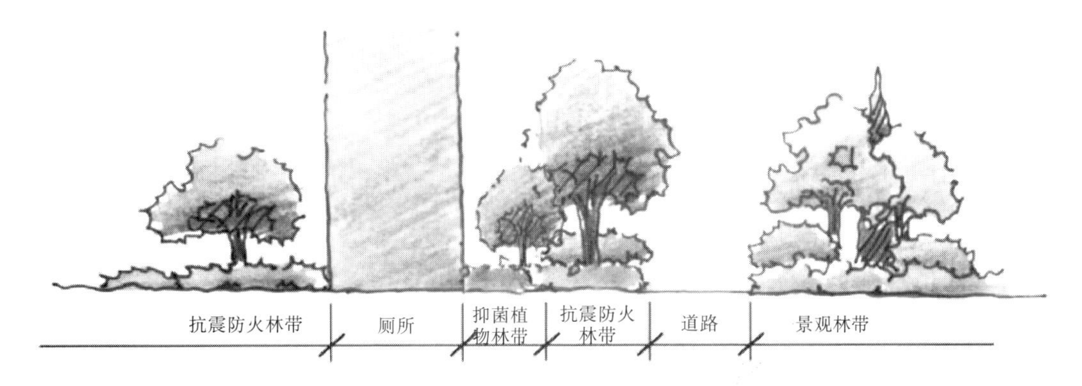

图 7-28　应急厕所植物配置立面示意图 1

针对绿地内专门设置的适用于灾害发生后，普通厕所无法使用时的简易应急厕所，周围布置较密的防灾植物和可以吸收刺激性气体的植物作为防灾林带，同时也起到遮挡视线的作用，使其具有一定私密性，保证避难人员灾后使用的安全(图 7-29)。

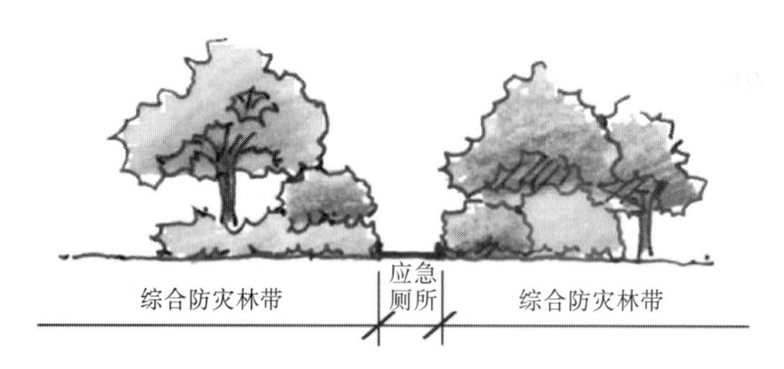

图 7-29 应急厕所植物配置立面示意图 2

本研究所针对的对象是绿地系统分类中公园绿地下的综合公园，主要在灾后作为固定避灾绿地和紧急避灾绿地。通过对公园内不同避灾功能区植物配置模式的研究探索，提出了不同避灾功能分区对应的植物配置模式(表 7-39)。同时针对疏散通道和缓冲隔离绿带进行植物配置模式的研究讨论，使整个避灾绿地植物选择配置内容更加全面，形成一个相对完善的体系。

表 7-39 不同功能区植物配置要求

大区分类	小区分类	配置要求
应急工作区	应急指挥中心	周围具备较密的综合防灾林带，保证灾后应急指挥可以较顺利地进行
	救援部队驻扎地	周围有较密的综合防灾林带，内部绿化疏密有致，有一定的林下空间供救援人员驻扎及疏散
	应急救援物资分发处	有一定的抗震及防火林带，降低救援物资受到灾害影响的风险，同时保证救援物资的顺利分发
	应急医疗救护区	周围有一定的综合防灾林带，配置可以吸收有害气体，特别是能够抑菌抗污染的植物
	应急直升机停机坪	周围有较好的防风林带，保证直升机的顺利起降
	应急物资储备	有一定的抗震及防火林带，降低救援物资受到灾害影响的风险
应急安置区	紧急疏散口	周围有一定的综合防灾林带，确保道路畅通，保证救援人员、避难人员的疏散不受阻碍
	应急棚宿区	需要有较大的林下空间，植物层次不宜过多，保证灾后帐篷搭建和短期内灾民避灾的需求，周围要具备一定的综合防灾林带
	应急停车	保证车辆停放，同时周围需要一定的综合防灾林带
	应急厕所	周围需要有较密的可以吸收有害气体的植物作为防灾林带，同时起到遮挡视线的作用，具备一定私密性

7.9 避灾绿地避灾、救援空间植物栽植要点

在避灾绿地避灾、救援空间中植物的栽植不仅需要满足作为公园绿地的植物配置要求，同时应能在灾害发生时迅速发挥其所在区域的避灾、救援功能。因此，救援、安置区域的植物配置不能仅依照我国传统的乔-灌-草复层植物造景进行配置，还应满足避灾需求的具体功能(图 7-30、图 7-31)。该区域的植物配置需具有以下特征。

图 7-30　避灾绿地避灾场地栽植意向图 1

图 7-31　避灾绿地避灾场地栽植意向图 2

(1) 乔木种植时树干的间距和最低分支点至少需满足 8m 单帐篷、厕所帐篷等救援安置设施搭建所需空间。

(2) 在需要搭建临时设施区域减少使用“乔-灌-草”搭配的复层植物群落结构、宜使用乔-草种植形式，以增加救援的有效场地空间。

(3) 避灾场地、救灾通道两侧的乔木、灌木作一定的距离退让，避免灾害发生时逃生通道拥挤，发生踩踏事故。

(4) 需进行更加细致的日常管理养护，保持枝叶含水率、减少树下可燃物存留，以实现植物的避灾功能。

第8章　实施避灾绿地规划的保障措施

城市避灾绿地建设是一项长期、复杂的系统工程，其规划的实施必须有可行的保障措施，主要包括法规政策性、行政性、技术性和经济性等方面的措施。

8.1　法规政策性措施

城市避灾绿地规划建设是长期性、战略性的建设项目，需要有完善的政策和法规保障。要树立公园绿地休闲游憩和避灾功能同等重要、相互依存的观念，把避灾绿地建设作为实现城市可持续发展战略的重要组成部分。对抗震设防烈度7度以上的城市，将避灾绿地规划建设纳入城市总体规划，树立依法建设和管理避灾绿地的严肃性和有效性。同时应根据避灾绿地的特殊性，制定相应的地方性法规和制度，使避灾绿地规划建设走向依法运作的法治轨道，使城市各类避灾绿地有机联系，相互配合，成为功能健全的避灾场所。

1. 完善法规，依法治理

坚决贯彻执行国家和有关部委颁布的政策性法规，如《中华人民共和国防震减灾法》《国务院关于加强防震减灾工作的通知》《破坏性地震应急条例》《关于加强城市绿地系统建设提高城市防灾避险能力的意见》等。结合实际制定本级“城市避灾绿地管理规定”，逐步完善现有的法律法规，制定与相关法规配套的文件，使城市避灾绿地的建设与管理有法可依。

(1) 制定避灾绿地的设计规范和行业标准。城市避灾绿地主管部门应制定相关规范和行业标准，用以指导防灾避险绿地规划建设工作，使避灾绿地规划建设得到规范。

(2) 加强对避灾绿地规划实施的监督。由市级人民政府批复执行的城市避灾绿地规划应通过媒体向社会公众公布，形成全社会共同监督、维护规划绿地的局面。

加强人大的监督作用，除定期实施对避灾绿地各类设施的检查外，还要对城市避灾绿地的变更情况加以监督检查，维护规划的严肃性。

为保障城市避灾绿地规划地块的建设用地，应加强城市绿线管理，划定绿地控制线，严禁随意改变规划的避灾绿地性质或减少规划避灾绿地面积的行为发生；建设项目从科研、立项、审批、实施到竣工验收的各个环节必须严格管理，对未达到避灾标准的项目，不予验收使用，并按规定给予处罚，避灾绿地有效避灾空间严重不足且缺乏有效补偿措施的，不得投入使用；加强拆违建绿的力度，对侵绿、占绿等违规行为应依法处理，并广泛发动社会各界的监督作用，坚决制止侵绿、占绿行为[176]。

在市场经济条件下，城市避灾绿地规划的实施难以完全由政府及其相关主管部门承担，大量的建设，如居住绿地、小区游园、社区公园等大多由开发商完成，政府部门可以通过宏观控制、行政监督等方式，保证城市绿地建设符合防灾避险规划的原则和要求，调动各方资源，确保避灾绿地规划的顺利实施。

2. 投融资体制改革

(1) 政府投资为主渠道。将地震防护等级高的城市的避灾绿地建设纳入国民经济发展规划，加大避灾绿地建设资金的投入，保证必需的建设资金。由市级政府投资大型避灾绿地，如中心避灾绿地、固定避灾绿地的建设。

(2) 新建单位及居住区（小区）避灾绿地的建设费用，应列入单位及居住区（小区）建设总投资，由各建设单位及开发公司负责实施，保证避灾绿地建设顺利实施。

(3) 避灾及救灾道路、道路红线以外的缓冲隔离绿带建设费用，应列入道路建设总投资，由市政建设主管部门按规划与道路建设同步实施。

(4) 建立避灾绿地建设基金。鼓励社会积极参与，使得有充足的资金用于避灾绿地建设，尤其是避灾设施的建设、养护、管理等。

3. 城市避灾绿地用地保障措施

应积极发挥政府土地储备中心对土地的调控作用，每年出让的地块中应将避灾绿地规划的地块用于避灾绿地建设，保障城市避灾绿地建设有计划地稳步实施。

(1) 政府通过土地收购，置换出老城区已经规划为避灾绿地的地块，实施避灾绿地建设。按避灾绿地规划，在需要开辟的地块拆除或搬迁原有旧建筑，保证避灾绿地建设所需地块。

(2) 结合老城区工矿企业的搬迁、旧城改造、调整中小学用地等。对于办学条件差、场地紧张的学校适当迁建、合并，以改善办学条件，置换出的用地根据规划实施避灾绿地建设。

(3) 预征规划避灾绿地，避免重复建设、拆迁，降低避灾绿地建设成本。

8.2　行政性措施

政府主管部门和各有关部门应从长远的角度明确避灾绿地建设的重要性，将其作为一项长期的必要的工作任务纳入政府年度工作计划，明确领导责任，做好组织管理和协调工作。行政主管部门应加强对行业的指导和项目管理，其他有关部门也要积极支持避灾绿地建设。

应将避灾绿地的建设与管理作为考核干部政绩的重要指标之一，建立各级政府向同级人民代表大会常委会报告避灾建设管理工作的制度，并建立政府相关部门领导任期内的避灾绿地建设项目目标考核制度，各级领导干部层层签订责任状。在完善管理结构、加强行政干预、积极开展社会宣传和演习等方面采取具体措施。

1. 完善管理结构

完善避灾绿地行政管理结构，确保城市避灾绿地规划、建设及管理工作的正常运行，技术管理部门要加强技术性指导，管理部门要加强政策性指导，针对避灾绿地规划建设工作中出现的问题，制定和发布有关制度和措施，指导避灾绿地建设持续健康发展。在管理上加大投入，努力完善保障措施，使避灾绿地规划顺利实施，最终实现城市避灾绿地规划的目标。

2. 加强行政干预

避灾绿地建设必须与城市各类绿地建设同步进行，由建设部门统一管理和协调，各绿地建设项目的审批中应严格落实避灾绿地规划的要求，包括避灾绿地建设相关内容的审批。建设项目验收时，应同步验收建设用地范围内的避灾绿地建设。对优秀避灾绿地项目实行奖励，并挂牌明示，作为设计及施工单位优秀企业考核评定的依据。

政府确定的工程项目应严格执行基本建设项目管理程序，实行按规划立项，按项目管理，按施工图施工，按三大效益考核。建立项目管理机构，强化组织管理，对工程项目的计划、财务、物资等实行统一管理，建立有效的投资评估制度和专家评审制度。加强工程管理，避灾绿地建设工程项目必须按各部门制定的规范和标准组织实施，实施招投标制度和工程监督制度，严格监督检查，确保工程建设质量。加强资金管理，加强资金使用的追踪检查和审计监督工作，严格财务制度。强化信息管理，对项目施工过程中的质量、资金使用等情况进行动态监测[177]。

3. 避灾宣传和演练

政府应通过网络、电视、广播等媒体对避灾绿地规划给予公示、宣传，让公众了解各类避灾绿地的位置和避灾应急设施的具体位置、功能及使用方法。宣传部门以单位、学校和社区为单位，定期组织避灾演练和应急避灾知识培训，使居民熟悉灾害发生时自我保护的措施、转移到紧急避灾绿地的路线、通往固定避灾绿地的最短安全路线及避难场所内各项设施的用法，提高居民到避灾绿地避灾的意识，消除避灾居民疏散时的恐慌心理和不安全感，充分发挥避灾绿地功能。

8.3 技术性措施

避灾绿地建设技术要求高、避灾设施设置难度大，在实施过程中不但要有行政领导重视和雄厚的资金作保障，同时需要高新技术的应用。通过培训和实践，培养和造就具有良好职业道德和掌握现代科学技术的科技队伍。结合避灾绿地建设的需要开展科学研究，并及时进行经验交流、成果推广，促进科技成果及时向现实生产力的转化，为避灾绿地规划目标的顺利完成提供全面的技术保障。

应组织各方面的科技力量，围绕避灾绿地建设的关键问题，努力在老城改造、新城建设和城市发展中不断完善避灾绿地建设。根据避灾特点和建设要求，综合应用各种科研成果，打造不同类型的避灾绿地建设示范基地。积极推广避灾绿地建设高新技术，如环保低碳材料应用技术、清洁生产技术和节水灌溉技术等，保证工程建设质量。

1. 应用高新技术

绿色植物具有自身还原功能的特性，同时随着城市的发展，会出现很多生态、景观及功能的不同需求。因此，利用遥感技术、地理信息系统等高新技术强大的空间管理功能，及时反映城市避灾绿地网络微小的变化，给予及时的管理措施，保障城市避灾绿地体系建设的持续健康发展。

2. 实行避灾绿地“绿线”管制

认真贯彻国务院 2001 年 5 月发布的《国务院关于加强城市绿化建设的通知》和 2002 年 9 月建设部发布的《城市绿线管理办法》要求，参照城市总体规划和绿地系统规划中的用地划分和属性，在统筹分析、平衡利益、解决矛盾的基础上，通过细致、深入、全面的规划研究，确定相应的城市绿线管理地块，为城市避灾绿地的规划、建设与管理提供合法依据。

具体的工作方法是：根据城市空间发展和避灾建设等多方面的需求要素，对规划期内城市拟规划建设的避灾绿地进行空间布局，并汇总分析以往规划管理部门所控制的规划避灾绿化用地，对各类规划避灾绿地逐一进行编码，并赋予其特定的绿地属性。在管理过程中，运用 GIS 技术对各类规划用地进行统一编码、核对、计算面积，进而从管理角度提出处理与该用地的产权用途转换有关问题的途径[178]。通过这种方法，能够较好地解决规划避灾绿地如何落到实处，明确实施避灾绿地绿线管理的依据问题，明显提高避灾绿地规划的可操作性。

3. 加强避灾绿地研究

目前，我国的城市避灾绿地规划建设还处于探索阶段，国家未对避灾绿地的规划建设体系和规范标准的制定提出统一要求。因此，避灾绿地规划建设方面的研究具有重要的现实意义。建立健全避灾绿地科研和开发机制，有计划地开展避灾绿地园林植物引种驯化和育种工作；培育优良避灾绿地园林乡土植物；加强病虫害防治研究；加强避灾设施研究，保障避灾绿地科学研究的可持续发展。

4. 加强专业队伍素质建设

避灾绿地建设管理工作是一项包括多个专业的系统工程，涉及的专业广泛，知识交叉性强，气候、土壤、地形、地质结构等的变化概率大，技术要求高。因此，应定期对专业人员进行技术培训、业务素质考核。相关管理部门应制定专业队伍建设规划和年度计划，培养专业门类齐全、技术过硬的避灾绿地建设管理队伍。

8.4　经济性措施

1. 避灾绿地工程建设专款专用

(1) 保证避灾绿地建设资金的主渠道。主体骨干工程的投资，首先应纳入国民经济发展建设总体规划，政府、银行在土地、税收、信贷等诸多方面进行宏观调控，统筹安排，极力支持。

(2)居住区内避灾绿地建设管护经费。避灾绿地建设经费应纳入住宅建设成本。园林主管部门应按物价变动情况，每年公布单位建筑造价中绿化投资基数的调整系数。居住区内日常绿化养护和避灾设施维护费用应从物管费内提取，以充分体现谁受益、谁纳费的补偿机制。

(3)避灾及救灾道路绿化经费。避灾及救灾道路绿化经费应列入道路建设总投资，由市政规划及建设部门按规划与道路建设同步实施。

2. 避灾公园绿地的避灾管理资金

在已确定为避灾绿地的公园绿地范围内，可划出一定比例的地块(不大于 5%)作为管理部门的多种经营开发用地，在增加收益的同时起到储备食品、药品的作用，当与避灾绿地建设这一主要功能相矛盾时，必须符合避灾绿地规划的各项要求。

3. 激励措施

城市规划部门可以因地制宜地制定一些优惠政策，吸引企业、单位、外商、乡镇等投资建设避灾绿地。

4. 建设资金筹措措施

建立政府主导、市场调控、多渠道投资、社会参与的融投资体制，积极拓宽资金来源渠道，加大避灾绿地建设资金的投入。

参考文献

[1] 国家质量监督检验检疫总局．GB 21734－2008，地震应急避难场所场址及配套设施[S]．北京：中国标准出版社，2008．

[2] 邱巧玲，古德泉．国内外防灾绿地之比较与我国城市避灾绿地的规划建设[J]．中国园林，2008，24(12)：71-75．

[3] 陈存友，胡希军．我国城市防灾避险绿地系统规划工作体系[J]．中国园林，2010，26(3)：43-46．

[4] 王庚纲．绿地规划：城市防灾减灾的“柔性”空间[J]．防灾博览，2009(5)：50-53．

[5] 赵芳，王艳霞，郝利杰，等．城市防灾避险绿地规划研究[J]．城市建设理论研究：电子版，2014(13)：112-114．

[6] 郄艳丽．公共政策转型的黄土高原地区山地城市设计实践——以内蒙古自治区清水河县为例[C]//山地城镇可持续发展专家论坛论文集，2012：11．

[7] 王丹丹．城市绿地的避灾作用及其规划设计的探讨[D]．北京：北京林业大学，2009．

[8] 王志涛，苏经宇，马东辉，等．以城市为对象的抗震防灾空间布局研究[J]．工程抗震与加固改造，2009，31(4)：99-104．

[9] 徐波，郭竹梅．城市绿地的避灾功能及其规划设计研究[J]．中国园林，2008，24(12)：56-59．

[10] 王丹丹，李雄，张晓佳，等．承德市营子区绿地避灾规划设计初探[J]．中国城市林业，2010，8(4)：30-32．

[11] 张敏．国外城市防灾减灾及我们的思考[J]．规划师，2000，16(2)：101-104．

[12] 周文．国外城市绿地的防灾功能[J]．中国减灾，2009(3)：24-25．

[13] 金磊．国外城市灾害研究及其新进展[J]．安全与健康月刊，2004(2)：16-18．

[14] 杜钦，侯颖，王开运，等．国外绿地规划建设实践对城乡绿色空间的启示[J]．国外规划研究，2008，32(8)：74-80．

[15] Hearn D, Baker M P, Carithers W R．计算机图形学：第 4 版[M]．蔡士杰，杨若瑜，译．北京：电子工业出版社，2014．

[16] 彭岩，盖春英．建立在科学理念上的城市防灾减灾体系——赴法国德国考察见闻[J]．城市与减灾，2007(3)：14-16．

[17] Ortwin Renn. Risk Gover．Governance：Towards an Integrative Approach.IRGC White Paper[N](No.1)，2005．

[18] 刘海燕，武志东．基于 GIS 的城市防灾公园规划研究——以西安市为例[J]．规划师，2006，22(10)：55-58．

[19] 周文彧．国外城市绿地的防灾功能[J]．中国减灾，2009(3)：24-25．

[20] 徐波．城市绿地系统规划中市域问题的探讨[J]．中国园林，2005，21(3)：65-68．

[21] 许书军，魏世强，尚铁民．城市生态与绿地规划专题研究[J]．江苏林业科技，2003, 30(5)：42-45．

[22] 李景奇，夏季．城市防灾公园规划研究[J]．中国园林，2007(7)：42-44．

[23] 吴新燕．美国社区减灾体系简介及其启示[J]．城市与减灾，2004(3)：2-4．

[24] 齐藤庸平，沈悦．日本都市绿地防灾系统规划的思路[J]．中国园林，2007，23(7)：1-5．

[25] 张建新．城市综合防灾减灾规划的国际比较[J]．经济社会体制比较，2009(2)：171-174．

[26] Sahni P，Ariyabandu M．Disaster Risk Reduction South Asia[M]．Prentice-Hall of India Pvt.Ltd，2004．

[27] 彭锐，刘皆谊．日本避难场所规划及其启示[J]．新建筑，2009(2)：102-106．

[28] 许浩．日本绿地规划与保护[J]．城市环境设计，2008(5)：68-71．

[29] 雷芸．阪神·淡路大地震后日本城市防灾公园的规划与建设[J]．中国园林，2007，23(7)：13-15．

[30] Anhorn J，Khazai B．Open space suitability analysis for emergency shelter after an earthquake[J]．Natural Hazards & Earth System Sciences，2015，2(6)：4263-4297．

[31] Alçada-Almeida L，Tralhão L，Santos L，et al．A multiobjective approach to locate emergency shelters and identify evacuation

routes in urban areas[J]. Geographical Analysis，2009，41(1)：9-29.

[32] Xu J，Yin X，Chen D，et al. Multi-criteria location model of earthquake evacuation shelters to aid in urban planning[J]. International Journal of Disaster Risk Reduction，2016，10(009)：20.

[33] Bretschneider S，Kimms A. Pattern-based evacuation planning for urban areas[J]. European Journal of Operational Research，2012，216(1)：57-69.

[34] Epstein J M，Pankajakshan R，Hammond R A. Combining computational fluid dynamics and agent-based modeling: a new approach to evacuation planning[J]. Plos One，2011，6(5)：20139.

[35] Wolshon B，Marchive E. Emergency planning in the urban-wildland interface: subdivision-level analysis of wildfire evacuations[J]. Journal of Urban Planning & Development，2007，133(1)：73-81.

[36] Belhadj B，Joshua S. Anticipating Urban Evacuations: A Planning Support System for Impact Reduction[J]. 2008.

[37] 李树华. 防灾避险型城市绿地规划设计[M]. 北京：中国建筑工业出版社，2010.

[38] 佚名. 北京应急避难公园绿地什么样—现有的29处场所平时美化环境,灾时紧急避险[J]. 园林科技，2008(3)：49-50.

[39] 曹国强. 城市避震疏散和救助医疗机构规划问题的研究[D]. 唐山：河北理工大学，2005.

[40] 苏幼坡. 城市生命线系统震后恢复的基础理论与实践[M]. 北京：地震出版社，2002.

[41] 李倞，徐析. 反思防灾避险绿地系统建立的必要性[J]. 中国科技信息，2008(17)：294.

[42] 苏幼坡，刘瑞兴. 防灾公园的减灾功能[J]. 防灾减灾工程学报，2004，24(2)：232-235.

[43] 郭倩. 北京城市绿地的避灾功能及其规划设计研究[D]. 北京：北京林业大学，2009.

[44] 杨瑞卿. 城市避灾绿地功能及规划[J]. 中国城市林业，2009，7(4)：37-38.

[45] 李洪远，杨洋. 城市绿地分布状况与防灾避难功能[J]. 城市减灾，2005(23)：9-13.

[46] 谢军飞，李延明，李树华. 北京城市公园绿地应急避险功能布局研究[J]. 中国园林，2007，23(7)：23-29.

[47] 康亮，朱红霞. 上海城市绿地防灾避难功能研究[J]. 安徽农业科学，2009，37(7)：2945-2947.

[48] 崔颖，陶正荣，段晓梅. 曲靖市城市绿地避灾功能现状调查分析[C]//云南风景园林研究(四)[M]. 昆明：云南科技出版社，2014.

[49] 吴光伟，王松华，程俐骢. 城市防灾减灾对策研究[J]. 灾害学，2006，21(2)：40-45.

[50] 刘倩如. 城市避震减灾公园绿地体系规划研究[D]. 南京：南京林业大学，2012.

[51] 郑曦，孙晓春. 城市绿地防灾规划建设和管理探讨——基于四川汶川大地震的思考[J]. 中国人口·资源与环境，2008，18(6)：152-156.

[52] 赵永麒，石琳，池腾龙. 浅谈我国城市避灾绿地规划建设的现状和问题[J]. 中华民居，2010(9)：58.

[53] 刘颂. 城市防灾避险绿地布局适宜性评价[J]. 园林，2012(5)：20-24.

[54] 唐婷. 城市避灾绿地避灾适宜性评价及优化布局研究[D]. 福州：福建农林大学，2014.

[55] 朱颖，昝勤，王雨村，等. 避灾绿地承载量研究[J]. 北方园艺，2011(21)：96-97.

[56] 朱颖，王浩，昝少平，等. 乌鲁木齐市防灾公园绿地建设对策[J]. 城市规划，2009，265(12)：48-52.

[57] 费文君，王浩，苏同向. 玉田县城市避震减灾绿地体系规划研究[J]. 中国园林，2010，26(3)：19-23.

[58] 刘纯青，周奇，费文君. 城市防灾避险绿地系统的构建[J]. 中国农学通报，2010，26(24)：204-208.

[59] 洪琳琳，胡希军，陈存友，等. 城市防灾避险绿地布局探析[J]. 北方园艺，2010(7)：224-227.

[60] 刘威. 我国避灾场所建设的思考[J]. 大观周刊，2013(6)：97.

[61] 陈亮明，章美玲. 城市绿地防灾减灾功能探讨——以北京元大都遗址公园防灾绿地建设为例[J]. 安徽农业科学，2006，34(3)：452-453.

[62] 张震，段晓梅. 山地城市避灾绿地规划建设研究综述[J]. 绿色科技，2015(9)：109-112.

[63] 胡强. 山地城市避难场所可达性研究[D]. 重庆：重庆大学，2010.

[64] 张利. 昆明市公园绿地应急避难能力调查研究[D]. 昆明：西南林业大学，2009.

[65] 李林芝. 西南山地城市防灾避险绿地总体规划方法研究[D]. 重庆：重庆大学，2011.

[66] 刘樱，王培茗，施益军. 基于随机聚集维数的云南省峨山县城防灾空间布局评价研究[J]. 防灾减灾学报，2014(14)：143-147.

[67] 刘红兵，张秀鹏. 应用 GIS 对城市地震避难场所合理布局探析——临汾市尧都区城区为例[J]. 城市地理，2014，12(3)：5-10.

[68] 林雅萍. 基于 GIS 的福州应急避难所空间格局评价[J]. 亚热带资源与环境学报，2013，8(3)：89-94.

[69] 卢波，袁铭，钱琴芳. 基于 GIS 的苏州城市绿地空间防灾规划研究[J]. 苏州科技学院学报(自然科学版)，2014，31(4)：77-81.

[70] 陈晨，修春亮. 基于交通网络介数中心性的沈阳市避灾绿地可达性[J]. 中国园林，2016(3)：122-127.

[71] 陈晨，修春亮，程林. 基于多中心性评价模型的大城市避灾绿地－交通网络－人口匹配性空间分异——以沈阳市中心城区为例[J]. 灾害学，2016，31(2)：119-225.

[72] 傅煜，张贵. 广州市绿地应急避灾能力研究[J]. 湖南林业科技，2012，39(2)：53-57.

[73] 李晓娟，李建伟. 城市应急避难场所规划布局模型及实证研究——以咸阳市中心城区为例[J]. 宁夏大学学报(自然科学版)，2014，35(3)：268-274.

[74] 初建宇，苏幼坡，刘瑞兴. 城市防灾公园"平灾结合"的规划设计理念[J]. 世界地震工程，2008，24(1)：99-102.

[75] 刘姝，洪波. 城市公园"平灾结合"改造规划模式研究[J]. 农业科技与信息：现代园林， 2009(9)：76-80.

[76] 程羽薇，季翔，潘瑞超. 城市公园与防灾公园的整合设计[J]. 中外建筑，2011(7)：112-113.

[77] 付建国，梁成才，王都伟，等. 北京城市防灾公园建设研究[J]. 中国园林，2009，25(8)：79-84.

[78] 卢秀梅. 城市防灾公园规划问题的研究[D]. 唐山：河北理工大学，2005.

[79] 苏红利. 城市防灾公园规划建设探讨[D]. 福州：福建农林科技大学，2008.

[80] 叶明武，王军，陈振楼，等. 城市防灾公园规划建设的综合决策分析[J]. 地理与地理信息科学，2009，25 (2) ：89-93.

[81] 叶麟拍. 城市防灾公园规划设计研究[D]. 北京：北京林业大学，2009.

[82] 聂蕊. 城市公园绿地的防灾设计[J]. 新建筑，2009(2)：98-101.

[83] 王红梅. 浅析我国城市防灾公园绿地规划[J]. 中南林业科技大学学报(社会科学版)，2009，3(3)：88-90.

[84] 林展鹏. 高密度城市防灾公园绿地规划研究——以香港作为研究分析对象[J]. 中国园林，2008，24(9)：37-42.

[85] 费文君，王浩，史莹. 城市避震减灾绿地体系规划分析[J]. 南京林业大学学报(自然科学版)，2009，33(3)：125-130.

[86] 陈建伟，宋小青，苏幼坡. 中日重大自然灾害避难场所建设的发展与思考[J]. 城市建设理论研究（电子版），2014(2)：41.

[87] 吴继荣，申雪璟，熊和平. 城市防灾避险绿地系统规划指标研究[C]//2012 中国城市规划年会，2012.

[88] 刘晓光. 城市绿地系统规划评价指标体系的构建与优化[D]. 南京：南京林业大学，2015.

[89] 张丽梅，许倩英，胡志良. 天津市避难场所人均用地指标取值研究[J]. 城市规划，2005(3) ：30-32.

[90] 朱红霞，康亮. 城市绿地防灾避难功能评价指标体系研究[J]. 北方园艺，2008(12)：139-141.

[91] 喜晟乘，段晓梅. 滇西南城市避灾绿地植物选择[J]. 山西建筑，2017，43(11)：193-194.

[92] 张学玲. 云南芒市避灾绿地植物配置与规划[J]. 中国城市林业，2013，11(2)：43-45.

[93] 李树华，李延明，任斌斌，等. 园林植物的防火功能以及防火型园林绿地的植物配置手法[J]. 风景园林，2008(6)：92-97.

[94] 陈存及，施小芳，胡晃，等. 防火林带树种选择的研究[J]. 福建林学院学报，1988(1)：1-12.

[95] 田晓瑞，舒立福. 防火林带的应用与研究现状[J]. 世界林业研究，2000，13(1)：20-26.

[96] 徐六一，罗宁，刘桂华，等. 安徽省防火树种的选择及评价研究[J]. 安徽农业大学学报，2005，32(3)：349-353.
[97] 李小川，吴泽鹏，陈宏通，等. 广东省珠江三角洲城市森林抗火树种筛选研究[J]. 热带亚热带植物学报，2003，12(4)：316-318.
[98] 金钱荣，吴兴辉. YFNC8 种乡土树种的抗火生态适应方略[J]. 内蒙古林业调查设计，2009，32(4)：92-94.
[99] 郑永波，李智，廖周瑜，等. 西南林区 4 种易燃可燃物的质量估测方法[J]. 林业资源管理，2013(1)：98-101.
[100] 阮传成，李振问，陈诚和，等. 木荷生物工程的防火机理及应用研究[M]. 成都：电子科技大学出版社，1995.
[101] 郑焕能，卓丽环，胡海清. 生物防火[M]. 哈尔滨：东北林业大学出版，1999.
[102] 刘爱荣，吴德友，陈先刚. 木荷防火林带阻隔林火蔓延机理的初探[J]. 森林防火，1994(2)：37-39.
[103] 周宇峰. 木荷防火林带阻火机理的研究[D]. 杭州：浙江农林大学，2007.
[104] 李金路，白伟岚. 防灾公园关键在于“平灾结合”[J]. 建设科技，2006(24)：64-65.
[105] 王芝芳，杨亚川，赵作善，等. 土壤一草本植被根系复合体抗水蚀能力的土壤力学模型[J]. 中国农业大学学报，1996，1(2)：39-45.
[106] 周跃. 植被与侵蚀控制.坡面生态工程基本原理探索[J]. 应用生态学报，1999，11(2)：298-230.
[107] 周国逸. 几种常用造林树种冠层对降水动能分配及其生态效应分析[J]. 植物生态学报，1997，21(3)：250-259.
[108] 李会科，王忠林，贺秀贤. 地埂花椒林根系分布及力学强度测定[J]. 水土保持研究，2000，7(l)：38-41
[109] 郝彤琦，谢小妍，洪添胜. 滩涂土壤与植物根系复合体抗剪强度的试验研究闭[J]. 华南农业大学学报，2000，21(4)：78-80.
[110] 程洪，颜传盛，李建庆，等. 草本植物根系网的固土机制模式与力学试验研究[J]. 水土保持研究，2006，13(1)：62-65.
[111] 解明曙. 树木根系固坡土力学机制研究闭[J]. 水土保持学报，1990，4(3)：7-11.
[112] 宋云. 谈植物固土的边坡稳定机理[J]. 森林工程，2004(5)：51-52.
[113] 俞孔坚. 生存的艺术:定位当代景观设计学[J]. 建筑学报，2007(3)：39-43.
[114] 陈巧芬. 城市果树应用在园林造景中探讨[J]. 现代园艺，2012(8)：119.
[115] 童建明，胡凤平. 观赏果树在现代园林绿化中的应用[J]. 现代农业科技，2011，4 (7)：256-257.
[116] 高显恩. 现代疗养学[M]. 北京：人民军医出版社，1988.
[117] 陈仲庚. 实验临床心理学[M]. 北京：北京大学出版社，2001.
[118] 杨乃麟. 色彩对人们心理感受的作用研究[J]. 科教文汇(上旬刊)，2006(6)：169-170.
[119] 周琴，吴志明，高卫东. 环境因素对色彩心理的影响[J]. 江南大学学报(人文社会科学版)，2005，4(1)：123-124.
[120] 陈顾中，段晓梅. 避灾绿地植物色彩应用研究[J]. 价值工程，2016，35(13)：19-22.
[121] 刘志强. 芳香疗法在园林中的应用研究[J]. 林业调查规划，2005，30(6)：91-93.
[122] 姚雷，张少艾. 芳香植物[M]. 上海：上海教育出版社，2002.
[123] 胡忆雪，张楠，杨森艳，等. 四种芳香植物精油抗焦虑作用的评价[J]. 上海交通大学学报(农业科学版)，2013，31(4)：58-63.
[124] 滕光寿，刘曼玲，毛峰峰，等. 小茴香挥发油的抗炎镇痛作用[J]. 现代生物医学进展，2011，11(2)：344-346.
[125] 郝俊蓉，姚雷，袁关心，等. 精油类和观赏类薰衣草的生物学性状和精油成分对比[J]. 上海交通大学学报(农业科学版)，2006，24(2)：146-151.
[126] 郑华，金幼菊，周金星，等. 活体珍珠梅挥发物释放的季节性及其对人体脑波影响的初探[J]. 林业科学研究，2003，16(3)：328-334.
[127] 郑华. 北京市绿色嗅觉环境质量评价研究[D]. 北京：北京林业大学，2002.

[128] 金荷仙．梅、桂花文化与花香之物质基础及其对人体健康的影响[D]．北京：北京林业大学，2003.

[129] 高岩．北京市绿化树木挥发性有机物释放动态及其对人体健康的影响[D]．北京：北京林业大学，2005.

[130] 孙明，李萍，吕晋慧，等．芳香植物的功能及园林应用[J]．林业科技通讯，2007(5)：46-47.

[131] 黄光宇．山地城市学[M]．北京：中国建筑工业出版社，2002.

[132] 杨光．中国山地城市空间形态调查研究——西南地区[D]．重庆：重庆大学，2015.

[133] 刘朝峰，刘晓然．灾变环境下山地城市应急避难疏散体系自适应规划[A]//中国科学技术协会，重庆市人民政府．山地城镇可持续发展专家论坛论文集[C]，2012：9.

[134] 姜一平．云南地势地貌[EB/OL]．http://www.china.com.cn/aboutchina/zhuanti/09dfgl/2009-06/30/content_18038267. htm，2009-6-30/2018-5-12.

[135] 包维楷，庞学勇．四川汶川大地震重灾区灾后生态退化及其基本特点[J]．应用与环境生物学报，2008，14(4)：441-444.

[136] 董世永，肖婧．山地住区立体式防灾空间体系研究[J]．规划师，2012，28(z2)：164-167.

[137] 佚名．中国20世纪的地震[J]．中国报道，2008(6)：54-55.

[138] 皇甫岗，秦嘉政．云南地区大震活动规律研究[J]．地震地质，2006，28(1)：37-47.

[139] 周光全，非明伦，施伟华．1992～2005年云南地震灾害损失与主要经济指标研究[J]．地震研究，2006，29(2)：198-202.

[140] 周桂华，杨子汉．2013年云南主要自然灾害灾情综述[J]．灾害学，2014(3)：148-155.

[141] 陶云，唐川，段旭．云南滑坡泥石流灾害及其与降水特征的关系[J]．自然灾害学报，2009，18(1)：180-186.

[142] 周琼．云南历史灾害及其记录特点[J]．云南师范大学学报(哲学社会科学版)，2014(6)：17-30.

[143] 田志萌，张渊，郭睿．云南省曲靖市麒麟区地质灾害特征及防治措施[J]．西部探矿工程，2011，23(11)：121-123.

[144] 冉茂梅．基于地震避难行为心理的避难地空间体系研究[D]．成都：西南交通大学，2012.

[145] 初建宇，苏幼坡，马东辉．防灾避难场所应急宿住区设计[J]．世界地震工程，2014(2)：80-85.

[146] 赵静．城镇防灾避难场所应急给排水系统的研究[D]．唐山：河北联合大学，2012.

[147] 中国民用航空局．民用直升机场飞行场地技术标准(MH 5013-1999)[S]．北京：中国标准出版社，2008.

[148] 唐川，朱静．云南省区域斜坡稳定性评价[J]．水文地质工程地质，2001，28(6)：5-7.

[149] 张云霞．昆明市滑坡泥石流分布规律及成因[D]．昆明：昆明理工大学，2005.

[150] 马玉宏，谢礼立．关于地震人员伤亡因素的探讨[J]．自然灾害学报，2000，9(3)：84-90.

[151] 张孝奎．城市规划中固定防灾避难人口估算研究[J]．灾害学，2014，29(1)：58-61.

[152] 傅小娇．城市防灾疏散通道的规划原则及程序初探[J]．城市建筑，2006(10)：90-92.

[153] 偶春，姚侠妹，张建林．山地城市防灾减灾绿地系统规划探析——以重庆长寿区为例[J]．重庆文理学院学报，2014，33(2)：136-139.

[154] 王卫国，陈建伟，苏幼坡．防灾公园防火树林带的设计与防火功能分析[J]．安全与环境工程，2013，20(3)：32-35.

[155] 李薇．山地城市避难场所规划技术策略初探[D]．重庆：重庆大学，2010.

[156] 李文．浅析城市规划中的避难场所建设[J]．山东工业技术，2014(24)：279.

[157] 云南省地质矿产局．云南省区域地质志[M]．北京：地质出版社，1990.

[158] 云南减灾年鉴编委会．云南减灾年鉴[M]．云南：云南科技出版社，2000.

[159] 肖东升．植被增加边坡抗剪强度的量化理论[J]．地基基础，2004，24(1)：63-65.

[160] 岩崎哲也．樹木の防火力の評価及び防災緑地計画への提案[J]．ランドスケープ研究，2005，68(3)：229-234.

[161] 沈国华，吴遗成，郦振平，等．江苏防火林带造林树种选择研究[J]．森林防火，1991(4)：3-6.

[162] 刘桂华，张洁，余立华，等．皖南19种树种生物防火能力的研究[J]．安徽农业科学，2006，34(5)：892-893.

[163] 田晓瑞．防火林带阻火机理研究[D]．北京：北京林业大学，2000.

[164] 宋春涛，汤访评．防火林带树种筛选研究[J]．江苏林业科技，2007，34(3)：1-4.

[165] 陈丽华，余新晓，宋维峰．林木根系固土力学机制[M]．北京：科学出版社，2008.

[166] 程洪，张新全．草本植物根系网固土原理的力学试验探究[J]．水土保持通报，2002，22(5)：20-23.

[167] 宋恒川．北川县四个树种根系的分布及力学性能研究[D]．北京：北京林业大学，2013.

[168] 朱海丽，胡夏嵩，毛小青，等．护坡植物根系力学特性与其解剖结构关系[J]．农业工程学报，2009，25(5)：40-46.

[169] 朱锦奇，王云琦，王玉杰，等．基于试验与模型的根系增强抗剪强度分析[J]．岩土力学，2014，35(2)：449-458.

[170] 杨维西，赵廷宁，李生智，等．人工刺槐林和油松林的根系固土作用初探[J]．水土保持学报，1988(4)：38-44.

[171] 乔娜，余芹芹，卢海静，等．寒旱环境植物护坡力学效应与根系化学成分响应[J]．水土保持研究，2012，19(3)：108-113.

[172] 吕春娟，陈丽华，周硕，等．不同乔木根系的抗拉力学特性[J]．农业工程学报，2011，27(S1)：329-335.

[173] 赵焕臣，许树柏，和金生．层次分析法——一种简易的新决策方法[M]．北京：科学出版社，1986.

[174] 刘志强．从防灾避难角度探讨园林植物规划设计[J]．福建林业科技，2009，36(4)：201-204.

[175] Program on improved seismic safety provisions[M]．U.S:Fdederal Emergency Management Agency，1987.

[176] 百度文库．杭州市城市绿地系统规划[EB/OL]．https://wenku.baidu.com/view/13ea165d4b73f242326c5f09.html，2015-2-13/2018-5-12.

[177] 刘惠民．园林生态城市的理论与应用研究[D]．南京：南京林业大学，2006.

[178] 马红丽．绿地系统效益分析初探——以陆良县县城绿地系统为例[J]．中国城市经济，2012(2)：320-322.

附图

城市避灾绿地部分防火植物

1. 马蹄荷

2. 杜英

3. 金叶含笑

4. 阿丁枫

5. 女贞

6. 交让木

7. 细柄阿丁枫

8. 台湾相思

9. 红楠

10. 珊瑚树(忍冬科 荚蒾属)

11. 木荷

12. 毛竹

13. 旱冬瓜

14. 椤木石楠

15. 棕榈

城市避灾绿地部分固土护坡植物

1. 香樟

2. 油松

3. 四川山矾

4. 狗牙根

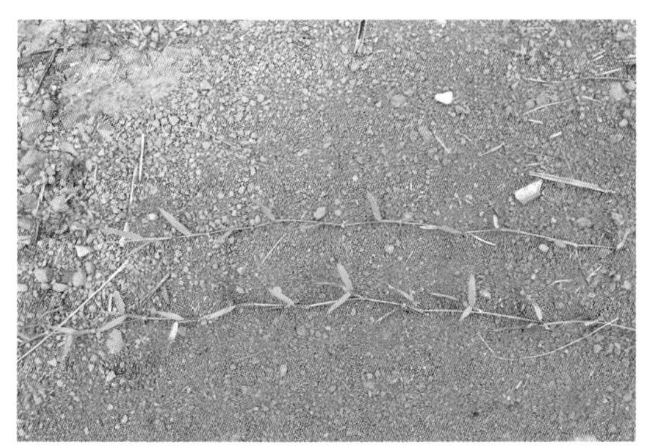

5. 结缕草

城市避灾绿地部分可食用观赏植物

1. 柚

2. 火棘

3. 枇杷

4. 苹果

5. 杨梅

6. 石榴

7. 柿树

8. 桃

9. 山楂

10. 梨

11. 桂花

12. 李

13. 樱桃

14. 无花果

15. 猕猴桃

猕猴桃科 Actinidiaceae
猕猴桃
Actinidia chinensis Planch.
产地：分布于陕西、河南以及长江流域以南各地
用途：观赏、果实生食或制饮料、药用

16. 胡颓子

17. 香椿

18. 荷花

19. 栀子

城市避灾绿地部分心理安抚功能植物

1. 白兰

2. 刺槐

3. 广玉兰

4. 含笑

5. 茉莉

6. 玉兰

7. 梅

8. 山茶

9. 月季

10. 紫荆

11. 黄缅桂

12. 蜡梅

13. 连翘

14. 迎春花

15. 蓝花楹

16. 三色堇

17. 薰衣草

18. 鸢尾

19. 紫藤

20. 桂花

21. 清香木

22. 枫香

23. 银杏

城市避灾绿地部分药用观赏植物

1. 木棉

2. 苏木

3. 重阳木

4. 茶梨

5. 三角枫

6. 鸡蛋花

7. 鹅掌楸

8. 青皮槭

9. 十大功劳

10. 云南含笑

11. 毛枝绣线菊

12. 金丝桃

13. 白花杜鹃

14. 槐叶决明

15. 千里光

16. 鸢尾